U0172353

2020

Civil Engineering

中国
土木工程
建设
发展报告

2020

中国土木工程学会　组织编写

中国建筑工业出版社

编 审 委 员 会

编委会主任：易　军

副　主　任：戴东昌　王同军

编委会委员：张宗言　尚春明　马泽平　顾祥林　刘起涛　王　俊　李　宁
　　　　　　聂建国　徐　征　袁　驷　张建民　李明安　葛耀君　唐　忠
　　　　　　冯大斌　金新阳　任辉启　邢佩旭　周文波　张　悦　张必伟
　　　　　　张　毅　安连发　张　军　毛志兵　王　霓　周　云　王汉军
　　　　　　黄宏伟　刘小虎　肖从真　王要武

学 术 委 员 会

主　　　任：聂建国

委　　　员：周绪红　缪昌文　肖绪文　卢春房　陈湘生　张建民　岳清瑞
　　　　　　徐　建　张喜刚　王清勤　肖从真　叶阳升　张晋勋　冯　跃
　　　　　　龚　剑　洪开荣　孟凡超　杨　煜　江建端　方东平　范　峰
　　　　　　杨庆山　贾金生

编 写 组

主　　　编：尚春明　王要武

副　主　编：李明安　焦明辉　毛志兵　冯凯伦

编写组成员（按汉语拼音排序）：
　　　　　　常　翔　陈石玮　程　烨　樊　慧　冯爱军　冯欢欢　韩　喻
　　　　　　李　冰　李景芳　李学梅　刘　云　刘东雨　沈国红　沈水龙
　　　　　　孙志勇　谭　斌　王　琳　王　萌　王　硕　薛晶晶　袁建光
　　　　　　翟晓琴　章　爽　张　迅　赵福明　祖　巍

序

改革开放以来，我国土木工程建设经历了产业规模从小到大、建造能力由弱变强的转变，对经济社会发展、城乡建设和民生改善作出了重要贡献。正如习近平总书记在2019年新年贺词所说：中国制造、中国创造、中国建造共同发力，继续改变着中国的面貌。《中华人民共和国国民经济和社会发展第十四个五年规划和2035年远景目标纲要》中明确提出：要加快补齐基础设施、市政工程、农业农村、公共安全、生态环保、公共卫生、物资储备、防灾减灾、民生保障等领域短板，推动企业设备更新和技术改造，扩大战略性新兴产业投资。推进既促消费惠民生又调结构增后劲的新型基础设施、新型城镇化、交通水利等重大工程建设。面向服务国家重大战略，实施川藏铁路、西部陆海新通道、国家水网、雅鲁藏布江下游水电开发、星际探测、北斗产业化等重大工程，推进重大科研设施、重大生态系统保护修复、公共卫生应急保障、重大引调水、防洪减灾、送电输气、沿边沿江沿海交通等一批强基础、增功能、利长远的重大项目建设。这些都为我国土木工程建设指明了发展方向、拓展了市场空间。面对新的发展形势和任务，需要通过对我国土木工程建设发展历程的全方位回顾，系统总结土木工程建设的发展经验；需要全面厘清土木工程建设的发展现状，以此了解、把握土木工程建设项目管理与技术创新的进展程度，发现亟待解决的问题，研判、分析土木工程建设发展的趋势和动向；需要通过先进典型的标杆示范，引领土木工程建设企业不断提升自身的核心竞争力。从这个意义而言，通过加强土木工程学科智库的建设，推进土木工程建设研究的科学化、专业化水平，显得尤为重要。

《中国土木工程建设发展报告2020》是中国土木工程学会系统谋划，组织专业团队精心打造的一项重要的智库成果。这部报告的出版，对于全面了解我国土木工程建设的发展状况，总结土木工程建设的发展经验，研判土木工程建设的发展趋势，打造"中国建造"品牌，提升我国土木工程建设企业的核心竞争力，具有十分重要的意义。报告每年出版一部，力图全面记载、呈现过去一年我国土木工程建设的发展概况，对于系统梳理土木工程建设的发展脉络、总结土木工程建设的发展经验具有重要作用。报告不仅通过翔实的数据资料和丰富的工程案例来呈现我国土木工程建设的发展概貌，而且还梳理了土木工程建设年度热点问题的研究进展，从高端视角展现了院士专家对土木工程建设中亟待解决的一些关键问题的深入阐述，这些对明确今后推进土木工程建设的具体目标、行动路径都具有十分重要的借鉴价值。报告还通过建立模型和数据分析，进行土木工程建设企业综合实力、国际拓展能力和科技创新能力排序分析，将会对土木工程建设企业起到标杆引领和典型示范作用。

本报告是我国首次发布的土木工程建设发展年度报告。在短短几个月的时间里，编委会精心组织，系统谋划，全体参编人员集思广益、反复推敲，付出了极大的努力。我向为本报告的成功出版作出重要贡献并付出辛勤劳动的同仁表示由衷的感谢。

期待本报告能够得到广大读者的关注和欢迎，也希望读者在分享本报告研究成果的同时，也对其中尚存的不足提出中肯的批评和建议，以利于编写人员认真采纳与研究，使下一个年度报告更趋完美，让读者更加受益。希望中国土木工程学会和本报告的编写者们，能够持之以恒地跟踪我国土木工程建设的发展动态，长期不懈地关注土木工程建设发展的热点问题和前沿方向，全面系统地总结土木工程建设企业项目管理和技术创新的成功经验，逐步形成年度序列性的土木工程建设发展研究成果，引领我国土木工程建设的发展方向，为打造"中国建造"品牌，提升我国土木工程建设企业的核心竞争力作出更大的贡献。

中国土木工程学会理事长

2021年10月

前言

为了客观、全面地反映中国土木工程建设的发展状况，打造"中国建造"品牌，提升中国土木工程建设企业的核心竞争力，中国土木工程学会拟从2021年开始，每年编制一本反映上一年度中国土木工程建设发展状况的分析研究报告——《中国土木工程建设发展报告》。本报告即为《中国土木工程建设发展报告》的2020年度版。

本报告共分6章。第1章对土木工程建设的总体状况进行了分析，包括对固定资产投资总体状况的分析和对房屋建筑工程、铁路工程、公路工程、水路工程、机场工程、城市公共交通工程、市政工程建设情况的分类分析；第2章从工程建设企业的经营规模、市场规模和效益三个侧面，对土木工程建设企业的竞争力进行了分析，并通过构建综合实力分析模型，对土木工程建设企业进行了综合实力排序；第3章通过对进入国际承包商250强、全球承包商250强、财富世界500强、我国对外承包工程业务前100家企业中的土木工程建设企业的分析，提出了土木工程建设企业国际拓展能力的排序方法，并给出了土木工程建设国际拓展能力前100家企业榜单；第4章从研究项目、科研成果、标准编制、专利研发四个侧面，分析了土木工程建设领域科技创新的总体情况，对中国土木工程詹天佑奖获奖项目的科技创新特色进行了分析，提出了土木工程建设企业科技创新能力排序模型，对土木工程建设企业科技创新能力进行了排序分析；第5章围绕绿色低碳、智能建造与建筑工业化、城市更新、健康建筑与健康社区、绿色交通工程、新型智慧城市与智慧水利工程六个土木工程建设年度热点问题，汇集了院士专家相关研究的主要学术观点；第6章汇编了土木工程建设年度颁布的相关政策、文件，总结了土木工程建设年度发展大事记和中国土木工程学会年度大事记。

本报告是系统分析中国土木工程建设发展状况的系列著作，对于全面了解中国土木工程建设的发展状况、学习借鉴优秀企业土木工程建设项目管理和技术创新的先进经验、开展与土木工程建设相关的学术研究，具有重要的借鉴价值。可供广大高等院校、科研机构从事土木工程建设相关教学、科研工作的人员、政府部门和土木工程建设企业的相关人员阅读参考。

本报告在制定编写方案、收集相关数据和书稿编写及审稿的过程中，得到了住房城乡建设部主管领导、有关行业专家、中国土木工程学会各分支机构、相关土木工程建设企业的积极支持和密切配合；在编辑、出版的过程中，得到了中国建筑工业出版社的大力支持，在此表示衷心的感谢。

本报告由尚春明、王要武主编并统稿，参加各章编写的主要人员有：王要武、焦明辉、王硕、冯爱军、沈国红、程烨、袁建光、韩喻（第1章）；冯凯伦、刘东雨、李景芳、赵福明、刘云、李学梅、翟晓琴（第2章及相应附表）；王要武、焦明辉、常翔、冯欢欢、沈水龙、张迅（第3章及相应附表）；冯凯伦、陈石玮、王硕、王琳、谭斌、祖巍（第4章及相应附表）；陈石玮、王硕、孙志勇、薛晶晶（第5章）；陈石玮、王萌、章爽、樊慧、李冰（第6章）。

限于时间和水平，本报告错讹之处在所难免，敬请广大读者批评指正。

2021年10月

目录

第 3 章   土木工程建设企业国际拓展能力分析

第6章   工程建设相关政策、文件汇编与发展大事记

附录

1.1 固定资产投资的总体状况

1.1.1 固定资产投资及其增长情况

1.1.1.1 我国固定资产投资的总体情况

图1-1给出了2011～2020年我国固定资产投资的总体情况。从图中可以看出，2020年，我国全社会固定资产投资为527270亿元，固定资产投资（不含农户）为518907亿元。按当年价格计算，"十三五"期间，我国全社会固定资产投资为2981523.4亿元，固定资产投资（不含农户）为2934206亿元，分别为"十二五"期间的1.35倍和1.36倍。

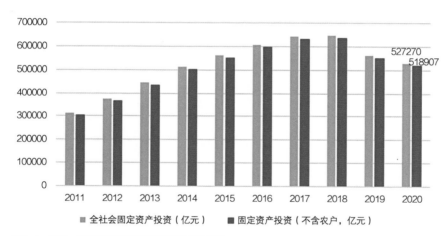

图1-1 2011～2020年我国固定资产投资的总体情况
数据来源：国家统计局

1.1.1.2 固定资产投资总体增长情况

图1-2给出了2020年我国固定资产投资（不含农户）的增长情况。从图中可以看出，受新冠疫情冲击，2020年1～2月全国固定资产投资（不含农户）大幅下降24.5%，而后降幅逐月收窄，上半年下降3.1%，至前三季度增速实现由负转正。全年投资比上年增长2.9%，增速比1～11月和前三季度分别加快0.3和2.1个百分点；民间固定资产投资增长趋势与全国固定资产投资增长趋势类似，但增幅略低，回升

略有滞后。2020年，民间固定资产投资比上年增长1.0%，增速比1～11月加快0.8个百分点；国有和国有控股固定资产投资增长趋势也与全国固定资产投资增长趋势类似，但增幅高于全国。2020年，国有和国有控股固定资产投资比上年增长5.3%，增速比1～11月放缓0.3个百分点。

三次产业的固定资产投资增长情况如图1-3所示。从图中可以看出，三次产业固定资产投资均实现了正增长。2020年，第一产业投资比上年增长19.5%，增速比1～11月份加快1.3个百分点；第二产业投资增长0.1%，1～11月份为下降0.7%；第三产业投资增长3.6%，增速加快0.1个百分点。

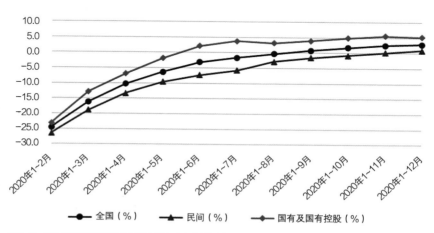

图1-2　2020年我国固定资产投资（不含农户）增长情况
数据来源：国家统计局

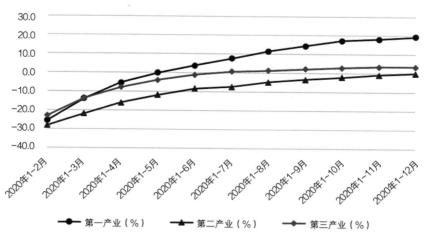

图1-3　2020年三次产业固定资产投资增长情况
数据来源：国家统计局

1.1.1.3 按建设项目性质划分的固定资产投资增长情况

按建设项目性质划分的固定资产投资增长情况如图1-4所示。从图中可以看出，新建、扩建、改建固定资产投资均实现了正增长。2020年，新建项目投资比上年增长1.8%，增速比1～11月份加快0.6个百分点；扩建项目投资增长3.8%，增速比1～11月加快1.8个百分点；改建项目投资增长1.6%，增速比1～11月加快1.3个百分点。

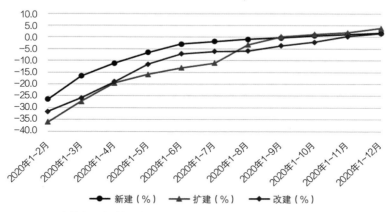

图1-4 2020年按建设项目性质划分的固定资产投资增长情况
数据来源：国家统计局

1.1.1.4 按构成划分的固定资产投资增长情况

按构成划分的固定资产投资增长情况如图1-5所示。从图中可以看出，建筑安装工程和其他费用固定资产投资均实现了正增长，设备工器具购置固定资产投资则为负增长。2020年，建筑安装工程投资比上年增长3.9%，增速比1～11月加快0.7个

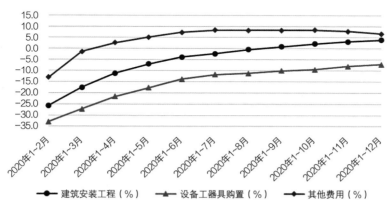

图1-5 2020年按构成划分的固定资产投资增长情况
数据来源：国家统计局

百分点；设备工器具购置投资下降了7.1%，降速比1~11月放缓0.9个百分点；其他费用投资增长6.7%，增速比1~11月放缓1.1个百分点。

1.1.1.5　基础设施领域固定资产投资增长情况

2020年，我国基础设施投资比上年增长0.9%，增速比1~11月小幅回落0.1个百分点。其中，道路运输业投资增长1.8%，增速比1~11月放缓0.4个百分点；水利管理业投资增长4.5%，增速比1~11月加快1.4个百分点；生态保护和环境治理业投资增长8.6%，增速比1~11月加快0.1个百分点；铁路运输业投资下降2.2%，增速比1~11月减少4.4个百分点；航空运输业投资下降15.1%，降速比1~11月放缓4.2个百分点；公共设施管理业投资下降1.4%，降速比1~11月放缓0.4个百分点。上述行业2020年固定资产投资增长情况如图1-6所示。

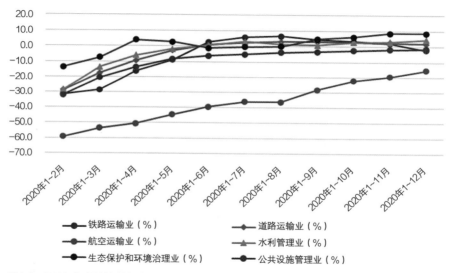

图1-6　2020年基础设施领域部分行业固定资产投资增长情况
数据来源：国家统计局

1.1.2　房地产开发投资及其增长情况

1.1.2.1　房地产开发投资总体情况

图1-7给出了2011~2020年我国房地产开发投资的总体情况。从图中可以看出，2020年，我国房地产开发投资为141442.95亿元，比上年增长7%，增幅比上年降低了2.92个百分点。"十三五"期间，我国房地产开发投资总额为606280.25亿元，

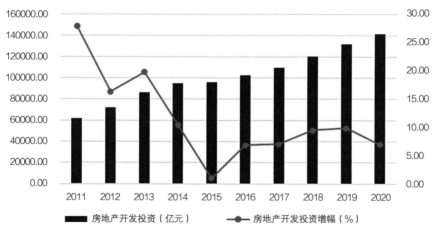

图1-7 2011~2020年我国房地产开发投资的总体情况
数据来源：国家统计局

是"十二五"期间的1.48倍。图1-8给出了2011~2020年我国房地产开发投资的构成情况。从图中可以看出，建筑工程投资在房地产开发投资中占比最大，2020年为57.91%；其次为其他费用投资，2020年为36.94%；2020年两者合计占比达到94.84%。

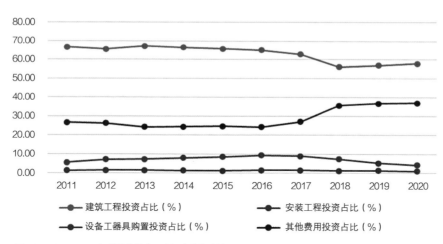

图1-8 2011~2020年我国房地产开发投资的构成情况
数据来源：国家统计局

1.1.2.2 2020年我国房地产开发投资的增长情况

图1-9给出了2020年我国房地产开发投资的增长情况。2020年，房地产开发投资比上年增长7.0%，增速比1~11月加快0.2个百分点。

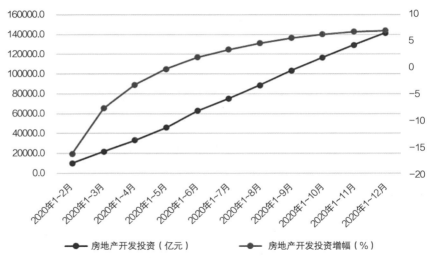

图1-9　2020年我国房地产开发投资的增长情况
数据来源：国家统计局

1.1.2.3　2020年我国房地产开发投资的构成及其增长情况

　　图1-10给出了2020年我国不同类型房地产开发投资的增长情况。2020年，住宅投资增长7.6%，增速比1~11月加快0.2个百分点；办公楼投资增长5.4%，增速比1~11月加快1.2个百分点；商业营业用房投资下降1.1%，降幅比1~11月减少0.8个百分点；其他投资增长10.8%，增速比1~11月降低0.5个百分点。

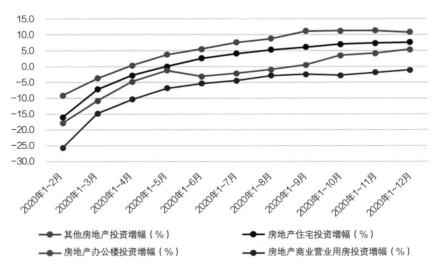

图1-10　2020年我国不同类型房地产开发投资的增长情况
数据来源：国家统计局

1.1.2.4　我国房地产施工面积、竣工面积情况

图1-11给出了2011~2020年我国房地产施工面积、竣工面积情况。2020年，房地产施工面积为92.68亿m²，比上年增长3.7%，增速比上年降低5个百分点；房地产新开工施工面积为22.44亿m²，比上年减少1.2%，增速比上年降低9.7个百分点；房地产竣工面积为9.12亿m²，比上年减少4.9%，增速比上年降低7.5个百分点。

图1-12给出了2011~2020年我国商品住宅施工面积、竣工面积情况。2020

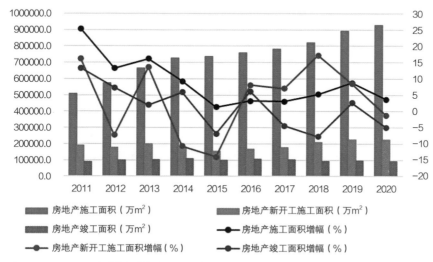

图1-11　2011~2020年我国房地产施工面积、竣工面积情况
数据来源：国家统计局

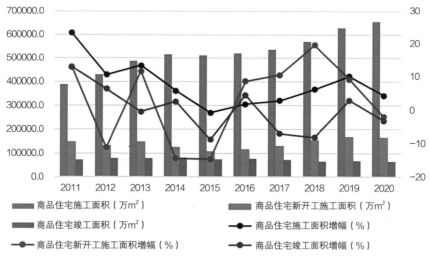

图1-12　2011~2020年我国商品住宅施工面积、竣工面积情况
数据来源：国家统计局

年，商品住宅施工面积为65.55亿m²，比上年增长4.4%，增速比上年降低5.7个百分点；商品住宅新开工施工面积为16.43亿m²，比上年减少1.9%，增速比上年降低11.1个百分点；商品住宅竣工面积为6.59亿m²，比上年减少3.1%，增速比上年降低6.1个百分点。

图1-13给出了2011～2020年我国办公楼施工面积、竣工面积情况。2020年，办公楼施工面积为3.71亿m²，比上年减少0.5%，增速比上年降低4.4个百分点；办公楼新开工施工面积为0.66亿m²，比上年减少6.8%，增速比上年降低23.9个百分点；办公楼竣工面积为0.30亿m²，比上年减少22.5%，增速比上年降低23.5个百分点。

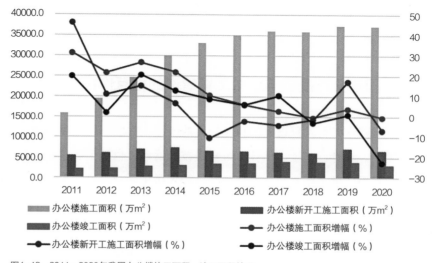

图1-13　2011～2020年我国办公楼施工面积、竣工面积情况
数据来源：国家统计局

图1-14给出了2011～2020年我国商业营业用房施工面积、竣工面积情况。2020年，商业营业用房施工面积为9.32亿m²，比上年减少7.2%，增速比上年降低9.4个百分点；商业营业用房新开工施工面积为1.80亿m²，比上年减少4.9%，增速比上年降低10.5个百分点；商业营业用房竣工面积为0.86亿m²，比上年减少20.3%，增速比上年降低24.2个百分点。

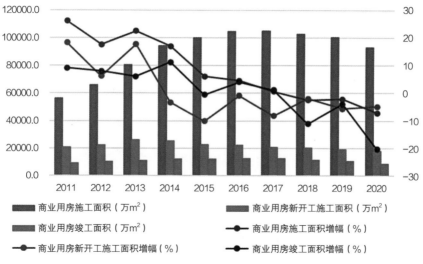

图1-14 2011~2020年我国商业营业用房施工面积、竣工面积情况

数据来源：国家统计局

1.1.3　固定资产投资与土木工程建设的相互作用关系

　　土木工程是建造各类工程设施的科学技术的统称。它既指所应用的材料、设备和所进行的勘测、设计、施工、保养、维修等技术活动，也指工程建设的对象。即建造在地上或地下、陆上或水中，直接或间接为人类生活、生产、军事、科研服务的各种工程设施，例如房屋、道路、铁路、管道、隧道、桥梁、运河、堤坝、港口、电站、飞机场、海洋平台、给水排水以及防护工程等。

　　建筑业总产值是反映我国土木工程建设规模的一个主要指标，因此，可以通过建筑业总产值与固定资产投资比例关系来反映固定资产投资与土木工程建设的相互作用关系。

　　图1-15给出了我国固定资产投资（不含农户）与建筑业总产值的比例关系。从图1-15中可以看出，建筑业总产值占固定资产投资的比重，大部分年份都是在35%上下，近两年出现了明显的上扬，2020年占比达到了50.87%。很显然，固定资产投资为我国土木工程建设企业的生产经营提供了巨大的市场空间。每当固定资产投资形势趋好，土木工程建设项目就会相应增加，我国土木工程建设企业就将面临一个利好的市场环境。另一方面，我国土木工程建设企业的生产经营活动，也为固定资产投资的实现做出了重要贡献。也可以认为，我国固定资产投资的实现，很大部分是由土木工程建设企业的生产经营活动完成的。固定资产投资与土木工程建设具有非常密切的相互作用关系。

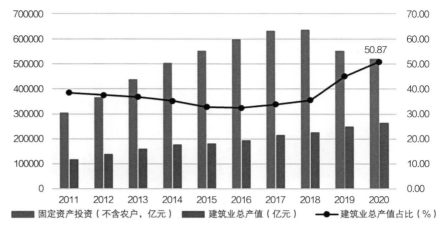

图1-15 我国固定资产投资（不含农户）与建筑业总产值的关系曲线
数据来源：国家统计局

图例：■ 固定资产投资（不含农户，亿元） ■ 建筑业总产值（亿元） ━●━ 建筑业总产值占比（%）

1.2 房屋建筑工程建设情况分析

1.2.1 房屋建筑工程建设的总体情况

房屋建筑工程是指各类房屋建筑及其附属设施和与其配套的线路、管道、设备安装工程及室内外装修工程。房屋建筑指有顶盖、梁柱、墙壁、基础以及能够形成内部空间，满足人们生产、居住、学习、公共活动等需要的工程。房屋建筑工程一般简称建筑工程，是指新建、改建或扩建房屋建筑物和附属构筑物所进行的勘察、规划、设计、施工、安装和维护等各项技术工作及其完成的工程实体。

1.2.1.1 房屋建筑施工面积

2020年，我国工程建设企业完成房屋建筑施工面积149.47亿m²，比上年增长3.68%，比"十二五"末期（即2015年，下同）增长20.29%。其中，新开工面积51.24亿m²，比上年减少0.52%，比"十二五"末期增长9.39%。参见图1-16。

1.2.1.2 房屋建筑竣工面积

2020年，我国土木工程建设企业房屋建筑竣工面积38.48亿m²，比上年减少4.37%，低于"十二五"末期的水平。从房屋建筑竣工面积的构成看，住宅房屋占

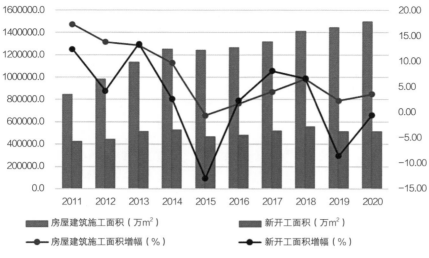

图1-16　2011~2020年我国房屋建筑施工面积的情况
数据来源：国家统计局

比最大，2020年，住宅房屋竣工面积的占比为67.33%。2020年，住宅房屋竣工面积为25.91亿m²，比上年减少4.42%，也低于"十二五"末期的水平。参见图1-17。

除住宅外的民用建筑房屋竣工面积情况参见图1-18。2020年，我国工程建设企业商业及服务用房屋竣工面积2.57亿m²，办公用房屋竣工面积1.63亿m²，文化、体育和娱乐用房屋竣工面积0.37亿m²，分别比上年下降10.15%、15.24%和8.33%，均低于

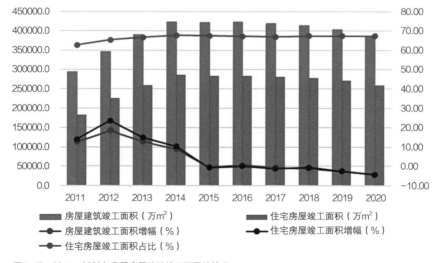

图1-17　2011~2020年我国房屋建筑竣工面积的情况
数据来源：国家统计局

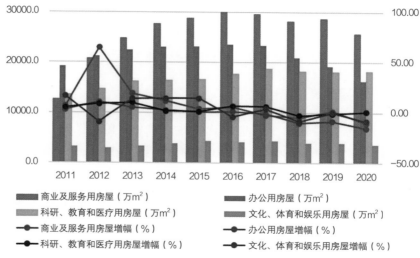

图1-18　2011～2020年我国除住宅外的民用房屋竣工面积情况
数据来源：国家统计局

"十二五"末期的水平。这三类房屋建筑竣工面积，分别占工程建设企业房屋建筑竣工面积的6.68%、4.23%和0.96%；科研、教育和医疗用房屋竣工面积1.82亿m²，比上年增长0.71%，高于"十二五"末期的水平，占工程建设企业房屋建筑竣工面积的4.72%。

厂房和建筑物、仓库、其他未列明的房屋三类房屋建筑竣工面积情况参见图1-19。2020年，我国工程建设企业厂房和建筑物竣工面积4.85亿m²，仓库竣工面

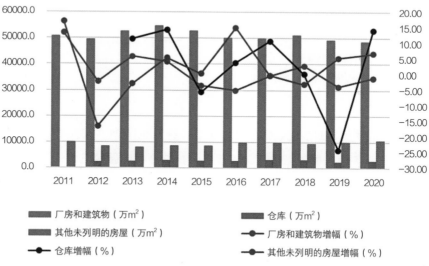

图1-19　2011～2020年我国厂房和建筑物、仓库、其他未列明的房屋建筑竣工面积情况
数据来源：国家统计局

积0.27亿m²，其他未列明的房屋竣工面积1.07亿m²，分别比上年下降1.15%、增长13.96%和6.68%，前两类均低于"十二五"末期的水平。这三类房屋建筑竣工面积，分别占工程建设企业房屋建筑竣工面积的12.61%、0.70%和2.77%。

1.2.1.3　房屋建筑竣工价值

2020年，我国工程建设企业房屋建筑竣工价值7.19万亿元，比上年减少2.84%，高于"十二五"末期的水平。从房屋建筑竣工价值的构成看，住宅房屋占比最大，2020年，住宅房屋竣工价值的占比为66.07%。2020年，住宅房屋竣工价值为4.75亿m²，比上年增加0.41%，略低于"十二五"末期的水平。参见图1-20。

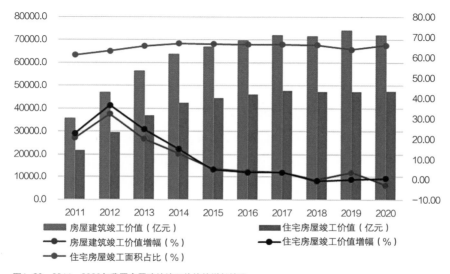

图1-20　2011~2020年我国房屋建筑竣工价值的增长情况
数据来源：国家统计局

除住宅外的民用建筑房屋竣工价值增长情况参见图1-21。2020年，我国工程建设企业商业及服务用房屋竣工价值0.50万亿元，办公用房屋竣工价值0.35万亿元，文化、体育和娱乐用房屋竣工价值0.09万亿元，分别比上年下降28.01%、11.29%和6.86%，均低于"十二五"末期的水平。这三类房屋建筑竣工价值，分别占工程建设企业房屋建筑竣工价值的7.01%、4.81%和1.30%；科研、教育和医疗用房屋竣工价值0.43万亿元，比上年增长2.59%，高于"十二五"末期的水平，占工程建设企业房屋建筑竣工价值的6.02%。

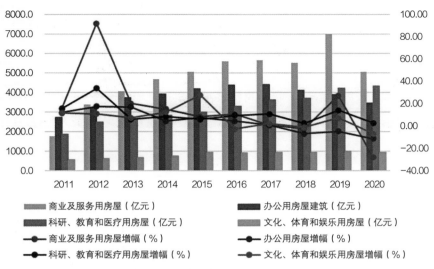

图1-21 2011～2020年除住宅外的民用房屋竣工价值情况
数据来源：国家统计局

1.2.2　典型的建筑工程建设项目

1.2.2.1　火神山医院和雷神山医院

2020年年初，疫情突袭，迅速蔓延。为及时收治新冠肺炎患者，1月23日，武汉决定新建一座火神山医院。两天后，决定再建一座雷神山医院。中建集团第一时间发出动员令，调集12家子企业、4万余名建设者、2500余台大型设备及车辆投入"战场"。建设者们争分夺秒、攻坚克难，10d建成武汉火神山医院、12d建成雷神山医院，保障高效运行73d，累计收治患者达5070名，为抗击新冠疫情提供了强大支撑（图1-22）。

"两山"医院建设速度比通常的传染病医院至少提高了100倍，建设者们不仅光荣地完成了建设任务，而且形成了国际领先的应急医院快速建造关键技术。

（1）搭建协同高效的组织管理架构。组建了覆盖政府、总承包企业和各参建单位三个层级的管理组织架构，建立管理线条清晰、管理层级扁平高效的矩阵式管理模式，推行高效运行工作机制，稳步推进工程建设工作。一是坚持指挥部、工区间、工区内部三位一体的协调会议制度，实现统一指挥，减少逐级传达层次，提高沟通效率；二是以信息专用群形式搭建两级信息共享平台，确保信息沟通快捷，上令下达畅通有效；三是实行两班倒工作制，让建设指挥不断档，项目管理无空缺，保证24h连续施工作业，大大提高工程建设速度。

（2）实施科学合理的全过程施工管理。采用最优施工工艺，科学组织工序搭接

图1-22　火神山医院和雷神山医院

和工序穿插，充分利用工作面，使基础结构施工、箱式房吊装、墙板安装、机电安装等关键工序施工紧密衔接，做到歇人不歇作业面。投入充足甚至富裕的资源保证各施工面同时组织施工，宁可资源等现场，也绝不能现场等资源，全力保障现场施工快速推进。利用BIM技术、物联网技术、智慧工地信息技术，提前对施工环境进行模拟和复杂工序预演，让困难和问题在作业前解决。采取扁平化验收模式，全过程跟踪验收，严把过程控制关，实现一次成活，确保工程质量，杜绝返工浪费时间。

（3）开展需求与条件融合的工程设计深化。在北京中元国际工程设计研究院78min整理出北京小汤山医院建设图纸的基础上，中信武汉设计院针对火神山医院建设条件，组建设计深化管理团队，用1d时间拿出设计方案，并对总平面布局、场地高差、附属配套设施布局方案进行设计优化，对基础施工、箱式房屋安装、屋面构造、综合管线及配电施工图进行设计深化，高效融合现场施工需求和现场条件，真正实现设计施工一体化。

（4）形成全资源保障的供应管理。针对应急医院建设工期紧、特殊条件下多资源集中供应压力大等特点，快速计算出工程建设需要的人力、物资资源，统筹考虑供应能力、物流运输、交通阻力等影响，精准判断各项资源进场数量与时间，提出资源供应计划，高效运作资源供给，及时准确提供现场使用。

（5）组织全方位的安全防疫管控。各单位专职安全管理人员直接下沉班组跟班管控，缩短管理链条，以保姆式的管理理念扎根现场，开展24h不间断现场巡查、纠偏、整改，及时发现和纠正问题，决不让安全隐患影响施工。以实名制管理模式开展防疫工作，工人入场接受疫情查询和防疫教育，严防疫情流入现场。考勤与疫检挂钩，进入现场必须进行体温检测，现场设置5台红外线测温仪、8处现场测温棚，配备20名流动防疫检测员，每天4次分时测温，构建场内四道多维立体防疫战线，有效保障场内作业人员每日防疫监控全覆盖。施工现场作业人员离场采取"5+3工作法"，做到突发情况可追溯和居家隔离保平安。

1.2.2.2 国家速滑馆

在北京奥运核心区，气势恢宏的国家速滑馆，22根曲线环形玻璃幕墙形成美轮美奂的"冰丝带"，在阳光下熠熠生辉，梦幻造型和用特殊彩釉工艺涂刷烧制的冰花纹华丽外衣带给人们科技和艺术融合的视觉享受。经过北京城建集团等建设者两年多的精心施工，2020年12月25日，北京2022年冬奥会标志性场馆——国家速滑馆工程顺利通过设计、勘察、监理、业主和施工五方联合验收。工程建设任务的完成，为2021年1月开展首次制冰工作奠定了坚实的基础[2]。

国家速滑馆工程由主场馆和东车库组成，总建筑面积约9.7万m²，南北长约240m、东西宽约174m，地下2层，地上3层。施工中，北京城建集团应用全过程、全专业BIM技术，运用智慧化管理手段，不断进行技术创新，以建设冬奥精品为己任，攻坚克难，昼夜奋战，在保证施工质量的同时，"织"出冬奥速度、打造冬奥工程品质（图1-23）。

2018年1月23日国家速滑馆工程开始施工后，仅用20d就完成了全部654根基础桩施工任务；6月23日提前完成地下结构施工任务。在地上混凝土结构、钢结构、索网结构及屋面施工中，技术人员通过BIM技术仿真模拟与装配式相结合，对混凝土主体结构和钢结构环桁架拼装实行平行施工，使整体工期缩短3个月，实现了9月底混凝土主体结构提前封顶、11月底屋面环桁架合龙卸载的目标。2019年7月，国家速滑馆完成曲面幕墙网壳钢结构安装；12月31日，国家速滑馆屋面单元板和外立面曲面幕墙单元全部安装完成，如期实现封顶封围的"冰丝带"正式整体亮相。2020年，面对突发的新冠疫情，北京城建集团国家速滑馆项目部全体建设者一手抓疫情防控，一手抓施工生产，以FOP施工为中心，以项目完工为目标，统筹协调机电、装饰装修、屋面、幕墙、消防、膜结构和室外工程等各专业快速推进，保证了专业设备按期进行联合调试。

国家速滑馆工程设计新颖，施工难度大、新技术应用多，多项技术是国内首次应用，具有世界领先水平。工程获得了北京市结构长城杯金奖、中国钢结构金奖、中国钢结构金奖年度杰出工程大奖；《国家速滑馆大跨度马鞍形单层正交索网结构关键施

图1-23 国家速滑馆

工技术研究与应用》《冬奥会大型冰上运动比赛场馆动态高精度施工测量技术研究与应用》两项技术被鉴定为国际领先，并发布两项企业标准；工程获得第四届国际BIM大奖赛"最佳体育项目BIM应用奖"，被评为冬奥组委建设阶段可持续评审"绿"星。截至2020年年底，共申请国家专利技术34项，已获授权国家专利技术8项。

1.2.2.3　苏州国际金融中心

2020年6月16日，历经10年建设，江苏第一高楼——苏州国际金融中心正式竣工验收，并于2020年年底正式投入使用。

苏州国际金融中心位于苏州工业园区湖东CBD商圈核心区域，西临美丽的金鸡湖，总建筑面积约38万m^2，为江苏省第一高楼。是汇聚甲级写字楼、精品特色五星级酒店豪华单层和高端复式酒店式公寓的大型综合体。

该项目由T1、T2、T3三栋塔楼及地下室组成。其中T1塔楼共91层、总高450m，功能为办公、公寓、酒店和配套设备用房；T2、T3塔楼屋面高度为55.65m，地下室共4层，由设备用房、停车库及配套后勤用房组成。项目由中建三局三公司承建。

苏州国际金融中心设计采用苏州人最熟悉的"水元素"，以如鱼尾一般曼妙的曲线傲立在金鸡湖畔。其主楼相当于46座埃菲尔铁塔重，若加上商业裙房等附属建筑，则重达66万t。走近其中，会发现这座摩天大楼主楼像悬空架在8根巨型柱子上。这种国际超高层建筑普遍采用的结构体系，有利于结构受力，具有极优的抗震性。项目核心筒施工采用中建三局自主研发的第二代模块化低位顶模，最快两天半一个结构层，速度领跑国内同类超高层建筑工程（图1-24）。

图1-24　苏州国际金融中心

工程主楼区域基坑最深27.85m，是苏州第一深基坑，共415根桩。每根桩深入地下92m，直径1m，可承重1200t。主楼土方开挖需穿越7道土层，其中粉砂层厚4m，含水量大，施工难度极高，而正在运行的苏州地铁一号线从基坑北侧沿线穿过，穿过距离长达168m，基坑与地铁隧道最近仅9m。项目团队通过技术攻关，采用"切片、切层"施工，在临近地铁侧进行桩基加固，并切大坑为小坑，用地下连续墙临时将基坑分为3个片区、南北两段，分6层开挖，在过程中进行淤泥固化处理，最大限度控制各层、各段施工期间的相互影响。该工程利用"时空效应"，根据基坑变形量与无支撑暴露时长呈正相关性原则，尽可能缩短无支撑暴露时间，辅以先进的检测仪全天候监控，确保基坑"固若金汤"。经第三方机构实测，基坑变形量最大3cm、地铁位移量仅3.2mm，远小于地铁设计单位变形量3.4cm和位移量7.5mm的要求，让检测人员感叹"施工如内科手术般精准！"

面对台风、地震，为使摩天大楼稳如泰山，建设者为国金中心安装了阻尼器的升级版——新型调谐液态阻尼器（英文简称"TSD"），在国内尚属首例。"TSD"是一种被动式吸能减振装置，通过内部液体振动来消除建筑物在承受风荷载及遇到地震时的振动，从而改善超高层建筑风振舒适度，延长建筑使用寿命。大楼里还设置9个浆柱，作用就是通过对水黏滞，让其与风向进行反作用，通过这种反作用力抵消因风力造成的大楼晃动，达到防晃、减震的目的。拥有"TSD"这个"定海神针"的国金中心，面对12级台风都能岿然不动。

该项目在江苏省超高层建筑中混凝土泵送高度"最"高、底板厚度最厚、浇筑方量最大。其混凝土最高泵送高度达435m，采用"一泵到顶"进行超高泵送施工；主楼底板平均板厚5m、最厚6.65m；总方量约2.1万m^3。

国金中心的电梯也是世界上运行速度最快的电梯之一，从国金中心一楼到顶楼，只需45s。国金中心共设计安装有65台电梯，包括客梯、酒店电梯等不同类别，而且还采用了高峰、平峰、低峰载客量自动控制系统，这个系统可以根据乘坐电梯人流量的动态变化，进行有效分流。

该项目曾荣膺中国钢结构金奖、全国AAA级安全文明标准化工地、全国QC小组一等奖等荣誉。

1.2.2.4　新开发银行总部大楼

2020年11月，经过上海建工建设者三年的连续奋战，位于浦东世博园A片区的新开发银行总部大楼项目建设进入最后的精装饰收尾和设备调试阶段，这标志着全

图1-25 新开发银行总部

球首个总部落户上海的多边国际组织总部大楼基本落成（图1-25）。

新开发银行总部大楼项目是社会关注度很高的项目，总建筑面积12.6万m²，建筑高度150m，建成后将满足约2500人的办公需求。由于新开发银行总部大楼项目建设标准高、管理要求严，传统管理模式已很难满足其精细化管理的要求，需要在总承包管理的手段上创新转型。为此，上海建工以"服务国家战略、铸造精品工程"为宗旨，在工程建设过程中，对工程施工实施"统一指挥、统一协调、统一计划、统一管理"。管理团队"变压力为动力，将难题作为攻关课题，以打造智慧型工地为突破口，强化'菱形管控'，组建专业团队，加强前期策划，实施建造过程的精细管理"。

为体现建筑与国际接轨，建造过程与信息化数字化接轨的目标，上海建工管理团队在实施总承包、总集成、总协调管理过程中，以信息化、智能化管理理念为先导，依托远程监控、智能芯片、大数据分析、云端服务、二维码扫描、手机移动App等手段，构建起基于BIM技术的多维度、全方位智慧工地管理平台，从而实现建造过程更加精细安全管理、质量控制以及文明施工管理的信息化智能化，使该项目在应用信息化、智能化管理手段方面始终处于行业的前沿水平。

1.2.2.5　西安丝路国际会展中心

2020年3月31日，由中建八局西北公司承建的我国西部地区最大的会展综合体——西安丝路国际会展中心顺利通过竣工验收（图1-26）。

西安丝路国际会展中心项目位于浐灞生态区欧亚经济综合园区核心区，分为西安丝路国际会议中心、西安丝路国际展览中心，与西安奥体中心合称为"三中心"。会议中心总建筑面积20.7万m^2，工程外形为独特的"月牙"造型，由西安历史地标建筑钟楼提取造型元素，并以现代"双月牙"造型和180根钢立柱诠释传统大屋檐空间造型。展览中心总建筑面积48.7万m^2，填补了无10万m^2以上的室内展馆空缺，提升西安乃至西部会展产业发展水平，成为国家级"丝路国际会展中心"。

西安丝路国际会展中心作为国内同期开工的工程量最大、设计标准最高、建设进度最快的工程项目之一，在建设过程中，通过BIM模型建造，BIM精确模拟施工，360°无死角焊接的机器人，3D打印等技术，不断深化设计、优化调整打造智慧工地，为现场提供可直接施工的图纸，提前解决管线碰撞等问题，节省了大量工期，为项目建设贡献了智慧力量。

1.2.2.6　百子湾保障房项目公租房地块

百子湾保障房项目公租房地块（1号公租房等37项）是大型群体公共租赁住房项目。项目位于北京市朝阳区百子湾地区，总用地面积8.44万m^2，总建筑面积39.54万m^2，其中住宅总面积为21.08万m^2。共12栋住宅楼，1个地下车库，配套物业、配套商业用房，社区服务中心及养老机构等。其中2栋住宅楼为现浇剪力墙结构超低能耗被动建筑，其余住宅楼四层及以上为装配整体式剪力墙结构；采用预制外墙、预制内墙、预制叠合楼板、预制楼梯、预制空调板、预制阳台、轻型预制水平装饰构件8大类预制构件，约3.6万块。地下3层（局部地下2层），地上6～27层，建筑高度为25.2～80m。住宅室内装修均采用装配式装修体系；小区容积率为3.5，绿地率8%（绿化覆盖率41%），建筑密度68%，共4000户，地下停车位2562个。

北京六建集团在该项目建设过程中，进行了如下创新技术的应用：新型封仓工具及其施工技术、墙顶阴角定型模板体系及其施工技术、套筒钢筋定位钢板及施工方法、适用于装配式建筑的外防护架体系及其施工技术、BIM技术。上述自主创新研发及应用的工具、施工方法和技术不仅为该项目提高了质量、加快效率、节约成

图1-26 西安丝路国际会展中心

本，还可以在集团内部广泛推广并使用，并为同行业的装配式建筑提供借鉴经验，具有很好的推广效果。

该项目荣获了北京市建筑长城杯金质奖工程、北京市结构长城杯金质奖工程等多项奖励和荣誉，形成了两项北京市级工法，其BIM技术应用获北京市建设单项应用成果类一等奖。

1.2.2.7 柳州市莲花城保障性住房项目

柳州市莲花城保障性住房项目位于柳州市鱼峰区柳石路上，处于莲花立交桥匝道与柳石路的交叉处西北面，距离莲花客运站约1km，交通枢纽莲花立交桥近在咫尺，北临广西工艺美术学校，南至莲花立交桥，东临柳石路，西为城南首座居住小区。工程总建筑总面积约13.7万m²、其中地下室约3.8万m²、地上部分约9.9万m²。项目共十栋主体，最高23层，最低为6层，结构形式地下室为普通钢筋混凝土结构，地上为钢结构框架支撑结构，基础采用桩基。设计合理使用年限为50年，是广西首个钢结构住宅产业化试点项目。框架柱采用矩形钢管混凝土柱，框架梁及次梁采用焊接H型钢梁，楼板采用钢筋桁架楼承板。

广西建工五建在该项目的施工过程中，应用了多项新技术。其中：多高层装配式钢结构住宅室内隐梁隐柱体系设计关键技术主要包括：装配式钢结构住宅标准化体系的研发、标准化扁钢管混凝土柱框架支撑结构体系的研发、新型梁柱连接节点体系的研发、钢结构住宅主体结构与墙板连接技术；多高层装配式钢结构住宅室内隐梁隐柱体系制造主要包括：装配式建筑钢构件高效切割技术、小截面构件防变形、防扭曲加工技术、装配式建筑钢构件半自动化生产加工技术；多高层装配式钢结构住宅室内隐梁隐柱体系安装主要包括：高空钢柱便捷式高效安装技术、装配式钢结构建筑可周转式塔式起重机附墙锚固技术、装配式钢结构钢楼承板、保温装饰板快速安装技术；预制飘窗与钢结构快速连接以及外窗台防渗水施工技术主要包括：预制飘窗与钢结构快速连接技术、装配式外窗台防渗水施工技术。

依托该项目的多高层装配式钢结构住宅室内隐梁隐柱体系的设计制造安装关键技术，于2020年12月10日荣获工程建设科学技术进步奖二等奖。

1.2.2.8 华新一品三期北1、2、3、5号楼及地下车库B区

华新一品三期北1、2、3、5号楼及地下车库B区项目位于海安市中坝南路109号，总建筑面积150604m²，由4栋高层住宅及地下车库组成。工程的主要功能、用

途是住宅、地下车库，其中1号主楼一层为物业管理用房。该项目为一类高层，结构安全等级为二级，建筑抗震设防烈度7度，耐火等级为一级，防水等级为Ⅰ级，住宅一类环境控制。

华新建工集团有限公司在该项目的施工过程中，大力推广应用新技术、新工艺、新材料，运用BIM技术，做到提前策划，解决了高支模排架系统、地下室新旧混凝土交接处施工缝连接、有限空间内设备机房及各功能管线综合平衡布置等施工难题，实施工程全过程的质量管理，确保施工处于受控，工程共使用了住房城乡建设部建筑业10项新技术中的9大项22小项。积极开展提高新旧地下室连通口处顶板结合度、楼梯踏步模板支撑体系的研发、提高主楼与车库交界区综合管线施工质量等QC专题攻关，在后浇带钢筋混凝土嵌扣盖板、装配式楼梯模板支设、BIM虚拟建造技术等方面进行技术创新，取得了良好成效。2020年先后获得江苏省"建筑业新技术应用示范工程"、江苏省"扬子杯"优质工程和国家优质工程奖。

1.3 铁路工程建设情况分析

1.3.1 铁路工程建设的总体情况

铁路工程是指铁路上的各种土木工程设施，同时也指修建铁路各阶段（勘测设计、施工、养护、改建）所运用的技术。铁路工程最初包括与铁路有关的土木（轨道、路基、桥梁、隧道、站场）、机械（机车、车辆）和信号等工程。随着建设的发展和技术的进一步分工，其中一些工程逐渐形成为独立的学科，如机车工程、车辆工程、信号工程；另外一些工程逐渐归入各自的本门学科，如桥梁工程、隧道工程。

图1-27给出了2011～2020年我国铁路固定资产投资情况。2020年，全国铁路完成固定资产投资7819亿元，较年初计划增加719亿元，其中基本建设投资完成5550亿元以上，超过2019年水平。

图1-28、图1-29分别给出了2011～2020年我国铁路、高速铁路营运里程情况。2020年，我国铁路营运里程达到14.63万km，比上年增长4.57%。其中，高速铁路营运里程达到38000km，比上年增长7.38%。

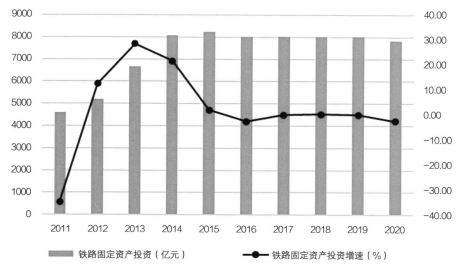

图1-27　2011~2020年我国铁路固定资产投资情况
数据来源：交通运输部《交通运输行业统计公报》(2011~2020各年)

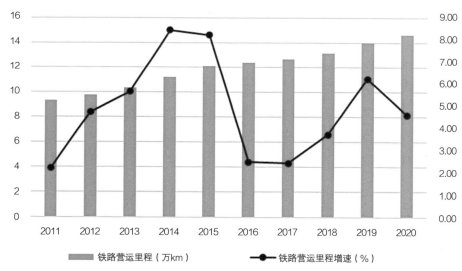

图1-28　2011~2020年我国铁路营运里程情况
数据来源：交通运输部《交通运输行业统计公报》(2011~2020各年)

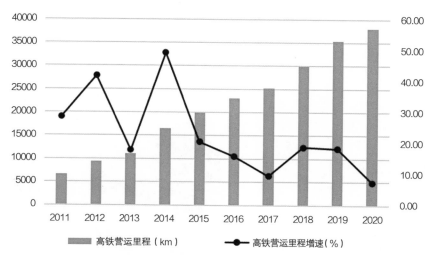

图1-29　2011~2020年我国高速铁路营运里程的增长情况

数据来源：交通运输部《交通运输行业统计公报》（2011~2020各年）

1.3.2　典型的铁路工程建设项目

1.3.2.1　银西高铁

2020年12月26日，银西高铁开通运营。高铁沿线的陕西礼泉、乾县、永寿、彬州等市县首次纳入全国高铁网，西安到银川的列车运行时间由过去的14h缩短至3h左右，三秦百姓出行将更加便利（图1-30）。

作为首条串联陕甘宁革命老区和穿越黄土高原地带的高速铁路，银西高铁的多项技术创新，填补了我国高铁建设技术的多项空白。

银西高铁是我国一次性建成里程最长的有砟高速铁路，设计速度为250km/h，预留有进一步提速的基础条件。咸阳北站至永寿西站区段设置的300km/h新型有砟轨道结构试验段，是国内第一条长大区间高速有砟轨道试验段。银西高铁填补了我国运营速度250km/h、预留进一步提速350km/h条件的高速有砟轨道空白。相关技术参数和应用经验的积累，将弥补我国高速铁路轨道工程设计、建造及运营维护的发展短板，进一步完善我国高速铁路有砟轨道技术，对我国高速铁路保持世界领先水平具有重要意义。

由于银西高铁全线贯穿渭河高阶地及渭北黄土塬区、陕北黄土梁峁沟壑区、黄土台塬区、环江宽谷区、沙漠及半沙漠区及黄河冲积平原区，桥梁和隧道建设中有大量高墩大跨桥梁、大断面特长黄土隧道、风沙路基、湿陷性黄土等困难工程，施

图1-30 银西高铁

工难度超出想象。

咸阳渭河特大桥，是银西高铁全线唯一一座四线桥，也是国内首座应用大跨度钢斜撑加劲简支箱梁的铁路桥梁。因桥梁体量庞大，结构复杂、技术标准要求极高，建设时施工点多达30多个，每日施工人员达2700人以上，投入孔桩钻机68台，平均月供混凝土5.6万m³。同时，受城际铁路接轨方案的影响，原本3年工期须缩短至13个月，期间还受到新冠肺炎疫情、河道汛期等因素影响。建设者们在跨越渭河主河道时采用了17孔60m单箱双室钢斜撑加劲简支箱梁施工工艺，实现了跨渭河段与关中城际铁路一次建成。

漠谷河2号特大桥位于陕西省咸阳市乾县境内，全长1605.22m，是银西高铁全线跨度最大、墩高最高的桥梁，是银西高铁陕西段重点控制性工程。漠谷河2号特大桥在有砟高铁简支箱梁上应用了"干拼法"工艺，为国内首次。

彬县隧道全长14251.32m，是银西高铁全线最长的隧道。该隧道穿越黄土梁塬沟壑区，黄土、流砂、弱成岩等不良地质及富水等不利因素交叉存在。其中，富水地段超过10km，最大流量达170m³/h，相当于一个10道标准泳池的水量从隧道中涌出，被施工人员称为"水帘洞"。而且，隧道部分地段地层沉积时间短，岩体在爆破后变成了碎散的泥沙，稳定性极差。针对这些施工难题，建设者们采用"掘进机开挖成洞"工艺,减少对围岩的扰动,采用双栈桥施工法、双湿喷机械手等工法,有效解决了隧道富水、弱成岩、流砂等施工难题。彬县隧道建设也创造了砂质富水弱成岩隧道月进尺130m的全国纪录。

1.3.2.2 京张高速铁路

京张高速铁路,又名京张客运专线,即京包客运专线京张段,是一条连接北京市与河北省张家口市的城际高速铁路,是《中长期铁路网规划》(2016年版)中"八纵八横"高速铁路主通道中"京兰通道"的重要组成部分。京张高速铁路是2022年北京冬奥会的重要交通保障设施,是中国第一条采用自主研发的北斗卫星导航系统、设计速度350km/h的智能化高速铁路,也是世界上第一条最高设计速度350km/h的高寒、大风沙高速铁路。2016年4月29日,京张高速铁路开工建设,2019年12月30日,京张高速铁路开通运营,2020年12月1日6时,G8881次列车从清河站开出,标志着京张高速铁路延庆线开通运营。北京市区到延庆的最快运行时间从2h缩短到26min(图1-31)。

作为中国首条智能高速铁路,京张高速铁路每一条钢轨的质量监造、供应和廓形设计打磨也运用了大数据并建立了"健康档案"。根据地质情况,建设过程中,借助中国首个大盾构智能控制中心,成功应用BIM技术、三维可视化监控、盾构云平台指挥、自动化监控量测等措施,实现了智能模拟、精准预测、提前预警、实时修正,克服了盾构超浅埋始发接收、超近穿越重要建(构)筑物等难题。

京张高速铁路是中国《中长期铁路网规划》中"八纵八横"高速铁路网北京至兰州通道的重要组成部分,线路向西与张呼高速铁路、张大高速铁路相连,向东与北京枢纽连通,形成内蒙古东部、山西和河北北部地区快速进京客运通道。京张高

图1-31 京张高速铁路

速铁路的建设对增进西北地区与京津冀地区人员的交流往来，促进西北地区与京津冀地区协同发展将发挥重要作用。同时，京张高速铁路也是2022年北京冬奥会的重要配套工程，其开通运营标志着冬奥会配套建设取得了新进展。

1.3.2.3 京雄城际铁路

2020年12月27日，连接北京和雄安新区的京雄城际铁路大兴机场至雄安段开通运营，京雄城际实现全线贯通，雄安站同步投入使用。北京西站至雄安新区最快旅行时间50min，大兴机场至雄安新区最快19min可达。

京雄城际铁路自北京西站引出，经过既有京九铁路至李营站，接入新建高速铁路线路，向南途经北京大兴区、河北省廊坊市、霸州市至雄安新区，线路全长91km，最高设计时速350km，其中北京西至大兴机场段已于2019年9月26日开通运营。此次开通的大兴机场至雄安新区段长59km，设大兴机场、固安东、霸州北、雄安4座车站。

同步投入运营的雄安站站场规模13台23线，总建筑面积47.52万m^2，采用站城一体化设计，有效融入城市肌体，做到枢纽区域与城市规划、产业开发有机融合；站房外观采用"青莲滴露"设计主题，呈水滴状椭圆造型，椭圆形屋盖轮廓如清泉源头，似一瓣青莲上的露珠；采用立体候车布局，能够实现旅客"进出分层、到发分离"，保证旅客进出畅通；在车场之间创新采用15m宽的"光谷"，提升了采光通风效果。未来，雄安站将成为京港（台）高速铁路、京雄城际铁路、天津至雄安新区城际铁路、雄安新区至忻州高速铁路的交汇枢纽。雄安站的规模相当于6个北京站，而它值得称道之处远不止于"大"，它还是国内首个大规模采用清水混凝土技术的高铁站，巨大的梁柱曲线优美，横竖都有弧度，观感自然清新，将新发展理念诠释得淋漓尽致（图1-32）。

京雄城际是我国建设的又一条智能高铁，在多项智能关键技术上取得了新突破。在智能建造方面，大力推进BIM技术应用，首次实现设计、施工到运营三维数字化智能管理；广泛应用智能装配式建造技术，能够实现桥梁、房屋装配式结构设计和施工。在智能装备方面，运用先进的列车控制系统，采用智能控制、大数据、云计算等技术，广泛应用新一代移动通信、牵引供电等设备。在智能运营方面，建设智能高铁车站，能够实现旅客精准定位、路径规划、位置搜索等智能服务；高铁设备采用电子标签管理，实现智能运维；运用地震预警、综合视频一体化等智能技术，提升高铁防灾能力。

图1-32 京雄城际铁路

1.3.2.4 商合杭高速铁路

商合杭高速铁路，又名商杭高铁、商杭客运专线，是一条连接河南省商丘市、安徽省合肥市与浙江省杭州市的高速铁路，有"华东第二通道"之称。商丘至合肥段、合肥至杭州段分别是《中长期铁路网规划》（2016年版）中"八纵八横"高速铁路主通道中"京港（台）通道""京沪通道"的重要组成部分。2015年11月30日，商合杭高速铁路全面开工建设，2019年12月1日，商合杭高速铁路商合段开通运营，2020年6月28日，商合杭高速铁路合湖段开通运营（图1-33）。

商合杭高速铁路由商丘站至杭州东站，全长794.55km，其中新建617.94km；设29座车站，设计速度350km/h（其中芜湖至宣城段250km/h）。作为建设工程中的重点工程，芜湖长江三桥是集客运专线、市域轨道交通、城市主干道路于一体的公铁合建桥梁，上层为双向八车道城市道路、下层为两线客运专线和两线按城际铁路（预留）标准建设的市域轨道线。芜湖长江三桥为主跨588m的高低矮塔双索面非对称五跨连续箱桁组合梁斜拉桥，2号主塔高155m、3号主塔高130.5m。相比于其他斜拉桥，大桥主塔桥面以上塔高仅为正常塔高的一半，是世界首座高低矮塔公铁两用斜拉桥。芜湖长江三桥施工过程中，建设者破解了多项技术难题，取得了"一项世界第一、两项中国国内领先、十项创新技术、二十项专利"等科技创新成果，即：世界上跨度最大的高低矮塔公铁两用斜拉桥。中国国内首次深水裸岩设置钢沉井基础；中国国内斜拉桥首次采用单个锚点最大索力（16000kN）的高强度（2000MPa）耐久型平行钢丝斜拉索。成功应用了深水裸岩设置钢沉井基础施工技术、破碎基岩大直径钻孔桩成桩技术、高低矮塔强箱弱桁组合钢梁施工技术、塔内小空间大吨位斜拉索安装技术等十项创新技术。

商合杭高速铁路的修建实现了河南、安徽、浙江三个省份交通动脉的"无缝对

图1-33　商合杭高速铁路

接"，突出了交通建设的东向主导方向，使中部地区与"泛长三角区域"的互动和合作变得更为畅通。同时，该线对完善快速客运网络，实现客货分流运输，释放既有铁路货运能力，加强中、东部经济联系具有十分重要的作用。

1.3.2.5　大临铁路

大临铁路，也称"大临线"，是中国云南省境内一条连接大理白族自治州与临沧市的国铁Ⅰ级电气化铁路，也是滇西、滇中地区联系清水河口岸的便捷通道。2015年12月6日，大临铁路开工建设，2020年12月30日，大临铁路通车运营。

大临铁路北起大理站，南至临沧站，全长201km，全线共设置19座车站，其中4站办理客运业务，设计速度为160km/h。大临铁路全线共设桥梁69座，隧道35座，其中10km以上的长大隧道4座，全线桥隧占线路总长的87.25%，需新建接触网支柱、桥钢柱等7000余根，架设接触网、敷设通信光缆和高低压线路近1600km，建设通信铁塔26座，变配电所17座。

大临铁路"最难打的隧道"是红豆山隧道，位于云县境内，全长10616m，穿越无量山脉，因山体岩层复杂多变、涌水量大、地层内夹杂8种有害气体，因为有害气体的种类最多、浓度最高、危害程度最大，其有毒有害气体极高度危险区域长达

4210m，高度危险区域3630m，高度以上危险区域占隧道全长的73.8%，每掘进一米都充满未知与挑战，红豆山隧道被称为世界罕见"毒气"隧道。红豆山隧道的施工难点具有独特性、唯一性和不可复制性，施工中形成了施工工法4项、专利40项。

大临铁路通车运营标志着临沧正式进入云南省3h经济圈，对完善西部铁路网、改善滇中和滇西区域综合交通运输体系、发展沿线地方经济、促进云南与周边国家基础设施互联互通将起到积极推动作用。此外，大临铁路作为中缅经济走廊国际大通道的重要组成部分，在未来还将发挥更大的作用。

1.3.2.6　盐通高铁

2020年12月30日，连接革命老区盐城和"中国近代第一城"南通的盐通铁路开通运营。盐通高铁位于江苏省境内，自盐城站引出，向南经盐城市大丰区、东台市，南通市海安市、如皋市、通州区，引入通沪铁路南通西站，与规划通苏嘉甬铁路贯通。正线全长157km，设计时速350km，全线设盐城大丰、东台、海安、如皋南、南通西5座车站（图1-34）。

盐通高铁是国家"八纵八横"高铁网中沿海铁路的重要组成部分，也是首条全线位于苏北地区时速350km的高铁。盐通铁路连通青盐铁路、徐盐铁路、通沪铁路，使苏北地区高铁初步成网，苏中、苏北地区与上海的时空距离大大压缩，对促进长三角一体化发展，助力"一带一路"建设和"长江经济带"发展具有重要意义。

图1-34　盐通高铁

盐通高铁在建设中有多项具有自主知识产权新技术在国内高铁建设中首次全线应用。盐通铁路采用的新型后张法预应力混凝土简支箱梁适用设计最高时速350km，梁重减轻约100t。盐通铁路在国内铁路第一个全线采用简统化接触网，初步形成体系完整、结构合理、先进科学、具有完全自主知识产权的中国标准接触网技术体系。

盐通高铁三座新建站房建设中，将建筑外观与周边环境、地域文化充分融合，从广场看景观、从站台看景观、从列车进站看景观三个维度优化设计，使周边道路、围墙、站台雨篷、生产生活房屋与站房建筑风格、地方建筑特色相协调。皋南站站房设计以"如皋如歌，长来长寿"为主题，站房立面采用如皋博物馆内长寿礼赞屏风的折面样式，表现如皋作为世界著名长寿之乡的长寿文化。东台站站房设计以"水绿东台、共享未来"为主题，站房立面以枝叶交错、郁郁葱葱的仿生形象，使整个建筑融合了地域景观特征，形象化展示东台国家园林城市和国际湿地城市两大城市名片。盐城大丰站站房设计以"鹿鸣天下、丰泽港城"为主题，站房立面采用简洁的流线型设计，契合麋鹿奔跑的速度感，用独特的建筑语言诠释大丰"麋鹿故乡"的风貌。

1.3.2.7 沪苏通长江公铁大桥

沪苏通长江公铁大桥，位于长江下游最东端，与通苏嘉城际铁路、锡通高速公路共用跨江通道，集高速铁路、客货共线铁路、高速公路为一体，是上海至南通铁路跨越长江的控制性重点工程，连接长三角经济重镇江北南通市和江南苏州市，位于苏通公路大桥上游40km。沪苏通长江公铁大桥于2014年3月5日开工建设，2019年9月20日全桥合龙，2020年7月1日全面建成通车（图1-35）。

图1-35 沪苏通长江公铁大桥

沪苏通长江公铁大桥下层设计4线铁路，其中上行2线为客货共线Ⅰ级铁路，设计速度200km/h；下行2线为高速铁路，设计速度250km/h；上层布设双向6车道高速公路。大桥全长11.076km，大桥主航道采用大跨1092m的钢桁梁斜拉桥，是当今世界上跨度最大的公铁两用斜拉桥。主桥桥跨布置形式为（142+462+1092+462+142）m，计2300m。

沪苏通长江公铁大桥的建成，有利于提升长三角区域高速公路网能力和效益，可实现无锡和南通间40min通达，将高效连通长江两岸高速公路网，优化物流径路、改善出行条件，降低运输成本，缓解苏通、江阴长江大桥的运输压力，大大改善长三角公路路网运行能力。

沪苏通长江公铁大桥创下了多个世界第一，填补了桥梁建造领域的许多空白，首创了千米级斜拉桥设计、建造技术，首创了2000MPa级斜拉索制造技术，首创了1800t钢梁架设成套装备技术，首创了1.5万t巨型沉井精确定位施工技术，首创了基于实船与实桥原位撞击试验的桥墩防撞技术，为桥梁技术发展做出重大贡献。

1.3.2.8 平潭海峡公铁大桥

平潭海峡公铁大桥，是中国福建省福州市境内跨海通道，位于海坛海峡北口，是福平铁路、长乐—平潭高速公路的关键性控制工程，是合福高速铁路的延伸、北京至台北铁路通道的重要组成部分，也是连接长乐和平潭综合实验区的快速通道。平潭海峡公铁大桥于2013年11月13日动工建设，于2019年9月25日完成全部桥梁合龙工程，大桥全线贯通，于2020年10月1日公路段通车试运营，于2020年12月26日铁路段通车运营（图1-36）。

图1-36　平潭海峡公铁大桥

平潭海峡公铁大桥线路北起松下收费站，上跨元洪航道、鼓屿门水道、大小练岛水道，南至苏澳收费站；大桥线路全长16.323km，跨海段长11.15km，其中上层为双向六车道高速公路，设计速度100km/h，下层为双线铁路，设计速度为200km/h；项目总投资额为147亿元。平潭海峡公铁大桥工程量巨大，建设周期长，在建设时遇到了海域风大、水深、浪高、航道多、流速大、冲刷严重、潮汐明显等建设难题，为此平潭海峡公铁大桥项目积极开展等科技攻关和专项技术研究，采用"可视化仿真"BIM技术等多项创新技术，最终顺利完成建设任务。

平潭海峡公铁大桥是我国第一座真正意义上的公铁两用跨海大桥，是连接福州城区和平潭综合实验区的快速通道，远期规划可延长到台湾，对促进两岸经贸合作和文化交流等具有重要意义。大桥建成后，从武汉坐动车至平潭最快6个多小时，节省10多个小时。平潭海峡公铁大桥建成对促进平潭对外交流合作及经贸往来，加快平潭综合实验区的建设，推动闽台便利往来和加快"一带一路"建设具有重要意义，是推动闽台往来便利、通往台湾重要通道的远景规划。

1.3.2.9　藏嘎隧道

藏嘎隧道是在建川藏铁路重要组成部分拉林段的控制性工程。2020年4月7日，藏嘎隧道胜利贯通，为全线2021年川藏铁路拉林段按期建成通车奠定了坚实基础（图1-37）。

新建川藏铁路被誉为雪域高原的第二条"天路"、世界铁路建设史上地形地质条件最为复杂的工程。作为川藏铁路重要组成部分的拉（萨）林（芝）段，线路位于我国地壳运动最强烈地区之一的青藏高原东南部，穿越地质异常复杂的高烈度地

图1-37　藏嘎隧道

震带和地质断裂带，硬岩岩爆、软岩变形、高地温、高地应力、冰碛层涌水流坍等不良地质十分普遍。藏嘎隧道全长8755m，位于海拔3560m，是全线地质条件最复杂、施工难度最大、风险最高的一段，穿越存在冰水沉积层、连续富水断裂带以及软岩大变形等7个不良地质断层带，为Ⅰ级高风险隧道。其中，冰碛层长达960m，最大日涌水量达2.3万m^3。由高地应力引发的软岩大变形最大变形断面累计水平收敛值达3.1m。长达900m的连续富水断裂带，突水涌泥量高达1.6万m^3，被列为全线重难点控制性"咽喉"工程。自2015年6月进洞施工以来，为克服各种不良地质影响，建设者将全隧设为进口、一号横洞、二号横洞、出口四个工区，并在出口工区增设平导，开设3条横通道以增加正洞工作面，实现了长隧短打。在施工过程中，通过加强科技攻关，紧盯关键工序，采用"分台阶帷幕注浆、管棚+小导管超前支护、小断面三台阶开挖"的方法开挖富水冰碛层。严格遵守"管超前、短进尺、强支护、勤量测、早封闭"的原则，充分利用超前地质预报等手段辅助指导施工，采用双层钢筋支护，长短组合锚杆等多项措施，确保了隧道施工安全快速掘进。全体建设者发扬"挑战极限，攻坚克难，创建精品"的拉林精神，依靠科技手段成功克服了高寒缺氧、涌水突泥、施工干扰大和地质情况复杂等多种高原施工难题。

川藏铁路拉林段起自西藏自治区首府拉萨市，终点为"雪域江南"林芝市，沿雅鲁藏布江而下，正线全长435km，建设工期为7年，设计时速160km，是西藏首条电气化铁路。它的修建将结束藏东南地区不通铁路的历史，进一步完善进藏铁路通道，加强西藏与内地的联系，有力促进西藏地区经济社会发展和民族团结。

1.4 公路工程建设情况分析

1.4.1 公路工程建设的总体情况

公路工程指公路构造物的勘察、测量、设计、施工、养护、管理等工作。公路工程构造物包括：路基、路面、桥梁、涵洞、隧道、排水系统、安全防护设施、绿化和交通监控设施，以及施工、养护和监控使用的房屋、车间和其他服务性设施。

2020年，我国公路工程建设取得了重要进展，公路总里程达到519.81万km，比上年增长3.70%，比"十二五"末期增长13.56%（图1-38）。其中，高速公路总

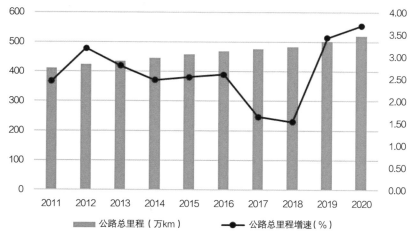

图1-38　2011~2020年我国公路总里程情况
数据来源：交通运输部《交通运输行业统计公报》（2011~2020各年）

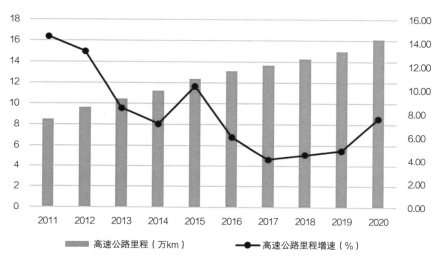

图1-39　2011~2020年我国高速公路里程情况
数据来源：交通运输部《交通运输行业统计公报》（2011~2020各年）

里程达到16.1万km，比上年增长7.62%，比"十二五"末期增长30.36%（图1-39）。

2020年，我国公路桥梁达到91.28万座、6628.55万延米，分别比上年增长3.93%、9.32%，分别比"十二五"末期增长17.15%、44.33%。其中，特大桥梁达到6444座、1162.97万延米，分别比上年增长12.74%、12.56%，分别比"十二五"末期增长65.49%、68.44%。大桥达到119935座、3277.77万延米，分别比上年增长10.70%、12.11%，分别比"十二五"末期增长50.84%、59.05%（图1-40、图1-41）。

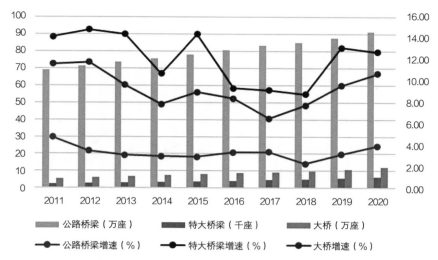

图1-40 2011~2020年我国公路桥梁情况
数据来源：交通运输部《交通运输行业统计公报》（2011~2020各年）

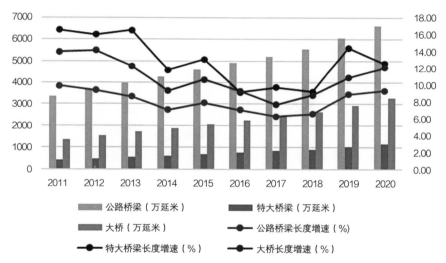

图1-41 2011~2020年我国公路桥梁长度情况
数据来源：交通运输部《交通运输行业统计公报》（2011~2020各年）

2020年，我国公路隧道达到21316处、2199.93万延米，分别比上年增长11.80%、15.99%，分别比"十二五"末期增长52.19%、73.44%。其中，特长隧道达到1394处、623.55万延米，分别比上年增长18.64%、19.51%，分别比"十二五"末期增长87.37%、88.97%。长隧道达到5541处、963.32万延米，分别比上年增长15.82%、16.58%，分别比"十二五"末期增长76.58%、79.16%（图1-42、图1-43）。

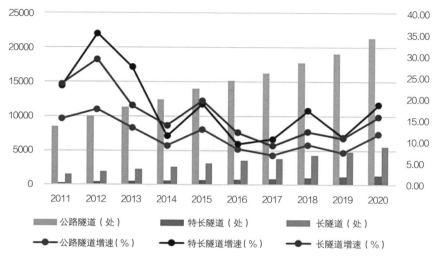

图1-42　2011~2020年我国公路隧道情况
数据来源：交通运输部《交通运输行业统计公报》（2011~2020各年）

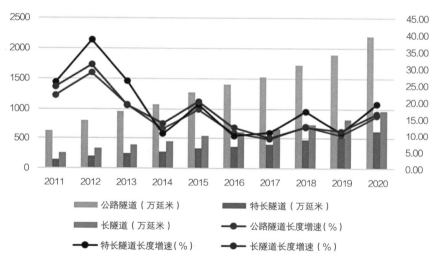

图1-43　2011~2020年我国公路隧道长度情况
数据来源：交通运输部《交通运输行业统计公报》（2011~2020各年）

　　2020年，我国公路固定资产投资达到24312亿元，比上年增长11.04%，比"十二五"末期的2015年增长47.23%。其中，高速公路固定资产投资达到13479亿元，比上年增长17.17%，比"十二五"末期增长69.55%。特长隧道达到1394处、623.55万延米，分别比上年增长18.64%、19.51%，分别比"十二五"末期增长87.37%、88.97%。高速公路固定资产投资占公路固定资产投资的55.44%（图1-44）。

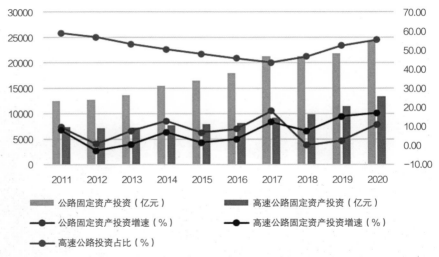

图1-44 2011~2020年我国公路固定资产投资情况
数据来源：交通运输部《交通运输行业统计公报》(2011~2020各年)

1.4.2 典型的公路工程建设项目

1.4.2.1 延崇高速公路

2022年冬奥会交通保障体系建设重点工程——连接北京市延庆区和河北省张家口市崇礼区的延崇高速公路2020年1月23日通车。延崇高速公路主线全长114.752km，其中北京境内33.2km，河北境内81.552km，为双向四车道高速公路标准。延崇高速公路作为京津冀一体化西北高速通道之一，是连接北京城区、延庆新城和河北张北地区的快速交通干道，对于疏解西北通道京藏G6、京新G7客货运交通压力、提高道路通行能力和行车安全具有重要意义（图1-45）。

延崇高速公路在设计上充分展现了中国传统文化、地域特色和冬奥元素，比如以滑雪板和古烽火台等造型打造的收费站和服务区，以"无限之环"和"奥运之门"为主题建设的杏林堡大桥，以"冰雪五环"为主题建设的太子城大桥。在保护生态环境方面，以特长隧道穿越、避让自然保护区，以4.2km世界最长螺旋形隧道克服陡峭地形高差；广泛应用新能源、雨污水再生利用等技术；安装施工扬尘、噪声和隧道有害气体监测装置，施工排水安装净化装置，打造绿色公路。该路段还在全国率先开展了高速公路场景80km时速L4级自动驾驶和基于蜂窝网络技术车路协同测试，以及自动驾驶队列跟驰演示。部分服务区将增设加气站、房车营地、直饮水、儿童游乐设施等，应用智慧卫生间、智慧停车、智能机器人，完善无障碍设施，满

图1-45　延崇高速公路

足人民群众多样化的服务需求。

1.4.2.2　陕西延子高速公路

2020年9月22日，延安（姚店）至子长高速公路正式建成通车。延安至子长高速公路是陕西省高速公路"十三五"规划项目，是国家高速公路榆蓝线和长延线间的迂回通道。路线全长55.173km，采用双向四车道高速公路技术标准，设计速度80km/h，同步按二级公路标准建设蟠龙连接线7.245km。项目投资概算60.91亿元。延安至子长高速公路的通车，结束了子长市不通高速的历史，子长至延安行车时间缩短30min。

延子项目始终坚持绿色发展理念，坚定走绿色环保节能发展之路，以实际行动把低能耗、低排放、低污染和高效率思想贯穿于项目建设全过程。结合路线周边地形地貌特点，严格控制边坡防护开口线，控制规划清表土，利用清洁能源，选用耐旱耐寒树种，做好固废处理。对弃方、废方进行资源化综合利用，通过沟道弃土造田为沿线村民造地1872亩，建设用地返还率31%，对比征用耕地返还率89%，增加了耕地面积、保障了粮食安全、治理了水土流失，最大程度保护了生态环境。

延子项目是陕西省采用设计施工总承包模式建设投资规模最大的高速公路项目，全线路基桥隧、路面、房建、交安、绿化为一个施工标段，一家施工单位承建，这在陕西省是首次。延子项目充分发挥EPC模式优势，将设计与施工深度融合，综合调配整合资源，大力弘扬"工匠精神"，强力落实"五化"管理，推广应用新技术、新工艺、新设备20多项，抓好细节控制，扎实推进"品质工程"建设。2019年成功承办全省交通建设项目"品质工程"创建暨质量提升行动现场会，项目"品质工程"建设得到广泛认可。

1.4.2.3　浙江文泰高速公路

2020年12月22日，浙江文泰高速公路开通。该高速公路地处浙南山区，全长55.96km，路程多在海拔500m以上的山上，是目前浙江省内地形条件最差、施工难度最大、海拔最高的高速公路，被誉为浙江"天路"。从2018年1月正式开工建设，1000多个日日夜夜，建设者们逢山开路、遇水架桥。浙南山区的泰顺因它作为浙江省最后一个陆域县连入浙江高速公路网，浙江从此进入陆域"县县通高速"时代。

面对高山峡谷，首先要修筑大量施工便道才能抵达各个施工作业面，前期建设难度异常巨大。作业人员本着"没有条件也要创造条件"的开拓精神，开出了一条条运输生命线，四个标段4461名作业人员和548台机械设备得以顺利进驻，为主体工程全速推进打开了局面。

凿开高山，还要横跨深谷。洪溪特大桥是亚洲最大跨径矮塔斜拉桥，南浦溪特大桥为浙江省高速公路同类型桥梁中跨径最大的上承式钢管拱桥，此外，国内首座波纹钢腹板工字型组合梁桥飞云江大桥、采用波纹钢腹板预应力混凝土连续钢构的珊溪大桥、葛溪大桥、南山大桥，在文泰高速"桥隧俱乐部"的称号背后，每一座桥梁的搭建，每一个隧道的挖通背后，都包含着建设者的一路艰辛。

1.4.2.4　津石高速公路

2020年12月22日，津石高速公路全线正式通车运营，京津冀三地快速、便捷、高效、安全的互联互通综合交通网络进一步完善。

津石高速公路是《国家公路网规划》中的京沪高速公路联络线，是连接天津、雄安新区和石家庄市的重要联络通道，线路全长233.5km，设计时速120km，总投资355.33亿元，采用政府与社会资本合作的PPP投融资模式建设。建成通车后，石家庄市至天津市高速公路通行时间由过去的4h缩短至3h，改变了以往需绕行保定市或沧州市的历史。同时，作为新技术、新方案集中应用的试点工程，河北交通致力打造"智慧高速"系统，助力"准全天候通行"。

津石高速公路设置有包括主动发光标志、具有防撞功能的中央分隔带开口护栏、导向防撞垫、双组分标线、突起路标在内的5种新型交通安全设施，在天津市高速公路范围内均属首次应用。此外，津石高速公路省界处还设置有雾区诱导设施。这些交通安全设施和交通科技设施的应用，将显著提升高速公路交通安全管理水平，在保障人民群众安全出行、预防道路交通事故等方面发挥重要作用。

1.4.2.5 双（辽）洮（南）高速公路

2020年9月15日，由中国中铁总承包的双（辽）洮（南）高速公路通车。双洮高速公路是国家高速公路网大庆至广州高速公路（G45）双辽至嫩江联络线（G4512）的起点路段，同时也是吉林省高速公路网的重要组成部分。项目起点位于双辽市，经松原市长岭县、白城市通榆县、终点位于白城市洮南市。项目主线全长187.203km，连接线长13.289km，主线采用设计时速120km四车道高速公路标准，概算总投资110.74亿元，由中国中铁承建。

双洮高速公路是吉林省推进高速公路总承包模式的试点项目，是吉林省交通运输厅推行交通建设改革的示范工程。肩负助力吉林振兴的重任，中国中铁充分发挥"大兵团作战"优势，集结了6家二级集团公司承担施工生产、物资集采工作，实现了项目管理的标准化、规范化、集约化和扁平化，在2020年8月底取得了比计划工期提前9个月达到通车条件的优异成绩。在两年多的时间里，中国中铁双洮建设者用辛勤的汗水浇灌出了丰硕的成果：先后荣获全国工人先锋号等国家级奖项7项、吉林省工人先锋号等省部级奖项69项、累计获得各类集体荣誉表彰270项、先进个人表彰700人次。2018年和2019年连续两年被评为吉林省公路施工企业省级信用评价AA级企业、吉林省安康杯竞赛先进单位、吉林省交通运输厅"平安工地"，荣获2020年中国中铁抗击疫情先进集体称号。中国中铁以"建一项工程、树一座丰碑、活一方经济、育一批新人"的实际行动和优异成绩，在吉林大地留下了一幅浓墨重彩的"双洮画卷"（图1-46）。

1.4.2.6 杭绍台高速先行段

2020年6月28日，杭绍台高速公路先行段通车，比原计划时间提前3个月。杭绍台高速是浙江交通"十二五"规划中单体投资最大的项目，也是绍兴有史以来最大

图1-46　双洮高速公路

的基础设施项目，为省级重点工程，列入国家战备公路。项目全长约160.7km，其中，先行通车段全长67km。

杭绍台高速也是浙江省内建设难度最大的工程之一，它穿越最大滑坡群、拆迁最密集建成区、拥有最长隧道、最复杂枢纽，最先创新使用隧道九台套技术、最先制定标准——高比例使用机制砂，攻克实施难度最大的峡谷高墩桥梁和回山尖山十三拐互通连接线，是桥隧比最高的山区高速，创下了名副其实的十个浙江之最。

杭绍台高速公路还是一条"智慧高速路"。它于2019年3月被浙江省交通运输厅列为省智慧高速公路试点项目。先行通车段通车后，它也是"省内首条开通的智慧高速""国内首条具有完整架构的智慧高速""国内首条具备路级智慧管理协同平台的高速"。

杭绍台智慧高速以"1+N"的建设模式，打造"智慧隧道""智慧服务区""准全天候通行""车路协同"为核心的四大特色场景，将实现高精度地图全覆盖，高精度定位系统全天候为路段提供"实时厘米级、静态毫米级"位置服务。通过在特殊路段布设交通检测、路面状态检测器、气象传感器，同步实施智慧雾灯检测系统，实现车辆准全天候地通行，并为无人驾驶车辆做好了技术层面的预留和铺垫。

1.5 水路工程建设情况分析

1.5.1 水路工程建设的总体情况

水路工程指为保证水路运输而实施的各类工程，包括沿海和内河港口或港站的码头泊位工程，船闸、堤坝工程，以及相应的辅助服务设施建设工程。同时，由于水路运输开发利用涉及面广，内河水路涉及通航、灌溉、防洪排涝、水力发电、水产养殖以及生产与生活用水的来源等；沿海水路涉及建港、农业围垦、海产养殖、临海工业和海洋捕捞等，其中部分与水路运输密切相关的工程，也属水路工程的范畴。

2020年，我国生产用码头泊位数量仍延续下降态势，已经连续9年下降。生产用码头泊位数量为22142个，比上年降低3.28%，比"十二五"末期的2015年降低29.17%。其中，沿海港口生产用码头泊位数量为5461个，比上年降低1.82%，比"十二五"末期的2015年降低7.42%，连续5年下降；内河港口生产用码头泊位数量为16681个，比上年降低3.75%，比"十二五"末期的2015年降低34.22%，连续9年下降。参见图1-47。

与全国生产用码头泊位状况相比，港口万吨级及以上泊位状况呈现相反态势，10年中一直保持正增长。2020年，我国港口万吨级及以上泊位数量为2592个，比上年增加2.86%，比"十二五"末期的2015年增加16.70%。其中，沿海港口万

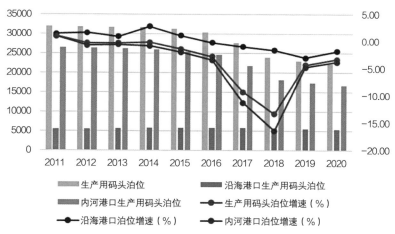

图1-47　2011～2020年我国生产用码头情况
数据来源：交通运输部《交通运输行业统计公报》(2011～2020各年)

吨级及以上泊位数量为2138个，比上年增长2.99%，比"十二五"末期的2015年增长18.32%；内河港口万吨级及以上泊位数量为454个，比上年增长2.25%，比"十二五"末期的2015年增长9.66%。参见图1-48。

2020年，我国水路固定资产投资为1330亿元，比上年增长16.94%，终止了连续6年下滑的势头，但仍比"十二五"末期的2015年低8.73%。其中，内河固定资产投资为704亿元，比上年增长14.66%，比"十二五"末期的2015年增长28.81%；沿海固定资产投资为626亿元，比上年增长19.47%，但仍比"十二五"末期的2015年低31.26%。参见图1-49。

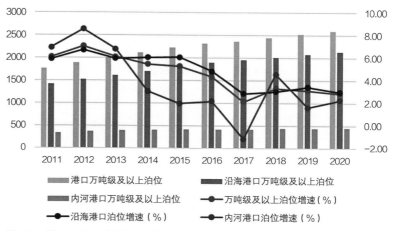

图1-48 2011~2020年我国港口万吨级及以上泊位情况
数据来源：交通运输部《交通运输行业统计公报》(2011~2020各年)

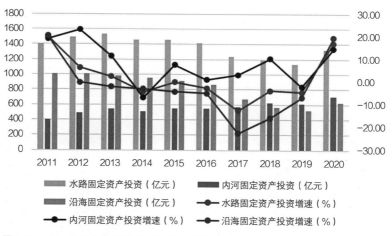

图1-49 2011~2020年我国水路固定资产投资情况
数据来源：交通运输部《交通运输行业统计公报》(2011~2020各年)

1.5.2　典型的水路工程建设项目

1.5.2.1　三峡工程

2020年11月，三峡工程完成整体竣工验收全部程序，三峡工程建设任务全面完成，工程质量满足规程规范和设计要求、总体优良，运行持续保持良好状态，防洪、发电、航运、水资源利用等综合效益全面发挥。这也意味着，中国人追寻百年的三峡工程之梦终于实现。三峡工程是迄今为止世界上规模最大的水利枢纽工程和综合效益最广泛的水电工程。监测表明，拦河大坝及泄洪消能、引水发电、通航及茅坪溪防护工程等主要建筑物工作性态正常，机电系统及设备、金属结构设备运行安全稳定（图1-50）。

防洪方面，从蓄水至2020年8月底，三峡水库累计拦洪总量超过1800亿m³。2010年、2012年、2020年入库最大洪峰均超过70000m³/s，经过水库拦蓄，削减洪峰约40%，极大减轻了长江中下游地区防洪压力。

发电方面，三峡电站是世界上总装机容量最大的水电站，输变电工程承担着三峡电站全部机组电力送出任务。截至2020年8月底，三峡电站累计发电量达13541亿kWh，有力支持了华东、华中、广东等地区电力供应，成为我国重要的大型清洁能源生产基地。

航运方面，三峡工程显著改善了川江航道通航条件，三峡船闸自2003年6月试通航以来，过闸货运量快速增长，2011年首次突破1亿t，2019年达到1.46亿t。截至

图1-50　三峡工程

2020年8月底，累计过闸货运量14.83亿t，有力推动了长江经济带发展。

水资源利用方面，三峡水库每年枯水季节下泄流量提高到5500m³/s以上，为长江中下游补水200多亿m³，截至2020年8月底累计补水2267d，补水总量2894亿m³，改善了中下游地区生产、生活和生态用水条件。

生态与环境保护方面，至2020年8月底，三峡电站发出的优质清洁电力能源相当于节约标准煤4.30亿t，减少二氧化碳排放11.69亿t，节能减排效益显著。

三峡工程建设中的移民工程共搬迁安置城乡移民131.03万人。验收结论显示，移民生产生活状况显著改善，库区基础设施、公共服务设施实现跨越式发展。移民迁建区地质环境总体安全，库区生态环境质量总体良好。

1.5.2.2　大治河西枢纽二线船闸

2020年7月1日，中交三航局承建的长三角地区最大船闸——大治河西枢纽二线船闸正式通航。大治河西枢纽是上海地区最大规模的内河枢纽，二线船闸的投入使用将改写上海地区长期没有千吨级船闸运行的历史，并将有效完善长三角地区高等级航道网。

二线船闸位于上海黄浦江与人工运河大治河交接处，是大芦线（大治河至芦潮港）的西起点，处于上海"一环十射"内河高等级航道网络的咽喉位置，于2015年9月开工建设，历时4年，2019年9月竣工验收。此次启用的船闸闸室长350m，净宽27m，按照三级航道标准建设，可通行最大载重1000吨级船舶或90标准箱的内河集装箱船，设计年通过能力2900万t。

在二线船闸建成以前，仅有位于大治河西端的西闸，该闸建成于1979年，设计通过能力1200万t/年，仅能通行载重300吨级的船舶。近年来，大治河航道实际通航达到2800万t/年，船舶规模也远远超过300吨级，西闸工程规模已不满足三级航道要求。然而，由于承担的环卫垃圾运输保障任务繁重，西闸无法长时间停航大修，设施老旧，不堪重负。

二线船闸投入运行后，1000吨级/90标准箱的内河集装箱船将可以从黄浦江进入浦东芦潮港内河港区，有效提升了长三角地区高等级航道网综合集疏运能力。同时二线船闸的投运，完善了大治河西枢纽功能，有效提升地区的环境质量和防汛能力。

1.5.2.3 青岛港前湾港区迪拜环球码头工程（二期）

2020年5月，中交一航局承建的青岛港前湾港区迪拜环球码头工程（二期）顺利通过竣工验收，标志着世界上最先进的全自动化集装箱码头、亚洲首个真正意义上的集装箱自动化码头正式投产使用。该码头结构采用沉箱重力式，岸线全长660m，设计年吞吐能力130万标准箱。

山东港口青岛港前湾港区迪拜环球码头工程码头岸线长度1320m，设计年通过能力320万标准箱，共建有4个泊位。其中，一期工程两个泊位用3年半时间完成国外码头8～10年的研发建设任务，建设成本为国外同类码头的2/3；二期工程两个泊位仅用1年半时间建成并投产运营。

该项目高度融合了物联网、智能控制、信息管理、同心导航、大数据、云计算等技术，计算机系统自动生成作业指令，现场机器人自动完成相关作业任务，实现了码头业务流程全自动化（图1-51）。

图1-51 青岛港前湾港区迪拜环球码头工程

1.6 机场工程建设情况分析

1.6.1 机场工程建设的总体情况

机场工程主要由机场生产主体设施、机场生产辅助设施、机场地面交通及公用设施构成。其中，机场生产主体设施包括飞行区、目视助航设施、旅客航站区、机场空中交通管制设施、货运区、机务维修区及设施、机场供油设施、机场应急救援及安全保卫设施；机场生产辅助设施包括航空食品及机上供应品设施、服务保障设施、信息管理设施；机场地面交通及公用设施包括机场地面交通设施、机场供电设施、机场供水设施、机场雨水排放系统、机场排污及污水污物处理系统、机场供热及制冷设施、机场燃气供应设施、机场通信设施。

图1-52给出了2011～2020年我国机场和通航城市的情况。2020年，我国有颁证民用航空机场241个，比上年增加了3个，比"十二五"末期的2015年增加了31个。其中，定期航班通航机场240个，比上年增加了3个，比"十二五"末期的2015年增加了34个。2020年，我国定期航班通航城市237个，比上年增加了3个，比"十二五"末期的2015年增加了33个。

图1-53给出了2011～2020年我国民航固定资产投资情况。2020年，全国民航

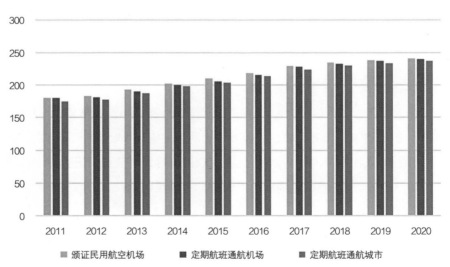

图1-52　2011～2020年我国机场和通航城市的情况
数据来源：中国民航局《民航行业统计公报》(2011～2020各年)

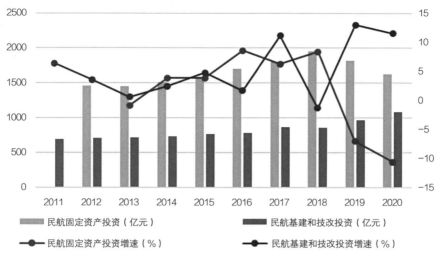

图1-53　2011~2020年我国民航固定资产投资情况
数据来源：中国民航局《民航行业统计公报》(2011~2020各年)

完成固定资产投资1627.59亿元，比上年降低了10.57%，仅比"十二五"末期的2015年增长3.93%。其中，民航基本建设和技术改造投资达到1627.59亿元，比上年增长11.55%，比"十二五"末期的2015年增长40.57%。

1.6.2　典型的机场工程建设项目

1.6.2.1　玉林福绵机场项目

2020年8月28日，玉林福绵机场航站楼大门开启，历时四年建设的玉林福绵机场正式启用。

玉林福绵机场位于玉林市福绵区，占地2万多平方米，距离市区约30km，总投资18.29亿元，飞行区等级为4C级，跑道长2600m、宽45m，航站楼21100m²，7个C类机位，8个登机口及5条廊桥，按照满足远期规划旅客吞吐量150万人次、高峰小时旅客人数392人次的需求，货邮吞吐量5000t的目标设计建设；配套建设通信、导航、气象、供油、消防救援等辅助生产设施，可满足波音737、A320等大中型客机全载起降（图1-54）。

玉林福绵机场于2016年开工建设，航站楼设计为圆润天窗，寓意美玉，象征吉祥、高贵。楼顶椭圆的采光孔，象征着玉林的"玉"，门口的两根大柱子象征着双木成林，陆侧室外独具雕塑美感的立柱造型，在光线映衬下，焕发璀璨光芒，象征

图1-54 玉林福绵机场

迸发希望的力量。树造型立柱室内、室外相互映衬，象征胜景如林，寄托着对玉林美好未来的希望。建筑整体造型被赋予飞翔的动感，象征玉林人民积极向上的时代精神，以及玉林腾飞的未来。

玉林福绵机场是广西第8个民用运输机场。它的正式投入使用，将填补玉林航空运输的空白，优化全国航线布局和玉林现代综合交通运输体系，完善广西区交通立体网络，架起桂东南地区连接全国的空中桥梁，标志着广西"两主六辅"机场格局体系建成。

1.6.2.2　于田万方机场

2020年11月30日，于田万方机场顺利通过质量验收，并于12月26日通航。于田万方机场工程是新疆"十三五"重点项目，是"30个国家重大机场项目"之一，也是民航局扶贫重点支持项目。项目建设内容包括：新建一条长3200m、宽45m跑道；建设3010m²的航站楼和6个机位的站坪；建设一座塔台和782m²的航管楼；配套建设空管、供油、供电、消防救援等设施。从开工建设到通过竣工验收，实际有效施工工期338d，创造了中国民航史上支线机场建设的"于田速度"。

于田机场的建成，打破了地方经济社会发展的瓶颈，不仅可以为于田及周边县市各族群众提供安全、舒适、便捷的交通条件，完善和田地区综合交通体系，缩短与疆内各大城市以及内地城市的空间距离，而且可以有力促进旅游业和物流业的发展，改变县域经济社会发展环境，有效促进当地经济高质量发展。

1.6.2.3　重庆仙女山机场

重庆仙女山机场位于中国重庆市武隆区仙女山国家森林公园内，为4C级国内旅游支线机场、中国第一家建设在国家AAAAA级旅游景区内的民航机场，属高原机场（1745.04m）。

仙女山机场是重庆市级重点项目，被列入国务院脱贫攻坚"十三五"规划机场和民航局脱贫攻坚2020年验收项目。该项目于2016年9月23日正式开工建设；2020年10月23日，重庆仙女山机场试飞成功；2020年12月18日，重庆仙女山机场完成首航。

重庆仙女山机场航站楼面积6000m²，民航站坪设6个机位；跑道长2800m、宽45m；可满足年旅客吞吐量60万人次、货邮量1500t、飞机起降6360架次的使用需求。

武隆仙女山是典型的喀斯特地貌，仙女山机场西侧和南端均为切割较深的冲沟，东侧为东北方向延伸的山梁，跑道南北延伸端均为悬崖，地形十分复杂。其中南端深沟受地形地质条件与高压天然气管道限制最为严重，工程实施过程曲折，经历了多次专家会的方案咨询、分析与讨论。为了尽早完成南端深沟道槽区填筑，建设人员对南端深沟道槽区预填进行了多方案比选论证，最终采用钢筋石笼挡墙结构确保了道槽区土基整体填筑到位，为跑道的顺利建成打下了坚实基础。采取的高支挡结构是武隆机场项目的重点难点节点性工程，为国内民航首例采用水利水电支挡技术的工程实例。

在整个建设过程中，最核心和基础的工作就是地基的稳固，然而喀斯特地貌地下溶洞较多，如果简单地往里面填补土石很难确保安全稳固，面对这样的复杂条件，仙女山机场建设指挥部召集专家多次论证，采取先用水泥浇灌溶洞进行回填，再对回填位置进行挖柱的方式，进行反复施工，顺利完成了地基的稳固建设，实现了土石方资源的充分利用。

1.6.2.4　海口美兰国际机场二期扩建项目T2航站楼

2020年9月，中建八局承建、中建安装参建的海口美兰国际机场二期扩建项目T2航站楼工程顺利通过竣工验收。该项目是海南建设自由贸易区（港）关键节点性工程，建筑面积为29.6万m²。T2航站楼与现有T1航站楼直线距离550m，主要由中心主楼、西南指廊、西北指廊、东南指廊、东北指廊5个部分组成。地上4层分别为行李提取大厅、到达层、出发层、国际出发层等，地下局部1层为工作层。商业总面积约3.3万m²，其中免税商业面积达1.34万m²（图1-55）。

图1-55　海口美兰国际机场T2航站楼

海口美兰国际机场二期的设计目标为2025年满足年旅客吞吐量3500万人次、年货邮吞吐量40万t，竣工启用后不仅可为海南大力发展旅游业，运输大量客流提供硬件基础设施保障，还将整合航空、铁路、公路等多种交通方式，建立高效便捷的交通换乘体系，打造面向太平洋、印度洋的航空区域门户枢纽，助力海南自贸港建设。

1.7　城市公共交通工程建设情况分析

1.7.1　城市公共交通工程建设的总体情况

根据《城市公共交通分类标准》CJJ/T 114—2017，城市公共交通主要包括城市道路公共交通、城市轨道交通、城市水上公共交通和城市其他公共交通方式。围绕这几类公共交通方式，土木工程建设中所涉及的工程类型包括城市道路工程、城市轨道交通工程、智能多层立体车库工程、新能源客车基础设施建设工程、大型综合公交枢纽站工程等。

1.7.1.1　公共交通专用道路系统建设

"公交专用道"是实现公共交通优先的主要载体。各城市人民政府都把公共交通专用道路系统建设作为近期建设的重点，通过设置和划定公共交通专用道路、优先单向、逆向专用线路等，保证公共交通车辆对道路的专用或优先使用权。有条件的城市还设计公共交通单行道、左转弯等优先通行线路。公共交通专用车道，配套设置完善的标志、标线等标识系统，做到清晰、直观。采取多项措施，确保公共交通专用道真正专用。站点前后30m内严禁其他车辆停泊，营运车辆场外占道停车不超过5%，确保公交车进场率在90%以上。建立公共交通专用车道的监控系统，对占用专用道、干扰公共交通正常运行的社会车辆严肃处理。

同时，推进新一代无线通信网络建设，加快基于蜂窝通信技术的车辆与车外其他设备间的无线通信（C-V2X）标准制定和技术升级。推进交通标志标识等道路基础设施数字化改造升级，加强交通信号灯、交通标志标线、通信设施、智能路侧设备、车载终端之间的智能互联，推进城市道路基础设施智能化建设改造相关标准制定和管理平台建设。加快差分基站建设，推动北斗等卫星导航系统在高精度定位领域应用。

1.7.1.2　大运量快速公共汽车运营系统（BRT）建设

自中国第一条巴士快速交通（以下简称：BRT）线路——北京公交快1线，于2005年12月30日正式开通以来，中国已经成为全世界开通BRT线路的城市数量最多的国家，预计未来很多年都会保持这个领先的状态。

目前国内已经建设运营BRT的城市有北京、杭州、郑州、大连、常州、济南、枣庄、合肥、昆明、厦门、广州、重庆、盐城、上海、成都、常德、乌鲁木齐、连云港、银川、舟山、柳州、石家庄、武汉、宜昌、南昌、绍兴、兰州、南宁、温州、金华、义乌、临沂、贵阳、永州、长沙、吉安、抚州等城市。

近年来，城市交通决策机构已经认识到公交专用道和信号优先对缓解城市交通拥堵的优势。随着芯片等硬件技术的升级，电子监控系统清晰度和快门速度的提高，硬件系统的成本下降，为城市中实施高效的道路交通组织模式和高度信息化的交通执法创造了条件。有了智慧交通管理系统，BRT专用道已经不需要安装隔离栏，就能够方便地进行分时段使用和执法，不仅避免了所谓道路空间的"视觉污染"，还在保证公交优先的条件下提高了城市空间的利用效率。另外，由于采用人工智能技术的信号优先系统，提高了识别违法车辆的精准度和执法的可靠性，信号优先现在已不仅仅是BRT车辆的特权，公交信号优先技术已经使整个城市的公共交通系统受惠。

由于扫码、NFC等技术的应用，BRT车站的售票和公交卡充值的业务已逐步开始实现自助化，减少站务管理人员的最终结果是服务成本的大幅度降低。随着公民信用系统的逐步完善和推广，BRT车站将逐步具备无人值守站台的条件。随着物联网技术的普及，BRT车站由于在城市核心区的空间中所具备（电力、通信等）的优势，通过挖掘和开发BRT站台的生态环境，在BRT车站安装相应的设备，在人工智能技术的帮助下，通过人机交互的自助服务，BRT车站将可用来提供：公交系统的需求调查、公交线路、定制公交申请、咨询，以及政务、商务、医疗等与站台生态系统相关联的服务项目，BRT车站的功能将逐步向信息传输与采集的固定平台方面转化。

在推广应用新技术方面，快速公交也成为公交行业新技术应用的先行者，如北京双源无轨电车、南宁BRT站台顶安装太阳能发电模块。2020年快速公交在新技术应用上也是亮点频现：

（1）广州公交：36台身披"七巧板"外衣的新版18m纯电动"巨无霸"公交车在B1线路投入运营；全国首条5G快速公交智能调度试点线B27路，实现公交客流、视频、调度、安全等信息高速传输、互联互通和智能应用，让交通行业部门监管更精准、企业调度运营更经济、市民出行更便捷，获评交通运输部2019~2020年"新能源公交高品质线路"。

（2）上海中运量："71路"中运量BRT，使用氢燃料电池，探索氢能应用场景。T6线将成为新片区的"71路"，但单次客运量更大，为新片区氢能产业起引导、示范作用。

（3）宜昌公交：充分运用人脸识别技术、多功能快捷支付技术、双离线技术、红外射频技术、远程后台控制技术、OD数据实时掌握六大技术优势，在国内率先实现公交站台无人化的建设改造。

（4）盐城公交：大力推动SRT与BRT和普通公交融合发展。SRT是介于有轨电车与BRT之间的新型轨道交通系统，也是新一代5G智能城市轨道交通产品，实现了"站台标准、安全设施、交安工程、运营调度与安全监管"四个融合。

（5）南宁BRT：综合监控系统，该系统基于大数据和人工智能技术，赋能智能调度、企业管理、大数据分析、出行服务，实现了BRT"站—车—道"一体化。

1.7.1.3　城市轨道交通（不含地铁）建设

伴随着社会经济的快速发展，城市轨道交通尤其是现代有轨电车将在市民公共交通出行中扮演越来越重要的角色，起到非常重要的作用。图1-56、图1-57分别给出了2011~2020年我国城市轨道交通（不含地铁）运营线路和运营里程情况。

有轨电车是采用电力驱动并在轨道上行驶的轻型轨道交通车辆。有轨电车以电力驱动，车辆不会排放废气，因而是一种无污染的环保交通工具。现代有轨电车在控制、车辆技术、牵引供电、通信信号等方面都有了大的质变。其运量大、舒适安全、快速便捷、节能降噪、环保零污染、造价低、施工难度小的特点日益彰显，很适合国内中小城市发展推广。到2020年年底，我国内地有天津、上海、沈

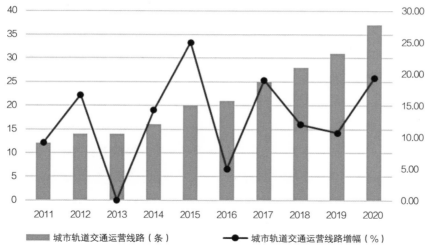

图1-56　2011~2020年我国城市轨道交通（不含地铁）运营线路情况
数据来源：交通运输部《交通运输行业统计公报》（2011~2020各年）

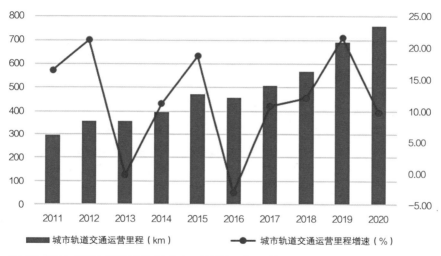

图1-57　2011~2020年我国城市轨道交通（不含地铁）运营里程情况
数据来源：交通运输部《交通运输行业统计公报》（2011~2020各年）

阳、大连、长春、南京、苏州、青岛、广州、北京、成都、淮安、武汉、深圳、珠海、佛山、天水、三亚18座城市开通运营了有轨电车，共计34条线路，运营里程465.012km。

1.7.1.4　现代地铁交通建设

随着城市的人口不断增加，交通拥堵问题已经成为城市发展的症结。而地下铁道恰恰是解决这一问题的方法之一。因其环保、高效的特点，地下铁道已经被世界上许多大城市接受。我国的地下铁道建设正处于高速发展的阶段，这将为城市化进程给予强大动力。截至2020年，我国各城市建设的地铁总里程约5000km，位居世界第一。我国已开通地铁的有38个城市，未开通在建地铁的有8个城市。其中，上海、北京、广州占据了世界地铁总里程城市排名的前三位。图1-58、图1-59分别给出了2011～2020年我国地铁运营线路和运营里程情况。

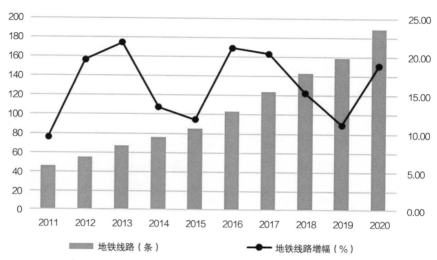

图1-58　2011～2020年我国地铁运营线路情况
数据来源：交通运输部《交通运输行业统计公报》（2011～2020各年）

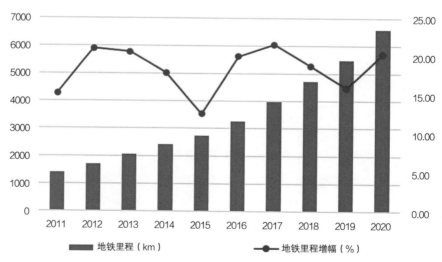

图1-59　2011～2020年我国地铁运营里程情况
数据来源：交通运输部《交通运输行业统计公报》（2011～2020各年）

1.7.1.5 智能公交立体车库建设

城市公共交通场站作为城市公共交通的后勤保障设施，是重要的城市基础设施，是公共交通运营的重要保障和支撑。加快公交场站建设，优先发展城市公共交通，不仅是缓解城市交通拥堵的有效措施，也是改善城市人居环境、促进城市可持续发展的必然要求。

当前，随着通信技术、物联网、北斗卫星导航系统等新技术的持续发展，以及城市新能源公交车数量和运营线路的激增，对新能源公交场站的需求量也大增。如何有质量地建设智能公交立体停车库，已成为全国大中城市的重要课题。

公交立体停车场的陆续建成并投入使用，将对城市公共配套服务带来积极的影响：一是有利于实现充电资源优化配置。一定程度上解决了充电基础设施临时租赁、分布不均等问题，为纯电动公交车就近充电提供了便利；二是节约城市区域内停车用地资源，可同时提供公交及小汽车停车位，既能满足附近站场公交车夜间停场需求，也能有效缓解周边停车压力；三是提高城市区域内供电设备的综合利用率。纯电动公交车在夜间电网负荷低谷时段进行常规充电，起到节能减排的效果；四是改善附近居民生活环境。一方面缓解周边小区内部车流压力，另一方面立体停车场配建充电设施一体化，保障充电设备设施在便民的同时不会给周边居民造成噪声、安全等影响。

1.7.1.6 新能源客车充换基础设施建设

发展新能源汽车是我国从汽车大国迈向汽车强国的必由之路，是应对气候变化、推动绿色发展的战略举措。2012年国务院发布《节能与新能源汽车产业发展规划（2012—2020年）》以来，我国坚持纯电驱动战略取向，新能源汽车产业发展取得了巨大成就，成为世界汽车产业发展转型的重要力量之一。与此同时，我国新能源汽车发展也面临核心技术创新能力不强、质量保障体系有待完善、基础设施建设仍显滞后、产业生态尚不健全、市场竞争日益加剧等问题。

中国节能与新能源汽车开始示范总是选择公交客车，1997年天然气公交车、2010年的混合动力公交车、2012年纯电动公交车，2015年燃料电池公交车。公交企业一直是中国节能与新能源汽车示范的试验田。示范一方面给公交企业添了不少麻烦，同时也提升公交企业技术水平，公交客车档次越来越高，与公交企业是中国节能与新能源汽车试验田也是分不开的。

2020年以来，特别是新能源汽车充电桩被纳入"新基建"板块以来，多个省市推出新能源汽车充电基础设施相关政策，加速推动基础设施发展。

除了纯电动客车外，在众多新能源公交车辆运营中，有关氢燃料电池城市客车的应用还有短板，即燃料电池汽车作为新能源汽车的重要分支。

国家相关部委密集出台政策，大力支持燃料电池汽车产业发展。《国家创新驱动发展战略纲要》《"十三五"国家科技创新规划》《"十三五"国家战略性新兴产业发展规划》、《中国制造2025》《汽车产业中长期发展规划》《"十三五"交通领域科技创新专项规划》等纷纷将发展氢能与燃料电池技术列为重点任务，将燃料电池汽车列为重点支持领域。除部分试点城市及发达城市运营使用氢燃料客车外，大部分地区公交还未普及，主要原因还是归结于使用成本高以及加氢设施基础建设。在政策的推动下，燃料电池汽车产业得以快速发展，郑州、张家口、大同、上海、武汉、佛山、重庆、云浮、北京、如皋、张家港、成都、潍坊、聊城、吉林白城等城市均已开通氢能公交线路，全国氢燃料电池汽车累计保有量达7000多辆。

1.7.1.7 大型综合公交枢纽站建设

公交枢纽站意为有多条公共汽电车线路汇集，并与其他交通方式衔接的乘客换乘场所。公交枢纽站的建设对于提高公共交通工具的运行效率，发挥网络节点集散作用，提升乘坐公共交通工具的安全性、舒适性、便利性均具有积极的意义。尤其是在当代，城市人口密集区域，人民的出行方式逐渐增多，交通网络也越来越密集，对于大型公交枢纽站的建设需求越来越大。建设大型综合公交枢纽目的在于，以公共交通为导向带动沿线开发，集快速公交BRT、常规公交、地铁轨道交通为一体，实现公交换乘与多元功能共融和交互。

1.7.2 典型的城市公共交通工程建设项目

1.7.2.1 武汉东湖国家自主创新示范区有轨电车试验线工程

武汉东湖国家自主创新示范区（又称"中国光谷"）有轨电车试验线工程全长35.5km（含共线段2.5km），设站47座（含共线站3座）。其中T1线全长15.9km，设站22座；T2线全长19.6km，设站25座；设流芳车辆基地及九峰停车场，采用100%低地板超级电容供电制式车辆，工程总投资约69.8亿元。该工程是储能供电技术有轨电车建成线路长、技术标准高、运营交路多的智慧交通项目。

图1-60 光谷量子号有轨电车

光谷有轨电车试验线工程由武汉光谷交通建设有限公司负责投资建设，由其全资子公司武汉光谷现代有轨电车运营有限公司负责日常运营工作。试验线工程建设中，该公司针对网络化运营模式、超级电容储能供电技术、光谷量子号车辆研制、土建实施等重大技术难题进行了系统的科学研究和科技创新（图1-60）。

设计创新方面。一是多交路运营模式的创新设计，通过"共轨建设，互通运营"设计方案，实现了2条线35km的建设里程变成6条线105km的运营里程，可实现客流倍增、便捷出行和社会经济效益最大化；二是车站建筑创新设计，采用标准站+特色站设计理念，沿线车站和城市环境融为一体，相得益彰；三是车辆造型美观充分体现了光谷创新创业文化元素，成为城市亮丽的交通线、景观线、风景线；四是绿色环保生态节能技术的应用，采用能量型超级电容储能供电技术实现列车刹车制动过程中的能量回收利用，采用高挤压性能的铝合金材料实现了车体轻量化技术；五是建成集智慧车场与综合开发一体化车辆基地，应用有轨电车车辆基地上盖综合规划、一体化建设、智能运维建管新技术。

科技创新方面。一是有轨电车车辆采用了国内首创的能量型超级电容储能供电技术，全线无触网、无需站站充、充电速度快、续航能力强；二是研制成套土建设计施工新技术。高架小半径（R-79m）大小三通首次采用大跨度钢混人字形叠合梁方案，关山大道区间跨三环的人字形箱梁研制小半径（R-79m）拖拉工法；三是形成成套轨道机电设计施工新技术。采用CPⅢ测量控制网+轨检小车极大提高有轨电车轨道铺设精度；研制移动式槽型轨小型弯轨机；铺设首个50～60R2异型过渡轨；研制预装式变电站智能环境控制系统；四是基于超级电容制式下的"离线协调拟合"

及与道路交通协同的有轨电车信号优先控制技术的研发应用，可提高10%～15%的旅行速度。

该工程先后荣获湖北省科技进步二等奖、湖北省市政工程金奖；同时，获得北京市、上海市优秀勘察设计二等奖，上海市科技进步二等奖等。整体研究成果在该工程中全部应用，部分研究成果还应用于其他城市有轨电车项目的建设和规划设计中。

1.7.2.2 太原地铁2号线一期

2020年12月26日，山西省首条地铁线路——太原地铁2号线一期开通运行。

太原地铁2号线一期工程于2016年3月全面开工建设，是山西省建成的首条地铁线路，也是太原市贯通南北的交通主动脉，对有效缓解交通压力、优化城市空间布局、促进经济社会发展具有重要意义。全线南起小店西桥站，北至尖草坪站，连接中心城区和山西转型综改示范区，全长23.65km，设23座车站，总投资208.64亿元。线路采用全自动运行，最高速度80km/h。目前，太原地铁1号线已全面开工，3号线正在加紧前期准备。3条线全部建成后，将构建起太原城市轨道交通"中"字形骨架线网，推动太原都市区进入立体交通时代。

太原地铁2号线是当地政府引入社会资本采用PPP模式投融资建设的轨道交通线路，由中铁电气化局牵头组建合资企业——太原中铁轨道交通建设运营有限公司进行运营管理。项目引入全自动运行技术，采用城轨云平台、互联网支付、车辆智能运维等新技术，将运营生产系统、乘客服务系统、企业管理系统统一纳入一个综合数据信息平台之内，实现资源共享，统一运维，全面提高了安全性和运维水平，确保核心业务应用系统安全可靠。

在太原地铁2号线建设中，中铁一局、三局、四局、五局、六局、七局、电气化局、上海局等参建单位全面贯彻落实"创新、协调、绿色、开放、共享"的新发展理念，针对施工中的重点难点，加大科研攻关力度，取得了一批具有行业领先水平的技术创新成果。

1.7.2.3 珍宝巴士新能源公交综合停车楼

珍宝巴士新能源公交综合停车楼项目位于广州市黄埔区大观北路68号，建设规模为1幢地上3层，地下1层停车楼。基地面积18937.10m²，计容面积57457.40m²，建筑总面积76590.20m²，其中：地上三层57500.60m²，地下一层19089.60m²，规划714个公交车停车位，工程项目由广州市珍宝白马投资管理集团有限公司投资建设，2019

图1-61　珍宝巴士新能源公交综合停车楼

年7月11日开工建设，2020年8月7日完成联合验收（图1-61）。

项目设计按《车库建筑设计规范》JGJ 100中"特大型停车库"、《汽车库、修车库、停车场设计防火规范》GB 50067中"Ⅰ类多层停车库"的设计规范进行设计，建筑外观采用弧线流线形设计，体现绿色、科技、环保的理念，达到智能化公交的目的。

项目建设过程中，应用了混凝土裂缝控制、大直径钢筋直螺纹连接、深基坑施工监测、空气能热水、金属矩形风管薄钢板法兰连接、地下工程预铺反粘、混凝土楼地面一次成型、工具式定型化临时设施等多项新技术。

珍宝巴士新能源公交综合停车楼充电站规划了714个充电车位，充电设备总功率为23850kW，电源总容量为31550kVA，主要为广州公交夜间停放的纯电动公交车提供充电服务，白天可以为公交及社会车辆提供快速补电或临时充电服务，充分利用场地和充电设施资源。

该项目还配置有5G智慧运营管控中心。

该项目获得2020年广州市建设工程安全文明绿色标准示范工地、2020年广州市安全文明绿色施工样板工地、2020年广州市建设工程结构优质奖。

1.7.2.4　成都金沙公交枢纽综合体

金沙公交枢纽综合体建设项目位于成都市中心，总建筑面积约25万m²，由停车楼、综合楼、匝道桥三部分组成。公交车通过专用匝道桥进入停车楼，综合体外另设地铁专用出口与地铁4、7号线连通，从而实现常规公交、BRT快速公交、地铁的无缝换乘（图1-62）。

该综合体地下2层，拥有1200个机动车停车位，1760个非机动车停车位，对外开放。停车楼地下2层地上6层，建筑总高度为33.45m，地面一至三层为普通公交车的停车场，四至六层为BRT停车场，总共可容纳约400辆公交车的停放，是西部乃至全国最大的公交综合枢纽站。综合楼建筑面积约9万m²，地下2层地上23层，包含公交调度中心、中国成都人力资源服务产业园等，建筑总高度为110m。

图1-62　成都金沙公交枢纽综合体

项目创新了BRT系统运营模式。引入"公交上盖物业综合体"理念，结合公交场站周边用地，建设城市综合体，开创了"交通枢纽+商业中心+开放空间"的全新运作模式。

项目促进成都公交由CNG向新能源公交的转型。金沙公交站综合枢纽站结合公交充电需求，在停车楼结构无法调整的情况下，结合承重设计，采用高低压分离的方式，在楼顶放置16台800kVA的高压箱变，低压箱变和悬臂终端放置在柱子之间，充电弓采用创新式的吊顶充电弓，安装在梁上，科学部署充电设备，既满足公交充电需求，也不占用任何停车空间，使场站集约利用达到最大化。

项目还采用绿色屋顶、海绵城市建设技术，打造了桥下和屋顶三维绿色空中公园。空中体育花园，面积约1.8万m^2，桥下空间进行垂直绿化，实现桥上看花，桥下赏绿。

该项目荣获四川省建筑业新技术应用示范工程，并先后获"榜样中国·2019四川十大产业园区""2020亚太人力资源开发与服务博览会特色产业园奖""2020年度中国人力资源服务产业园最具辐射效应园区"等荣誉。

1.8 市政工程建设情况分析

1.8.1 市政工程建设的总体情况

城市生活配套的各种公共基础设施建设都属于市政工程范畴。公共基础设施是指在城市区、镇（乡）规划建设范围内设置、基于政府责任和义务为居民提供有偿或无偿公共产品和服务的各种建筑物、构筑物、设备等。比如常见的城市道路、桥梁、地铁、地下管线、隧道、河道、轨道交通、污水处理、垃圾处理处置等工程，又比如与生活紧密相关的各种管线：雨水、污水、给水、中水、电力（红线以外部分）、电信、热力、燃气等，还有广场、城市绿化等的建设，都属于市政工程范畴。

图1-63给出了2011～2020年我国供气、供水管道建设的相关情况。2020年，我国年末供气管道长度为86.4万km，比上年增加10.34%，比"十二五"末期增加63.64%。年末供水管道长度为100.69万km，比上年增加9.44%，比"十二五"末期增加41.78%。

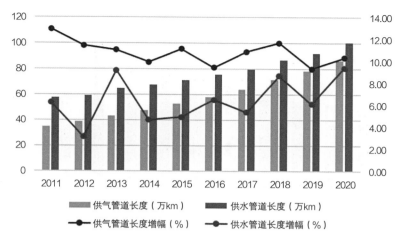

图1-63　2011~2020年我国供气、供水管道建设的相关情况
数据来源：国家统计局：《中国统计年鉴》(2012~2021)

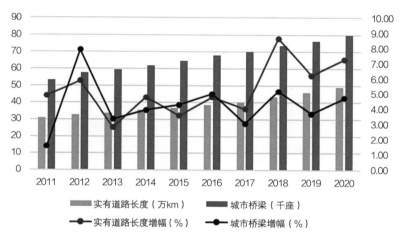

图1-64　2011~2020年我国城市实有道路长度和城市桥梁建设的相关情况
数据来源：国家统计局：《中国统计年鉴》(2012~2021)

　　图1-64给出了2011~2020年我国城市实有道路长度和城市桥梁建设的相关情况。2020年，我国城市实有道路长度为49.27万km，比上年增加7.27%，比"十二五"末期增加34.98%。城市桥梁79752座，比上年增加4.72%，比"十二五"末期增加23.61%。

　　图1-65给出了2011~2020年我国城市排水管道建设的相关情况。2020年，我国城市排水管道长度为80.27万km，比上年增加7.90%，比"十二五"末期增加48.77%。

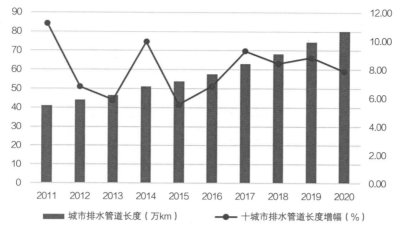

图1-65 2011～2020年我国城市排水管道建设的相关情况
数据来源：国家统计局：《中国统计年鉴》（2012～2021）

1.8.2 典型的市政工程建设项目

1.8.2.1 福建龙岩大道高架桥项目

2020年10月30日，以中国建筑第六工程局承建的福建龙岩大桥为核心的龙岩大道高架桥项目实现全线通车。龙岩大道高架桥项目是福建省龙岩市重点民生工程，通车后将完整连接龙岩市中心城区和南北老城区，大大缩短市民交通出行时间。

龙岩大桥工程全长3.4km，大桥分为桥梁和地面道路两大部分，其中桥梁总长2330m，主桥全长340m，全线双向六车道。桥梁设计为非对称独塔双索面钢箱梁斜拉桥，主塔为"宝石"形桥塔，塔柱高度为116m（图1-66）。

龙岩大桥在施工过程中，打破铁路一级风险源、复杂的岩溶地区等一系列外部条件的限制，先后取得超大球铰安装、宝石形主塔封顶、独塔单转、塔梁共转等施工建设成果。2020年4月，龙岩大桥通过钢箱梁斜拉桥二次转体施工（独塔单转和塔梁共转）技术，完成了百米高万吨主塔逆时针69°旋转，开创世界先河。四个月之后，项目再次完成逆时针21°水平二次转体——塔梁共转。两次转体一举创下国内钢箱梁转体斜拉桥重量、国内转体桥悬臂长度以及国内单塔转体桥长度三项"全国之最"，向世界展示了中国基础设施建设的超高水准。

图1-66　福建龙岩大道高架桥项目

1.8.2.2　江心洲长江大桥

南京江心洲长江大桥，工程名为"南京长江梅子洲过江通道"，也称"南京长江第五大桥"，是我国江苏省南京市境内连接浦口区与建邺区的过江通道，位于长江水道之上，是南京"高快速路系统"中绕城高速公路一环的重要组成部分，也是世界首座轻型钢混结构斜拉桥。2017年4月1日，南京江心洲长江大桥开工建设，2020年6月28日，南京江心洲长江大桥主桥合龙，2020年12月24日，南京江心洲长江大桥通车运营（图1-67）。

南京江心洲长江大桥整体分为桥梁段、路基段和隧道段三部分，桥梁总长4.4km，主桥长1796m，南北主跨长1200m；桥面为双向六车道城市主干道，设计速度100km/h；项目总投资62亿元。

南京江心洲长江大桥建成后，将完善区域骨干路网，进一步推动长江经济带发展，完善国家干线公路和长江下游地区过江通道布局。同时对缓解过江交通压力，加快南京江北新区建设，加快推进"拥江、跨江发展"战略，提升南京城市综合实力和扩展城市空间，推进南京都市圈、宁扬镇都市圈的一体化发展具有重要意义。

南京江心洲长江大桥是世界上首座采用粗骨料活性粉末混凝土桥面板结构的组合梁斜拉桥，桥面采用的粗骨料活性粉末混凝土桥面板，为世界首创，其强度是普通混凝土面板的5倍，同时成本约只有国际通用费用的一半，能够保证路面10~15

图1-67 南京江心洲长江大桥

年的耐久性与长寿命。此外，南京江心洲长江大桥还创下两大"世界之最"，即世界首次在大跨度斜拉桥上采用双钢板-混凝土组合结构索塔、世界首次采用短线法预制拼装波形钢腹板节段梁。双钢板-混凝土组合结构索塔克服了钢筋混凝土桥塔配筋困难且截面过大和钢结构桥塔易失稳及难锚固等问题，对于未来特大跨多塔斜拉桥建设具有重要借鉴意义。短线法预制拼装方式就像"搭积木"，即将在工厂预制好的钢梁直接拼搭起来，这种拼装方式耐久性好，且施工时间特别快，在部分桥段"一天就可以拼一节"，创新的拼装方式一方面提升了工程质量，另一方面减小了对工程周围环境的影响。

考虑到水源保护地管控等生态环境保护要求，南京五桥在夹江（江心洲与南部市区之间的长江支流）段采用隧道设计。在隧道安全建设方面，隧道分成三层，最上层是排烟层，中间是行车道，最下层则是逃生通道。逃生通道实际情况模拟中测算出，隧道内车辆在堵塞状态下对200人的疏散时间仅需5min。

南京江心洲长江大桥建设期间研发了基于BIM技术的建养全过程信息管理平台，让施工组织、开工报告、工序报验到工程验收全过程资料档案实现数字化管理，提升了工程程序管理效率。研发了基于"BIM+物联网技术"的全过程信息化管理平台，提高了管理效率与工程品质，获得中国公路学会2020年度"交通BIM工程创新奖"特等奖。此外南京江心洲长江大桥建设期间析出的研究成果"钢壳—混凝土组合索塔关键技术"增强了桥梁耐久性，降低了建设成本，获得2019年中国公路学会科学技术特等奖。

1.8.2.3 温州七都大桥北汊桥项目

2020年12月，由上海建工投资公司投资、建设、运营，基础集团施工的温州七都大桥北汊桥工程PPP项目举行通车仪式（图1-68）。

温州七都大桥北汊桥项目总投资21亿元，2017年5月投资，建设期3年半，运营期10年，是上海建工首个投资建设运营的特大桥项目，也是上海建工投资公司正式运营的第五个PPP项目。大桥全长1866m，设互通枢纽2处，改建104国道1.74km，其中主桥为独柱式双塔钢混叠合梁斜拉桥，长680m，主跨最大跨径360m，桥面宽度37.62m。该项目是温州市"两线三片"中跨江发展的重点交通工程，也是连接瓯江南北的东部要道，"瓯江夜游"景观的重要组成部分，被当地誉为"最美独柱式斜拉桥"。大桥建成通车后，对于优化温州城市路网布局，缓解过江交通压力，提升沿线各县市经济发展和温州旅游业发展的基础设施，促进温州大都市的协调发展，具有重要的现实意义和长远价值。

项目建设过程中采用先进施工技术和科学管理经验，攻克诸多难题，确保建设顺利推进。如使用一系列超深水上桩基施工技术，确保桩基成孔质量；采用双壁有底钢套箱现场拼装、同步下放、分层分仓干封底等施工技术，大大提高套箱整体止水效果；主塔施工时，中下塔柱采用翻模加钢模无支架施工技术，中上塔柱采用液压爬模施工技术，有效缩短作业时间，提高安全系数；一手抓防疫，一手抓工期，在确保工程安全、质量的前提下，采取多工序同步穿插施工，采用新技术新材料，使主桥施工原定每节段12d的工时，缩短至8～9d内完成等。

图1-68 温州七都大桥北汊桥

1.8.2.4　浙江台州路泽太高架项目

2020年12月28日，由台州市交通投资集团有限公司建设的路泽太高架通车，将台州市区到温岭的车程从1h缩短至15min，提速近4倍。

该项目全线布设互通立交2处，设简易菱形、半菱形互通6处，上下匝道9对，特大桥（17.5km）一座，隧道（497.5m）一座，概算总投资65亿元。该项目拥有目前国内最长的公路钢结构桥梁。全长21km，其中钢板组合梁桥就达17.5km，用钢量达13万t，相当于3个鸟巢、19座埃菲尔铁塔的用钢量。

1.8.2.5　重庆市快速路二横线

2020年8月21日1时55分，重庆市快速路二横线项目在确保三条繁忙铁路正常运营的前提下，5座全长383.5m、总重量达21500t的大跨度混凝土梁式桥梁经82min完成转体，最终实现"完美牵手"（图1-69）。

重庆市快速路二横线是重庆市重点民生工程，由重庆市住房和城乡建设委员会牵头推进、中建五局投资、中建隧道承建。重庆市快速路二横线全长约14.4km，横贯重庆市沙坪坝区、北碚区、两江新区，开通后可有效改善居民出行条件。

作为重庆市重点民生工程，快速路二横线项目需交叉跨越铁路线10条，其中的五座桥梁需要跨越三条繁忙的铁路线。为确保铁路正常运营，承建方经大量分析研究，提出五座桥梁采用"同步转体建造"，即"先异位浇筑、后同步转体"的桥梁施工方案。此前集群式转体数量最多的仅为四座桥梁。因转体桥与铁路线外侧最短距离仅2.9m，梁底距离铁路接触网顶端仅0.5m，桥体浇筑位于铁路两侧坡度超过60°的边坡上，施工难度大。为了全力确保五桥同转顺利完成，项目团队联合多家科研机构，进行了大量数据计算，采用将误差控制在0.1mm的精密仪器；研发出"三线五桥转体

图1-69　重庆市快速路二横线

检测平台"系统，可展现五桥同转的全景影像、扫除转体盲角；同时攻克了同步转体控制及安全组织等技术难关，为中国大跨度集群式转体桥梁建设提供了有益借鉴。

1.8.2.6　海口南渡江引水工程

2020年12月30日，由中国能建葛洲坝集团投资建设的海口市南渡江引水工程中西部供水线路正式通水，为工程全面竣工奠定了坚实基础（图1-70）。

该工程是国家172项重大水利工程项目之一，将与迈湾水利枢纽实现联合调度，满足海口市和江东新区高标准供水需求。工程总投资36.2亿元，供水线路总长50.34km，由输配水工程、灌区工程、五源河综合治理工程及永庄水库到沙坡水库连通工程等组成，主要建设内容包括输水隧道、输水箱涵、渡槽、输水管道等。

南渡江引水工程于2015年11月18日开工建设，历时五载，共计1867d。工程建设期间，经历汛期台风暴雨、复杂地质条件、图纸供应不及时等各方面影响，特别是工程关键线路——12.96km长隧洞工程火山岩石空洞、裂隙发育、透水性强，区域构造稳定性差，火山岩洞内突泥、涌水、塌方、地陷等地质问题给工程施工带来巨大难度。中国能建葛洲坝集团不畏艰险，集思广益，沉着应对，多次邀请业界知名专家进行技术指导，遵循隧洞施工"管超前、严注浆、短开挖、强支护、快封闭、勤量测"十八字方针，采取地表灌浆和先帷幕灌浆后开挖等施工方式，确保了通水目标的顺利实现。

图1-70　海口南渡江引水工程

1.8.2.7 金海水厂深度处理工程

2020年12月底，历时20个月建设完成的金海水厂深度处理工程正式建成通水。金海水厂是上海市第一家使用青草沙水库原水的水厂，肩负着浦东中东部地区的供水重任。深度处理工程建成通水后，浦东金桥、张江、曹路、祝桥、浦东机场及迪士尼园区等供水区域的用水品质得到了进一步提升，受益人口约75万人（图1-71）。

金海水厂深度处理工程采用臭氧–生物活性炭吸附工艺，建成和投入运行后，经过臭氧、生物活性炭深度处理后的自来水，在臭和味、有机物含量等指标上都将进一步改善，并且在遇到一些突发的原水污染状况时，深度处理工艺可明显改善净水水质，起到多重保障作用，使得自来水水质更加安全。经检测，金海水厂出厂水质在符合国家《生活饮用水标准检验方法》GB/T 5750—2006要求的基础上，达到上海市地方标准《生活饮用水水质标准》DB31/T 1091—2018要求。

图1-71 金海水厂深度处理工程

2.1 分析企业的选择

2.1.1 名单初选

本报告拟选择若干代表性的土木工程建设企业,对土木工程建设企业的发展状况进行分析。入选的土木工程建设企业,主要从入选福布斯2000强、财富500强,中国企业500强、财富中国企业500强,以及拥有特级资质的土木工程建设企业中进行选择。此外,由于中国建筑股份有限公司、中国中铁股份有限公司、中国铁建股份有限公司、中国交通建设股份有限公司、中国电力建设股份有限公司、中国能源建设股份有限公司、中国冶金科工股份有限公司等建筑业央企与其下属公司有包含关系,因此不纳入对比分析的范畴。按照此原则,初步确定了符合要求的689个工程建设企业,主要从事于建筑工程、市政工程、铁路工程、公路工程,其中有71.50%的企业从事建筑工程,17.08%的企业从事市政工程,5.07%的企业从事铁路工程,21.42%的企业从事公路工程。这些企业中,最多的来自江苏、浙江、北京,分别为80家、80家、67家。

2.1.2 数据收集与处理

2.1.2.1 发文通知

2021年4月,中国土木工程学会下发了"关于申报2021年《中国土木工程建设发展报告2020》'土木工程建设100强企业、土木工程建设国际影响力100强企业、土木工程建设科技创新100强企业'的通知",正式组织编制反映上一年度中国土木工程建设发展状况的分析研究报告《中国土木工程建设发展报告2020》,开始向我国土木工程建设企业征集2020年度企业相关的经营数据。《中国土木工程建设发展报告2020》的分析方法坚持客观、全面的原则,以事实和数据依据,综合运用统计学方法,全面、准确地记述中国土木工程建设的年度发展状况。

2.1.2.2 企业填报

企业根据自身需求,采用线上填报的方式,自主选择参加以上各类分析,中国土木工程学会对企业参加分析的数量和种类均不做要求。拟申报企业于2021年4月30日之前，登录网站，按照文件要求，选择希望参加的排行分析，将网站上各项数据填写完整，要求切实保证数据的真实性，并按要求提供相应的签字、盖章齐全的申报材料。

2.1.2.3 申报资格

申报土木工程建设企业的范围主要是曾入选福布斯2000强、财富500强、中国企业500强、财富中国企业500强的土木工程建设企业，以及具有特级资质的土木工程建设企业。

在中国大陆取得经营许可、持有中国各级政府住房城乡建设主管部门核发从事工程承包和施工活动、勘察设计资质的独立法人单位，均可报名参加《中国土木工程建设发展报告2020》活动。港、澳、台地区企业暂不列入；国资委管理的大型央企最高层级独立法人单位不列入。

参与企业应在上一年度未发生较大以上安全、质量责任事故和有重大社会影响的企业失信事件、违规招标投标事件、违法施工事件、企业主要领导贪腐案件等。

2.1.3 最终入选名单的确定

按照《中国土木工程建设发展报告2020》确定的评审内容和评价标准，课题组对各企业填报的数据和申报材料进行了认真、细致的复核和审查，最终确定了200家企业作为入选企业，具体参见附表2-1。

从入选《中国土木工程建设发展报告2020》的土木工程建设企业地理位置分布来看（图2-1），入选企业分布在28个地区。入选企业数量排在前4位的地区分别是：

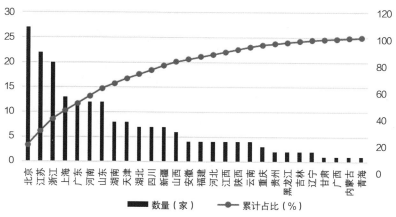

图2-1 2020入选发展报告的土木工程建设企业地理位置分布

北京（27家）、江苏（22家）、浙江（20家）、上海（13家），这4个地区入选企业的数量占所有入选企业的41%。

2.2 土木工程建设企业经营规模分析

2.2.1 土木工程建设企业营业收入分析

根据国家统计局的统计数据，2020年，我国资质以上的土木工程建设企业为116716家，实现的营业收入为24.49万亿元。本报告分析入选的土木工程建设企业共200家，仅占全国土木工程建设企业的0.17%。但这200家企业实现的营业收入总额为8.49万亿元，占土木工程建设企业2020年实现营业收入的34.67%。

从200家土木工程建设企业的营业收入构成看，不同营业收入水平企业的数量分布及其营业收入占入选企业总营业收入的比重情况，如图2-2所示。

由图2-2可以看出，2020年营业收入超过1500亿元的土木工程建设企业只有8家，占入选企业总数的4%，但其营业收入占到了入选企业总营业收入的23.02%；2020年营业收入超过1000亿元的企业有20家，占入选企业的10%，其营业收入占入选企业的39.60%；年营业收入超过750亿元的企业有27家，占入选企业的13.5%，其营业收入占入选企业的46.55%。由此可见，从营业收入角度分析，2020年土木工程建设企业的集中度非常明显。

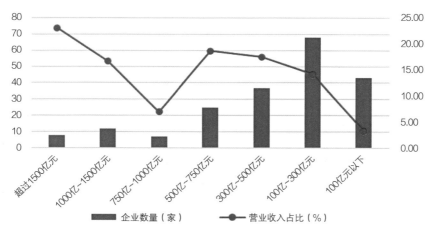

图2-2 不同营业收入水平的企业数量分布及其营业收入占比

在200家土木工程建设企业中，2020年营业收入位列前100名的土木工程建设企业如表2-1所示。

2020年营业收入位列前100名的土木工程建设企业　　表2-1

序号	企业名称	营业收入（亿元）	序号	企业名称	营业收入（亿元）
1	太平洋建设集团	4418.61	30	中铁二局集团有限公司	721.28
2	中国建筑第三工程局有限公司	3092.84	31	中铁建设集团有限公司	720.23
3	中国建筑第八工程局有限公司	3092.03	32	旭辉控股（集团）有限公司	717.99
4	上海建工集团股份有限公司	2313.27	33	中铁建工集团有限公司	707.84
5	广州市建筑集团有限公司	1839.09	34	甘肃省建设投资（控股）有限公司	707.55
6	南通三建控股有限公司	1677.72	35	广东省建筑工程集团有限公司	693.79
7	中国建筑第二工程局有限公司	1600.73	36	广厦控股集团有限公司	683.11
8	云南建设投资控股集团有限公司	1505.95	37	四川华西集团有限公司	675.07
9	中国建筑第五工程局有限公司	1476.20	38	上海城建（集团）公司	672.21
10	陕西建工控股集团有限公司	1428.23	39	青建集团股份有限公司	666.32
11	中国建筑一局（集团）有限公司	1296.83	40	江苏省苏中建设集团股份有限公司	640.27
12	北京城建集团有限责任公司	1252.54	41	安徽建工集团股份有限公司	622.04
13	中国化学工程股份有限公司	1209.50	42	中铁五局集团有限公司	601.39
14	中交一公局集团有限公司	1202.09	43	四川公路桥梁建设集团有限公司	587.46
15	云南省交通投资建设集团有限公司	1064.09	44	天元建设集团有限公司	580.36
16	北京建工集团有限责任公司	1055.12	45	中铁十六局集团有限公司	575.20
17	中国建筑第七工程局有限公司	1045.96	46	重庆建工投资控股有限责任公司	556.71
18	中天控股集团有限公司	1031.00	47	江苏中南建筑产业集团有限责任公司	543.73
19	中铁四局集团有限公司	1010.13	48	中国五冶集团有限公司	540.70
20	龙光交通集团有限公司	1006.79	49	上海隧道工程股份有限公司	540.10
21	湖南建工集团有限公司	985.74	50	中交第二公路工程局有限公司	535.82
22	中国建筑第四工程局有限公司	898.23	51	广西北部湾投资集团有限公司	534.15
23	江苏南通二建集团有限公司	860.27	52	上海宝冶集团有限公司	509.79
24	山西建设投资集团有限公司	812.19	53	龙信建设集团有限公司	501.49
25	浙江省建设投资集团有限公司	795.50	54	江苏南通六建集团有限公司	491.87
26	南通四建集团有限公司	782.06	55	帝海投资控股集团有限公司	490.19
27	中交第二航务工程局有限公司	762.25	56	融信（福建）投资集团有限公司	485.44
28	成都兴城投资交通有限公司	729.98	57	江西省建工集团有限责任公司	479.94
29	中国核工业建设股份有限公司	728.10	58	通州建总集团有限公司	468.64

序号	企业名称	营业收入（亿元）	序号	企业名称	营业收入（亿元）
59	河北建工集团有限责任公司	463.61	80	山东高速路桥集团股份有限公司	344.40
60	中铁隧道局集团有限公司	460.47	81	浙江交工集团股份有限公司	335.22
61	江苏省华建建设股份有限公司	458.22	82	湖北省交通投资集团有限公司	332.49
62	浙江中成控股集团有限公司	453.58	83	苏州金螳螂企业（集团）有限公司	319.22
63	中交第一航务工程局有限公司	446.53	84	中国水利水电第七工程局有限公司	315.61
64	中交第四公路工程局有限公司	437.83	85	中建海峡建设发展有限公司	309.89
65	中国建筑第六工程局有限公司	424.62	86	浙江东南网架股份有限公司	308.54
66	北京住总集团有限责任公司	423.20	87	中国二十冶集团有限公司	304.39
67	新疆生产建设兵团建筑工程（集团）有限责任公司	420.94	88	中国十七冶集团有限公司	301.95
68	中交第三航务工程局有限公司	418.65	89	中铁六局集团有限公司	301.67
69	中交路桥建设有限公司	412.74	90	山东省路桥集团有限公司	299.66
70	中铁上海工程局集团有限公司	410.58	91	腾达建设集团股份有限公司	299.03
71	山东科达集团有限公司	404.16	92	江西省交通工程集团建设有限公司	287.37
72	河北建设集团股份有限公司	401.50	93	中铁北京工程局集团有限公司	285.63
73	中国电建集团国际工程有限公司	400.16	94	浙江建工集团有限责任公司	283.16
74	中建新疆建工（集团）有限公司	399.75	95	中国一冶集团有限公司	274.75
75	山河控股集团有限公司	391.32	96	中亿丰建设集团股份有限公司	272.10
76	中交第四航务工程局有限公司	385.56	97	福建建工集团有限责任公司	271.03
77	浙江宝业建设集团有限公司	377.94	98	江苏邗建集团有限公司	269.57
78	中电建路桥集团有限公司	376.82	99	宝业集团股份有限公司	252.75
79	黑龙江省建设投资集团有限公司	347.52	100	中如建工集团有限公司	250.08

2.2.2 土木工程建设企业建筑业总产值分析

本报告从入选的200家土木工程建设企业中，选取提供了建筑业总产值数据且建筑业总产值排在前100家的企业进行分析，具体入选企业名单如表2-2所列。

2020年建筑业总产值位列前100名的土木工程建设企业　　表2-2

序号	企业名称	建筑业总产值（亿元）	序号	企业名称	建筑业总产值（亿元）
1	上海宝冶集团有限公司	5203.02	3	中国建筑第三工程局有限公司	2593.30
2	中国建筑第八工程局有限公司	2751.59	4	上海建工集团股份有限公司	2440.21

序号	企业名称	建筑业总产值（亿元）	序号	企业名称	建筑业总产值（亿元）
5	中国建筑第五工程局有限公司	1639.97	34	中亿丰建设集团股份有限公司	330.10
6	中国建筑第二工程局有限公司	1556.74	35	中国水利水电第七工程局有限公司	316.05
7	陕西建工控股集团有限公司	1385.51	36	浙江建工集团有限责任公司	306.91
8	中国建筑一局（集团）有限公司	1296.83	37	中国十七冶集团有限公司	301.95
9	中国建筑第七工程局有限公司	1242.63	38	中铁六局集团有限公司	287.97
10	中铁四局集团有限公司	1130.16	39	龙信建设集团有限公司	282.21
11	北京建工集团有限责任公司	1120.50	40	中冶建工集团有限公司	261.00
12	北京城建集团有限责任公司	1077.00	41	广州市市政集团有限公司	258.33
13	湖南建工集团有限公司	1073.16	42	中国一冶集团有限公司	257.43
14	泰宏建设发展有限公司	860.54	43	中建科工集团有限公司	255.49
15	中国电建集团西北勘测设计研究院有限公司	831.55	44	中电建生态环境集团有限公司	254.75
16	山西建设投资集团有限公司	804.22	45	中如建工集团有限公司	250.08
17	中铁建设集团有限公司	795.03	46	湖南省第六工程有限公司	240.01
18	江苏省苏中建设集团股份有限公司	789.64	47	中国水利水电第四工程局有限公司	231.22
19	江苏南通二建集团有限公司	789.52	48	中国水利水电第十四工程局有限公司	231.05
20	青建集团股份有限公司	735.35	49	华新建工集团有限公司	228.07
21	中铁建工集团有限公司	620.86	50	中建交通建设集团有限公司	222.97
22	南通四建集团有限公司	584.67	51	中国电建集团铁路建设投资集团有限公司	218.06
23	江苏中南建筑产业集团有限责任公司	573.38	52	中建新疆建工（集团）有限公司	217.22
24	中国五冶集团有限公司	523.07	53	中冶天工集团有限公司	215.45
25	江西省建工集团有限责任公司	514.08	54	江苏邗建集团有限公司	213.16
26	河北建设集团股份有限公司	474.39	55	中建安装集团有限公司	203.69
27	江苏省华建建设股份有限公司	428.39	56	中国水利水电第十一工程局有限公司	197.76
28	中国建筑第六工程局有限公司	424.62	57	成都建工集团有限公司	191.17
29	中电建路桥集团有限公司	424.21	58	北京住总集团有限责任公司	190.09
30	中国电建集团国际工程有限公司	391.78	59	中国电建市政建设集团有限公司	184.30
31	苏州金螳螂企业（集团）有限公司	353.50	60	中国二十二冶集团有限公司	182.89
32	中国二十冶集团有限公司	348.96	61	南通五建控股集团有限公司	176.21
33	黑龙江省建设投资集团有限公司	341.55	62	湖南省第三工程有限公司	172.22

序号	企业名称	建筑业总产值（亿元）	序号	企业名称	建筑业总产值（亿元）
63	天津市建工集团（控股）有限公司	169.00	82	山西建筑工程集团有限公司	107.52
64	烟建集团有限公司	160.75	83	武汉建工集团股份有限公司	107.07
65	中国二冶集团有限公司	152.86	84	中电建筑集团有限公司	104.61
66	大元建业集团股份有限公司	152.52	85	河南三建建设集团有限公司	97.15
67	江苏扬建集团有限公司	150.90	86	上海市建筑装饰工程集团有限公司	95.23
68	浙江中南建设集团有限公司	146.28	87	浙江大东吴集团建设有限公司	95.07
69	湖南路桥建设集团股份有限公司	141.90	88	山西省工业设备安装集团有限公司	93.49
70	中恒建设集团有限公司	141.73	89	河南五建建设集团有限公司	92.87
71	苏华建设集团有限公司	140.84	90	中国三冶集团有限公司	90.12
72	中国华西企业有限公司	139.22	91	中国电建集团中南勘测设计研究院有限公司	88.29
73	江苏南通六建建设集团有限公司	136.00	92	河南六建筑集团有限公司	86.35
74	浙江勤业建工集团有限公司	135.18	93	中国电建集团江西省电力建设有限公司	85.38
75	湖南省第五工程有限公司	132.66	94	北京首钢建设集团有限公司	79.40
76	中建丝路建设投资有限公司	126.81	95	山西四建集团有限公司	78.76
77	浙江省二建建设集团有限公司	125.20	96	重庆建工住宅建设有限公司	75.08
78	浙江省一建建设集团有限公司	121.00	97	郑州一建集团有限公司	72.21
79	威海建设集团股份有限公司	117.80	98	新蒲建设集团有限公司	69.78
80	上海市基础工程集团有限公司	115.38	99	天津市建工工程总承包有限公司	68.38
81	中国机械工业建设集团有限公司	108.08	100	河南省第二建设集团有限公司	67.59

根据国家统计局的统计数据，2020年，我国土木工程建设企业完成建筑业总产值26.39万亿元。分析入选的100家土木工程建设企业，虽然数量不足土木工程建设企业的0.09%，却完成了建筑业总产值4.81万亿元，占土木工程建设企业2020年完成建筑业总产值的18.23%。

从100家土木工程建设企业的建筑业总产值构成看，不同建筑业总产值水平企业的数量分布及其建筑业总产值占入选企业建筑业总产值总和的比重情况，如图2-3所示。

由图2-3可以看出，建筑业总产值超过2000亿元的土木工程建设企业只有4家，占入选企业总数的4%，但其建筑业总产值占到了入选企业的27.48%；超过1000

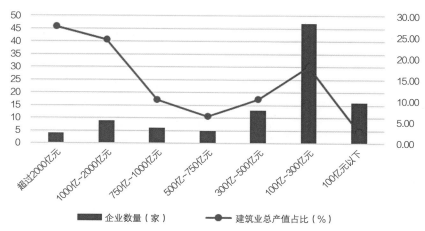

图2-3　不同建筑业总产值水平的企业数量分布及其建筑业总产值占比

亿元的企业有13家，占入选企业的13%，其建筑业总产值占入选企业的51.86%；超过750亿元的企业有19家，占入选企业的19%，其建筑业总产值占入选企业的62.16%。由此可见，从建筑业总产值角度分析，2020年土木工程建设企业的集中度也非常明显。

2.2.3　土木工程建设企业资产总额分析

根据国家统计局的统计数据，我国土木工程建设企业2020年资产总额为28.30万亿元。本报告分析入选的200家土木工程建设企业，2020年的资产总额为13.18万亿元，占土木工程建设企业2020年资产总额的46.57%。

从200家土木工程建设企业资产总额的构成看，不同资产总额水平企业的数量分布及其资产总额占入选企业资产总额总和的比重情况，如图2-4所示。

由图2-4可以看出，2020年资产总额超过3000亿元的土木工程建设企业有10家，占入选企业总数的5%，但其资产总额占到了入选企业资产总额的34.90%；2020年资产总额超过1000亿元的企业有34家，占入选企业的17%，其资产总额占入选企业资产总额的64.02%；资产总额超过750亿元的企业有48家，占入选企业的24%，其资产总额占入选企业的72.86%。由此可见，从资产总额角度分析，2020年土木工程建设企业的集中度非常明显。

在200家土木工程建设企业中，2020年资产总额位列前100名的土木工程建设企业如表2-3所示。

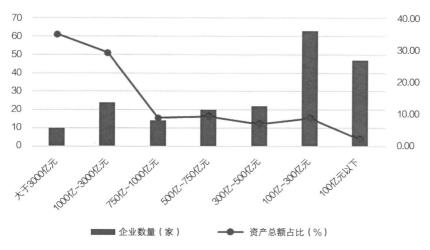

图2-4　不同资产总额水平的企业数量分布及其资产总额占比

2020年资产总额位列前100名的土木工程建设企业　　　　表2-3

序号	企业名称	资产总额（亿元）	序号	企业名称	资产总额（亿元）
1	成都兴城投资交通有限公司	7791.00	21	中国建筑第五工程局有限公司	1473.48
2	云南建设投资控股集团有限公司	6011.90	22	中国核工业建设股份有限公司	1458.00
3	云南省交通投资建设集团有限公司	5292.46	23	上海城建（集团）公司	1426.45
4	湖北省交通投资集团有限公司	4968.66	24	山西建设投资集团有限公司	1375.04
5	龙光交通集团有限公司	4036.39	25	北京住总集团有限责任公司	1365.76
6	天元建设集团有限公司	3956.37	26	中国化学工程股份有限公司	1360.00
7	旭辉控股（集团）有限公司	3792.99	27	中国建筑第二工程局有限公司	1245.18
8	北京城建集团有限责任公司	3503.53	28	安徽建工集团股份有限公司	1133.58
9	江西省交通工程集团建设有限公司	3411.28	29	上海隧道工程股份有限公司	1094.00
10	上海建工集团股份有限公司	3213.57	30	四川公路桥梁建设集团有限公司	1083.66
11	太平洋建设集团	2919.34	31	中国建筑第四工程局有限公司	1082.40
12	中国建筑第三工程局有限公司	2384.27	32	中交第二航务工程局有限公司	1052.84
13	陕西建工控股集团有限公司	2287.97	33	中铁建工集团有限公司	1043.38
14	中国建筑第八工程局有限公司	2242.71	34	山西路桥建设集团有限公司	1041.18
15	广西北部湾投资集团有限公司	2234.42	35	甘肃省建设投资（控股）有限公司	975.31
16	融信（福建）投资集团有限公司	2202.72	36	广东省建筑工程集团有限公司	932.69
17	北京建工集团有限责任公司	2021.14	37	中国建筑第七工程局有限公司	898.44
18	中交一公局集团有限公司	1683.45	38	中铁四局集团有限公司	877.66
19	中天控股集团有限公司	1611.84	39	浙江省建设投资集团有限公司	867.88
20	广州市建筑集团有限公司	1546.63	40	湖南省第二工程有限公司	838.55

序号	企业名称	资产总额（亿元）	序号	企业名称	资产总额（亿元）
41	中铁二局集团有限公司	824.74	71	中国电建集团海外投资有限公司	481.07
42	中交第一航务工程局有限公司	806.84	72	中建新疆建工（集团）有限公司	462.60
43	中国建筑一局（集团）有限公司	790.69	73	广厦控股集团有限公司	456.27
44	江苏中南建筑产业集团有限责任公司	779.02	74	青建集团股份有限公司	454.85
45	重庆建工投资控股有限责任公司	771.85	75	上海宝冶集团有限公司	446.30
46	黑龙江省建设投资集团有限公司	766.74	76	武汉市市政建设集团有限公司	441.49
47	中铁建设集团有限公司	764.97	77	中国水利水电第七工程局有限公司	429.63
48	四川华西集团有限公司	755.36	78	中交天津航道局有限公司	425.41
49	中电建路桥集团有限公司	735.73	79	宝业集团股份有限公司	421.75
50	湖南建工集团有限公司	731.49	80	新疆北新路桥集团股份有限公司	407.60
51	中交第三航务工程局有限公司	712.13	81	山东省路桥集团有限公司	404.62
52	中交第四公路工程局有限公司	691.91	82	中铁隧道局集团有限公司	399.69
53	江西省建工集团有限责任公司	655.54	83	中国电建集团国际工程有限公司	397.78
54	新疆生产建设兵团建筑工程（集团）有限责任公司	651.20	84	中国电建集团铁路建设投资集团有限公司	395.09
55	中交第四航务工程局有限公司	649.11	85	江苏南通二建集团有限公司	389.85
56	中交第二公路工程局有限公司	631.37	86	南通四建集团有限公司	385.34
57	河北建设集团股份有限公司	627.94	87	浙江交工集团股份有限公司	359.28
58	龙元建设集团股份有限公司	625.38	88	中建交通建设集团有限公司	333.05
59	中铁十六局集团有限公司	607.67	89	中国五冶集团有限公司	320.62
60	中国水利水电第十四工程局有限公司	601.15	90	浙江建工集团有限责任公司	316.15
61	南通三建控股有限公司	597.71	91	广东水电二局股份有限公司	294.90
62	中国建筑第六工程局有限公司	592.76	92	江河创建集团股份有限公司	293.80
63	中交路桥建设有限公司	581.26	93	浙江东南网架股份有限公司	291.64
64	山东高速路桥集团股份有限公司	550.80	94	中国二十冶集团有限公司	285.65
65	中铝国际工程股份有限公司	545.10	95	中冶天工集团有限公司	273.01
66	帝海投资控股集团有限公司	521.90	96	中国二十二冶集团有限公司	268.34
67	福建建工集团有限责任公司	519.38	97	江苏省苏中建设集团股份有限公司	266.15
68	苏州金螳螂企业（集团）有限公司	512.99	98	中国水利水电第十一工程局有限公司	258.31
69	中铁五局集团有限公司	496.82	99	中铁上海工程局集团有限公司	251.61
70	成都建工集团有限公司	484.38	100	中国一冶集团有限公司	245.43

2.3 土木工程建设企业拓展市场能力分析

2.3.1 土木工程建设企业年度合同总额分析

本报告从入选的200家土木工程建设企业中，选取提供了合同总额数据且合同总额排在前100家的企业进行分析，具体入选企业名单如表2-4所列。

2020年合同总额位列前100名的土木工程建设企业　　　表2-4

序号	企业名称	本年合同总额（亿元）	序号	企业名称	本年合同总额（亿元）
1	中国建筑第八工程局有限公司	13227.85	24	江苏省苏中建设集团股份有限公司	1321.90
2	中国建筑第二工程局有限公司	6656.13	25	中国水利水电第七工程局有限公司	1308.78
3	上海建工集团股份有限公司	4604.54	26	中冶天工集团有限公司	1294.03
4	上海宝冶集团有限公司	4258.75	27	中电建路桥集团有限公司	1188.34
5	中铁四局集团有限公司	3890.97	28	中建科工集团有限公司	1168.97
6	中国建筑第七工程局有限公司	3437.85	29	中国二十二冶集团有限公司	1035.07
7	北京城建集团有限责任公司	3315.80	30	中国二十冶集团有限公司	1033.88
8	中铁建工集团有限公司	3106.76	31	江苏中南建筑产业集团有限责任公司	983.55
9	中国电建集团国际工程有限公司	2887.40	32	中建新疆建工（集团）有限公司	977.13
10	山西建设投资集团有限公司	2674.11	33	青建集团股份有限公司	952.00
11	中铁建设集团有限公司	2649.67	34	成都建工集团有限公司	938.62
12	中国水利水电第十四工程局有限公司	2418.21	35	江西省建工集团有限责任公司	933.51
13	陕西建工控股集团有限公司	2332.13	36	南通四建集团有限公司	918.07
14	北京建工集团有限责任公司	2252.10	37	中国电建集团铁路建设投资集团有限公司	915.06
15	中国建筑第四工程局有限公司	2234.47	38	中建安装集团有限公司	803.33
16	中国建筑第六工程局有限公司	2085.60	39	中国电建市政建设集团有限公司	784.65
17	湖南建工集团有限公司	1827.13	40	中国二冶集团有限公司	779.37
18	江苏南通二建集团有限公司	1689.74	41	黑龙江省建设投资集团有限公司	767.47
19	中国五冶集团有限公司	1623.25	42	江苏省华建建设股份有限公司	745.65
20	中国一冶集团有限公司	1505.60	43	中建交通建设集团有限公司	704.94
21	泰宏建设发展有限公司	1400.75	44	广州市市政集团有限公司	686.09
22	河北建设集团股份有限公司	1383.26	45	中国水利水电第九工程局有限公司	631.70
23	中国十七冶集团有限公司	1381.07	46	中冶建工集团有限公司	631.00

序号	企业名称	本年合同总额（亿元）	序号	企业名称	本年合同总额（亿元）
47	中电建生态环境集团有限公司	586.31	74	江苏邗建集团有限公司	294.17
48	中国水利水电第十一工程局有限公司	585.83	75	北京住总集团有限责任公司	280.24
49	中国水利水电第四工程局有限公司	542.79	76	烟建集团有限公司	278.46
50	中国三冶集团有限公司	534.86	77	天津市建工工程总承包有限公司	277.67
51	江苏南通六建建设集团有限公司	482.10	78	中恒建设集团有限公司	267.15
52	中建丝路建设投资有限公司	467.51	79	中铁十局集团建筑工程有限公司	265.13
53	浙江建工集团有限责任公司	450.51	80	大元建业集团股份有限公司	255.69
54	湖南路桥建设集团股份有限公司	449.03	81	湖南省第三工程有限公司	240.41
55	中国水利水电第六工程局有限公司	447.02	82	中国机械工业建设集团有限公司	229.90
56	山西四建集团有限公司	421.73	83	中电建建筑集团有限公司	220.84
57	龙信建设集团有限公司	411.62	84	中国水电基础局有限公司	212.54
58	山西省工业设备安装集团有限公司	400.80	85	郑州一建集团有限公司	210.02
59	中国华西企业有限公司	389.98	86	河南三建建设集团有限公司	208.01
60	中亿丰建设集团股份有限公司	376.00	87	中国电建集团江西省电力建设有限公司	194.16
61	山西建筑工程集团有限公司	358.77	88	浙江省二建设集团有限公司	189.77
62	中国电建集团西北勘测设计研究院有限公司	354.31	89	武汉建工集团股份有限公司	189.69
63	南通五建控股集团有限公司	351.56	90	山西五建集团有限公司	172.48
64	华新建工集团有限公司	340.95	91	浙江大东吴集团建设有限公司	171.82
65	湖南省第六工程有限公司	340.91	92	河北建工集团有限责任公司	167.33
66	中国电建集团中南勘测设计研究院有限公司	330.73	93	浙江勤业建工集团有限公司	155.63
67	天津市建工集团（控股）有限公司	330.15	94	浙江省一建设集团有限公司	153.17
68	江苏扬建集团有限公司	327.40	95	威海建设集团股份有限公司	147.60
69	湖南省第五工程有限公司	326.85	96	河南省第二建设集团有限公司	142.30
70	中国电建集团昆明勘测设计研究院有限公司	325.13	97	苏华建设集团有限公司	140.84
71	浙江中南建设集团有限公司	311.17	98	上海市建筑装饰工程集团有限公司	140.01
72	中如建工集团有限公司	308.06	99	上海电力设计院有限公司	137.81
73	中车建设工程有限公司	296.91	100	湖南省第二工程有限公司	136.14

根据国家统计局的统计数据，2020年，我国土木工程建设企业合同总额为59.55万亿元。本报告分析入选的100家土木工程建设企业，虽然数量不足全国土木

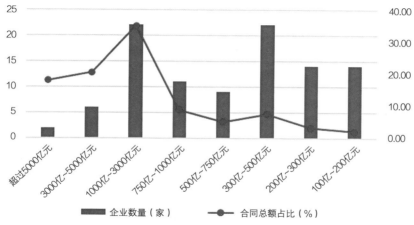

图2-5 不同合同总额水平的企业数量分布及其合同总额占比

工程建设企业的0.09%，却签订合同总额11.07万亿元，占土木工程建设企业2020年合同总额的18.59%。

从这100家土木工程建设企业的合同总额构成看，不同合同总额水平企业的数量分布及其合同总额占入选企业合同总额总和的比重情况，如图2-5所示。

由图2-5可以看出，本年合同总额超过5000亿元的土木工程建设企业只有2家，占入选企业总数的2%，但其本年合同总额占到了入选企业的17.97%；超过3000亿元的企业有8家，占入选企业的8%，其本年合同总额占入选企业的38.40%；超过1000亿元的企业有30家，占入选企业的30%，其本年合同总额占入选企业的73.36%。由此可见，从本年合同总额角度分析，2020年土木工程建设企业的集中度也非常明显。

2.3.2 土木工程建设企业本年新签合同额分析

本报告从入选的200家土木工程建设企业中，选取提供了本年新签合同额数据且本年新签合同额排在前100家的企业进行分析，具体入选企业名单如表2-5所列。

2020年新签合同额位列前100名的土木工程建设企业　　　　表2-5

序号	企业名称	本年新签合同额（亿元）	序号	企业名称	本年新签合同额（亿元）
1	中国建筑第三工程局有限公司	5960.42	3	上海建工集团股份有限公司	3867.84
2	中国建筑第八工程局有限公司	5942.09	4	中国建筑第二工程局有限公司	3575.61

序号	企业名称	本年新签合同额（亿元）	序号	企业名称	本年新签合同额（亿元）
5	中国建筑一局（集团）有限公司	3323.00	35	河北建设集团股份有限公司	566.21
6	中国建筑第五工程局有限公司	3312.47	36	江苏省苏中建设集团股份有限公司	550.41
7	陕西建工控股集团有限公司	3060.78	37	湖南建工集团有限公司	508.32
8	中国建筑第七工程局有限公司	2611.50	38	中建科工集团有限公司	501.12
9	北京城建集团有限责任公司	2260.00	39	中建西部建设股份有限公司	498.41
10	中铁四局集团有限公司	2096.00	40	南通四建集团有限公司	486.35
11	北京建工集团有限责任公司	2093.60	41	中国水利水电第七工程局有限公司	478.60
12	中国建筑第四工程局有限公司	2083.44	42	中冶建工集团有限公司	465.82
13	中铁建工集团有限公司	2007.55	43	江苏省华建建设股份有限公司	421.33
14	山西建设投资集团有限公司	2005.59	44	中国电建集团铁路建设投资集团有限公司	404.00
15	中国电建集团国际工程有限公司	1668.11	45	广州市市政集团有限公司	394.22
16	中铁建设集团有限公司	1667.37	46	苏州金螳螂企业（集团）有限公司	392.40
17	上海宝冶集团有限公司	1030.06	47	中亿丰建设集团股份有限公司	376.00
18	中国十七冶集团有限公司	1022.33	48	中国水利水电第十四工程局有限公司	370.47
19	中国五冶集团有限公司	1010.00	49	中建安装集团有限公司	367.31
20	中国建筑第六工程局有限公司	920.04	50	成都建工集团有限公司	362.04
21	中铁六局集团有限公司	865.70	51	中电建生态环境集团有限公司	350.06
22	青建集团股份有限公司	812.00	52	浙江建工集团有限责任公司	332.09
23	中电建路桥集团有限公司	801.93	53	中国水利水电第十一工程局有限公司	327.46
24	中冶天工集团有限公司	801.66	54	中国水利水电第四工程局有限公司	302.10
25	中国二冶集团有限公司	779.37	55	中国电建市政建设集团有限公司	302.02
26	江西省建工集团有限责任公司	774.58	56	南通五建控股集团有限公司	285.63
27	泰宏建设发展有限公司	727.86	57	湖南路桥建设集团股份有限公司	277.88
28	中建交通建设集团有限公司	692.28	58	江苏中南建筑产业集团有限责任公司	274.82
29	中国一冶集团有限公司	680.52	59	中国三冶集团有限公司	269.65
30	中国二十二冶集团有限公司	675.10	60	山西省工业设备安装集团有限公司	263.92
31	中国二十冶集团有限公司	642.14	61	山西建筑工程集团有限公司	263.01
32	黑龙江省建设投资集团有限公司	618.63	62	江苏邗建集团有限公司	239.00
33	江苏南通二建集团有限公司	617.86	63	中国水利水电第九工程局有限公司	227.29
34	中建新疆建工（集团）有限公司	603.02	64	山西四建集团有限公司	226.65

序号	企业名称	本年新签合同额（亿元）	序号	企业名称	本年新签合同额（亿元）
65	中国水利水电第六工程局有限公司	214.77	83	中国电建集团江西省电力建设有限公司	150.78
66	中建丝路建设投资有限公司	200.78	84	浙江省二建设集团有限公司	150.19
67	江苏南通六建建设集团有限公司	194.98	85	威海建设集团股份有限公司	147.60
68	中国电建集团中南勘测设计研究院有限公司	192.15	86	中国水电基础局有限公司	144.00
69	中国电建集团昆明勘测设计研究院有限公司	191.47	87	苏华建设集团有限公司	140.84
70	江苏扬建集团有限公司	188.64	88	中国机械工业建设集团有限公司	137.61
71	武汉建工集团股份有限公司	188.22	89	华新建工集团有限公司	130.54
72	湖南省第五工程有限公司	182.08	90	浙江勤业建工集团有限公司	120.68
73	烟建集团有限公司	172.63	91	中电建建筑集团有限公司	120.32
74	山西五建集团有限公司	172.48	92	浙江大东吴集团建设有限公司	119.16
75	中如建工集团有限公司	167.50	93	天津市建工工程总承包有限公司	117.91
76	中铁十局集团建筑工程有限公司	162.68	94	中国华西企业有限公司	117.21
77	浙江中南建设集团有限公司	162.68	95	河南三建建设集团有限公司	115.36
78	大元建业集团股份有限公司	156.50	96	中国水利水电第一工程局有限公司	109.06
79	浙江省一建建设集团有限公司	153.17	97	河北建工集团有限责任公司	107.14
80	龙信建设集团有限公司	152.88	98	湖南省第三工程有限公司	105.09
81	中国电建集团西北勘测设计研究院有限公司	152.79	99	天津市建工集团（控股）有限公司	103.80
82	中恒建设集团有限公司	151.43	100	河南省第二建设集团有限公司	101.64

根据国家统计局的统计数据，2020年，我国土木工程建设企业本年新签合同额为32.52万亿元。本报告分析入选的100家土木工程建设企业，虽然企业数量不足全国土木工程建设企业的0.09%，却实现本年新签合同额8.49万亿元，占土木工程建设企业2020年本年新签合同额的26.11%。

从这100家土木工程建设企业的本年新签合同额构成看，不同本年新签合同额水平企业的数量分布及其本年新签合同额占入选企业本年新签合同额总和的比重情况，如图2-6所示。

由图2-6可以看出，本年新签合同额超过3000亿元的土木工程建设企业有7家，占入选企业总数的7%，但其本年新签合同额占到了入选企业的37.19%；超过1000亿元的企业有19家，占入选企业的19%，其本年新签合同额占入选企业的64.79%；

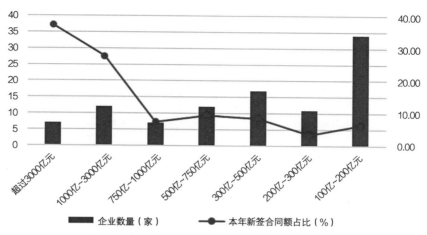

图2-6 不同本年新签合同额水平的企业数量分布及其本年新签合同额占比

超过750亿元的企业有26家，占入选企业的26%，其本年新签合同额占入选企业的72.16%。由此可见，从本年新签合同额角度分析，2020年土木工程建设企业的集中度格外明显。

2.4 土木工程建设企业盈利能力分析

2.4.1 土木工程建设企业利润总额分析

本报告从入选的200家土木工程建设企业中，选取提供了利润总额数据且利润总额排在前100家的企业进行分析，具体入选企业名单如表2-6所列。

2020年利润总额位列前100名的土木工程建设企业   表2-6

序号	企业名称	利润总额（亿元）	序号	企业名称	利润总额（亿元）
1	中国建筑第八工程局有限公司	106.88	6	中国化学工程股份有限公司	45.44
2	中国建筑第三工程局有限公司	93.94	7	上海建工集团股份有限公司	44.14
3	南通四建集团有限公司	60.61	8	云南建设投资控股集团有限公司	40.74
4	江苏南通二建集团有限公司	54.02	9	中国建筑第五工程局有限公司	38.48
5	北京城建集团有限责任公司	48.35	10	四川公路桥梁建设集团有限公司	36.70

序号	企业名称	利润总额（亿元）	序号	企业名称	利润总额（亿元）
11	中国建筑一局（集团）有限公司	34.01	42	浙江交工集团股份有限公司	13.53
12	中天控股集团有限公司	31.78	43	江河创建集团股份有限公司	12.94
13	中国建筑第二工程局有限公司	30.44	44	中交第二航务工程局有限公司	12.53
14	陕西建工控股集团有限公司	30.33	45	北京住总集团有限责任公司	12.27
15	上海隧道工程股份有限公司	27.92	46	中铁建设集团有限公司	11.68
16	苏州金螳螂企业（集团）有限公司	27.25	47	福建建工集团有限责任公司	11.55
17	中交第四航务工程局有限公司	26.65	48	中国电建集团海外投资有限公司	11.50
18	江苏中南建筑产业集团有限责任公司	26.04	49	中建西部建设股份有限公司	11.50
19	北京建工集团有限责任公司	25.37	50	龙元建设集团股份有限公司	11.23
20	中国建筑第七工程局有限公司	24.82	51	南通三建控股有限公司	11.22
21	江苏省苏中建设集团股份有限公司	24.39	52	山西路桥建设集团有限公司	10.87
22	山西建设投资集团有限公司	23.29	53	广州市建筑集团有限公司	10.71
23	江苏省华建建设股份有限公司	22.44	54	上海宝冶集团有限公司	10.59
24	中铁四局集团有限公司	22.40	55	中国十七冶集团有限公司	10.13
25	中国核工业建设股份有限公司	21.71	56	龙信建设集团有限公司	9.48
26	宝业集团股份有限公司	20.77	57	河北建设集团股份有限公司	9.36
27	中交第四公路工程局有限公司	20.50	58	中如建工集团有限公司	9.15
28	中交路桥建设有限公司	20.43	59	中冶建工集团有限公司	9.01
29	广东省建筑工程集团有限公司	20.36	60	中国建筑第四工程局有限公司	9.00
30	中交一公局集团有限公司	19.76	61	中建丝路建设投资有限公司	8.89
31	青建集团股份有限公司	19.32	62	中国一冶集团有限公司	8.52
32	中电建路桥集团有限公司	18.59	63	成都建工集团有限公司	8.08
33	山东高速路桥集团股份有限公司	18.17	64	江西省建工集团有限责任公司	8.06
34	中交第二公路工程局有限公司	18.14	65	中建海峡建设发展有限公司	7.71
35	安徽建工集团股份有限公司	17.26	66	中建安装集团有限公司	7.58
36	湖南建工集团有限公司	16.92	67	中国水利水电第十四工程局有限公司	6.95
37	中国五冶集团有限公司	16.26	68	中亿丰建设集团股份有限公司	6.62
38	山东省路桥集团有限公司	15.55	69	中铁五局集团有限公司	6.57
39	中建新疆建工（集团）有限公司	15.53	70	宏润建设集团股份有限公司	6.28
40	中交第一航务工程局有限公司	14.72	71	中国水利水电第十一工程局有限公司	6.27
41	华新建工集团有限公司	14.12	72	中国建设基础设施有限公司	6.26

序号	企业名称	利润总额（亿元）	序号	企业名称	利润总额（亿元）
73	江苏邗建集团有限公司	6.09	87	南通五建控股集团有限公司	4.17
74	中国电建集团铁路建设投资集团有限公司	6.02	88	中国电建集团昆明勘测设计研究院有限公司	4.17
75	中国水利水电第七工程局有限公司	6.01	89	湖南路桥建设集团股份有限公司	4.09
76	河南省路桥建设集团有限公司	5.51	90	中国电建集团西北勘测设计研究院有限公司	4.02
77	中电建生态环境集团有限公司	5.23	91	中国二冶集团有限公司	3.95
78	中铁隧道局集团有限公司	5.13	92	湖南省第六工程有限公司	3.89
79	黑龙江省建设投资集团有限公司	5.05	93	江苏省建工集团有限公司	3.82
80	武汉市市政建设集团有限公司	5.03	94	中国建筑第六工程局有限公司	3.70
81	中交天津航道局有限公司	5.00	95	苏华建设集团有限公司	3.64
82	中建科工集团有限公司	4.90	96	山西省工业设备安装集团有限公司	3.58
83	中国电建市政建设集团有限公司	4.89	97	烟建集团有限公司	3.52
84	重庆建工投资控股有限责任公司	4.73	98	广东水电二局股份有限公司	3.46
85	中恒建设集团有限公司	4.47	99	天津市建工集团（控股）有限公司	3.43
86	中国电建集团国际工程有限公司	4.20	100	宁波建工股份有限公司	3.42

2020年，我国土木工程建设企业实现利润总额为8448亿元。本报告分析入选的100家土木工程建设企业，虽然企业数量不足土木工程建设企业的0.09%，却实现利润总额1675.71亿元，占土木工程建设企业2020年实现利润总额的19.84%。

从这100家土木工程建设企业实现利润总额构成看，不同利润总额水平企业的数量分布及其利润总额占入选企业利润总额总和的比重情况，如图2-7所示。

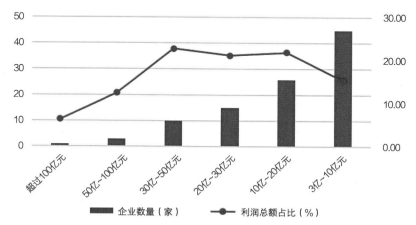

图2-7　不同利润总额水平的企业数量分布及其利润总额占比

由图2-7可以看出，利润总额超过100亿元的土木工程建设企业有1家，仅占入选企业总数的1%，但其利润总额占到了入选企业的6.38%；超过50亿元的企业有4家，占入选企业的4%，其利润总额占入选企业的18.82%；超过30亿元的企业有14家，占入选企业的14%，其利润总额占入选企业的41.53%。由此可见，从实现利润角度分析，2020年土木工程建设企业的集中度也比较明显。

2.4.2　土木工程建设企业净利润分析

本报告分析入选的200家土木工程建设企业共实现净利润2059.80亿元。其中，1家企业出现了近20亿元的亏损，拉低了入选企业净利润的总额。

从200家土木工程建设企业净利润的构成看，不同净利润水平企业的数量分布及其净利润占入选企业净利润总和的比重情况，如图2-8所示。

由图2-8可以看出，净利润总额超过100亿元的土木工程建设企业有2家，仅占入选企业总数的1%，但其净利润占到了入选企业的15.20%；超过50亿元的土木工程建设企业有5家，仅占入选企业总数的2.5%，但其净利润占到了入选企业的27.07%；超过30亿元的企业有12家，占入选企业的6%，其净利润占入选企业的40.15%。由此可见，从实现净利润角度分析，2020年土木工程建设企业的集中度也比较明显。

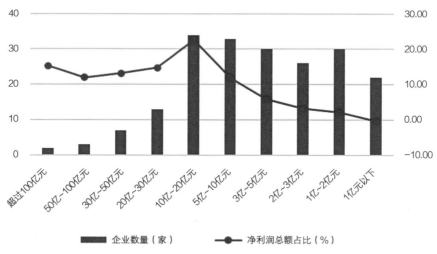

图2-8　不同净利润水平的企业数量分布及其净利润占比

在200家土木工程建设企业中，2020年净利润位列前100名的土木工程建设企业如表2-7所示。

2020年净利润位列前100名的土木工程建设企业　　　　　表2-7

序号	企业名称	净利润（亿元）	序号	企业名称	净利润（亿元）
1	龙光交通集团有限公司	160.09	30	中交第四公路工程局有限公司	17.65
2	太平洋建设集团	153.05	31	中交路桥建设有限公司	17.38
3	中国建筑第八工程局有限公司	85.21	32	陕西建工控股集团有限公司	16.47
4	旭辉控股（集团）有限公司	80.32	33	中交第二公路工程局有限公司	15.75
5	中国建筑第三工程局有限公司	78.88	34	青建集团股份有限公司	15.72
6	南通三建控股有限公司	48.39	35	山西建设投资集团有限公司	14.66
7	南通四建集团有限公司	45.00	36	通州建总集团有限公司	14.60
8	江苏南通二建集团有限公司	40.44	37	中电建路桥集团有限公司	14.46
9	中国化学工程股份有限公司	36.59	38	湖南建工集团有限公司	14.02
10	中国建筑第五工程局有限公司	34.08	39	湖北省交通投资集团有限公司	13.76
11	上海建工集团股份有限公司	33.51	40	中国核工业建设股份有限公司	13.60
12	四川公路桥梁建设集团有限公司	31.46	41	山东高速路桥集团股份有限公司	13.39
13	中国建筑一局（集团）有限公司	27.61	42	江苏省华建建设股份有限公司	13.33
14	天元建设集团有限公司	26.45	43	中交一公局集团有限公司	13.01
15	云南建设投资控股集团有限公司	25.53	44	中建新疆建工（集团）有限公司	12.94
16	北京城建集团有限责任公司	25.21	45	中国五冶集团有限公司	12.94
17	中国建筑第二工程局有限公司	23.50	46	龙信建设集团有限公司	12.91
18	中交第四航务工程局有限公司	22.97	47	山东科达集团有限公司	12.70
19	上海隧道工程股份有限公司	22.67	48	中交第一航务工程局有限公司	12.42
20	中天控股集团有限公司	22.15	49	广东省建筑工程集团有限公司	12.32
21	成都兴城投资交通有限公司	21.96	50	山东省路桥集团有限公司	12.15
22	融信（福建）投资集团有限公司	21.61	51	北京建工集团有限责任公司	11.95
23	广西北部湾投资集团有限公司	21.42	52	江苏南通六建建设集团有限公司	11.57
24	中国建筑第七工程局有限公司	20.53	53	浙江省建设投资集团有限公司	10.84
25	帝海投资控股集团有限公司	20.06	54	山西路桥建设集团有限公司	10.64
26	江苏中南建筑产业集团有限责任公司	19.53	55	华新建工集团有限公司	10.59
27	江苏省苏中建设集团股份有限公司	18.45	56	中铁建设集团有限公司	10.45
28	中铁四局集团有限公司	18.37	57	中交第二航务工程局有限公司	10.37
29	路通建设集团股份有限公司	18.27	58	北京住总集团有限责任公司	10.04

序号	企业名称	净利润（亿元）	序号	企业名称	净利润（亿元）
59	中国电建集团海外投资有限公司	10.03	80	中如建工集团有限公司	6.87
60	浙江交工集团股份有限公司	9.86	81	江苏省金陵建工集团有限公司	6.72
61	上海宝冶集团有限公司	9.68	82	中建丝路建设投资有限公司	6.50
62	江河创建集团股份有限公司	9.48	83	山河控股集团有限公司	6.44
63	中建西部建设股份有限公司	9.46	84	中建海峡建设发展有限公司	6.10
64	中国十七冶集团有限公司	9.13	85	中铁五局集团有限公司	6.10
65	四川华西集团有限公司	8.97	86	腾达建设集团股份有限公司	6.07
66	广厦控股集团有限公司	8.77	87	苏州金螳螂企业（集团）有限公司	5.64
67	浙江中成控股集团有限公司	8.77	88	中国水利水电第七工程局有限公司	5.46
68	广州市建筑集团有限公司	8.75	89	中国水利水电第十一工程局有限公司	5.46
69	江西省交通工程集团建设有限公司	8.60	90	中建安装集团有限公司	5.38
70	宝业集团股份有限公司	8.32	91	中国电建集团铁路建设投资集团有限公司	5.30
71	江苏邗建集团有限公司	8.24	92	中国水利水电第十四工程局有限公司	5.22
72	上海城建（集团）公司	8.18	93	云南省交通投资建设集团有限公司	4.96
73	龙元建设集团股份有限公司	8.09	94	中亿丰建设集团股份有限公司	4.92
74	中冶建工集团有限公司	7.75	95	中国建设基础设施有限公司	4.91
75	河北建设集团股份有限公司	7.60	96	浙江舜江建设集团有限公司	4.91
76	甘肃省建设投资（控股）有限公司	7.30	97	荣华建设集团有限公司	4.84
77	中国建筑第四工程局有限公司	7.25	98	中电建生态环境集团有限公司	4.64
78	中国一冶集团有限公司	7.17	99	中交天津航道局有限公司	4.54
79	成都建工集团有限公司	7.01	100	武汉市市政建设集团有限公司	4.49

2.5 土木工程建设企业综合实力分析

2.5.1 综合实力分析模型

2.5.1.1 工程建设100强企业评价指标的确定

经过专家讨论，确立中国土木工程建设企业综合评价指标包含营业收入、净利润和资产总额3项指标，3项评价指标的权重分别为0.5、0.4和0.1。

（1）营业收入。指土木工程建设企业全年生产经营活动中通过销售或提供工程建设以及让渡资产取得的收入。营业收入分为主营业务收入和其他业务收入，各企业填报的营业收入数据以企业会计"利润表"中的"主营业务收入"的本年累计数与"其他业务收入"的本年累计数之和为填报依据。

（2）净利润。指土木工程建设企业当期利润总额减去所得税后的金额，即企业的税后利润。所得税是指企业将实现的利润总额按照所得税法规定的标准向国家计算缴纳的税金。各企业填报的净利润以企业会计"利润表"中的对应指标的本期累计数为填报依据。

（3）资产总额。指土木工程建设企业拥有或控制的能以货币计量的经济资源，包括各种财产、债权和其他权利。资产按其变现能力和支付能力划分为：流动资产、长期投资、固定资产、无形资产、递延资产和其他资产。各企业填报的资产总额以企业会计"资产负债表"中"资产总计"项的期末数为填报依据。

2.5.1.2　综合实力分析模型计算方法

课题组根据专家意见，并参考了国际国内著名企业排序计算方法，包括"美国《财富》世界500强""福布斯全球企业2000强""ENR国际承包商250强""ENR全球承包商250强""中国企业500强"等，提出了本发展报告的综合实力分析模型。

综合实力分析模型计算公式如下：

$$S_i = \sum_j S_i^j = S_i^{\text{income}} + S_i^{\text{profit}} + S_i^{\text{assets}}$$

$$S_i^j = w_j \times (R_{\text{total}}^j - R_i^j + 1) / R_{\text{total}}^j \times 100$$

式中　i ——表示第 i 家企业；

j ——表示第 j 项指标，分别对应于营业收入（用income表示）、净利润（用profit表示）和资产总额（用assets表示）3项指标；

S_i ——表示企业 i 的综合实力评价得分；

w_j ——表示指标 j 的权重；

S_i^j ——表示第 i 家企业在第 j 项指标的评价得分；

R_{total}^j ——表示第 j 项指标排序企业数；

R_i^j ——表示 i 企业在第 j 项指标上的排名。

2.5.2 土木工程建设企业综合实力排序

按照上述计算方法，可以计算得到200家土木工程建设企业的综合实力排序结果。其中，前100家的排序情况如表2-8所示，第101～200家的排序情况参见附表2-2。

2020年土木工程建设企业综合实力排序表（1～100）　　　表2-8

名次	企业名称	营业收入加权得分	利润总额加权得分	资产总额加权得分	综合实力得分
1	太平洋建设集团	50.00	39.80	9.50	99.30
2	中国建筑第八工程局有限公司	49.50	39.60	9.35	98.45
3	中国建筑第三工程局有限公司	49.75	39.20	9.45	98.40
4	上海建工集团股份有限公司	49.25	38.00	9.55	96.80
5	云南建设投资控股集团有限公司	48.25	37.20	9.95	95.40
6	中国建筑第五工程局有限公司	48.00	38.20	9.00	95.20
7	龙光交通集团有限公司	45.25	40.00	9.80	95.05
8	南通三建控股有限公司	48.75	39.00	7.00	94.75
9	中国化学工程股份有限公司	47.00	38.40	8.75	94.15
10	中国建筑第二工程局有限公司	48.50	36.80	8.70	94.00
11	北京城建集团有限责任公司	47.25	37.00	9.65	93.90
12	中国建筑一局（集团）有限公司	47.50	37.60	7.90	93.00
13	旭辉控股（集团）有限公司	42.25	39.40	9.70	91.35
14	中天控股集团有限公司	45.75	36.20	9.10	91.05
15	陕西建工控股集团有限公司	47.75	33.80	9.40	90.95
16	中国建筑第七工程局有限公司	46.00	35.40	8.20	89.60
17	成都兴城投资交通有限公司	43.25	36.00	10.00	89.25
18	江苏南通二建集团有限公司	44.50	38.60	5.80	88.90
19	南通四建集团有限公司	43.75	38.80	5.75	88.30
20	中铁四局集团有限公司	45.50	34.60	8.15	88.25
21	中交一公局集团有限公司	46.75	31.60	9.15	87.50
22	天元建设集团有限公司	39.25	37.40	9.75	86.40
23	山西建设投资集团有限公司	44.25	33.20	8.85	86.30
24	四川公路桥梁建设集团有限公司	39.50	37.80	8.55	85.85
25	北京建工集团有限责任公司	46.25	30.00	9.20	85.45

名次	企业名称	营业收入加权得分	利润总额加权得分	资产总额加权得分	综合实力得分
26	湖南建工集团有限公司	45.00	32.60	7.55	85.15
27	广州市建筑集团有限公司	49.00	26.60	9.05	84.65
28	中国核工业建设股份有限公司	43.00	32.20	8.95	84.15
29	上海隧道工程股份有限公司	38.00	36.40	8.60	83.00
30	广西北部湾投资集团有限公司	37.50	35.60	9.30	82.40
31	浙江省建设投资集团有限公司	44.00	29.60	8.10	81.70
32	江苏中南建筑产业集团有限责任公司	38.50	35.00	7.85	81.35
33	融信（福建）投资集团有限公司	36.25	35.80	9.25	81.30
34	中交第二航务工程局有限公司	43.50	28.80	8.45	80.75
35	江苏省苏中建设集团股份有限公司	40.25	34.80	5.20	80.25
36	青建集团股份公司	40.50	33.40	6.35	80.25
37	广东省建筑工程集团有限公司	41.50	30.40	8.25	80.15
38	中铁建设集团有限公司	42.50	29.00	7.70	79.20
39	中交第二公路工程局有限公司	37.75	33.60	7.25	78.60
40	帝海投资控股集团有限公司	36.50	35.20	6.75	78.45
41	中国建筑第四工程局有限公司	44.75	24.80	8.50	78.05
42	云南省交通投资建设集团有限公司	46.50	21.60	9.90	78.00
43	中交第四公路工程局有限公司	34.25	34.20	7.45	75.90
44	四川华西集团有限公司	41.00	27.20	7.65	75.85
45	上海城建（集团）公司	40.75	25.80	8.90	75.45
46	中交第四航务工程局有限公司	31.25	36.60	7.30	75.15
47	甘肃省建设投资（控股）有限公司	41.75	25.00	8.30	75.05
48	中国五冶集团有限公司	38.25	31.20	5.60	75.05
49	广厦控股集团有限公司	41.25	27.00	6.40	74.65
50	中交路桥建设有限公司	33.00	34.00	6.90	73.90
51	中交第一航务工程局有限公司	34.50	30.60	7.95	73.05
52	湖北省交通投资集团有限公司	29.75	32.40	9.85	72.00
53	上海宝冶集团有限公司	37.25	28.00	6.30	71.55
54	北京住总集团有限责任公司	33.75	28.60	8.80	71.15
55	中电建路桥集团有限公司	30.75	32.80	7.60	71.15
56	龙信建设集团有限公司	37.00	31.00	3.15	71.15

名次	企业名称	营业收入加权得分	利润总额加权得分	资产总额加权得分	综合实力得分
57	江苏省华建建设股份有限公司	35.00	31.80	3.95	70.75
58	通州建总集团有限公司	35.75	33.00	1.30	70.05
59	中铁五局集团有限公司	39.75	23.40	6.60	69.75
60	江苏南通六建设集团有限公司	36.75	29.80	3.20	69.75
61	中建新疆建工（集团）有限公司	31.75	31.40	6.45	69.60
62	山东高速路桥集团股份有限公司	30.25	32.00	6.85	69.10
63	安徽建工集团股份有限公司	40.00	18.60	8.65	67.25
64	山东科达集团有限公司	32.50	30.80	3.30	66.60
65	浙江中成控股集团有限公司	34.75	26.80	3.85	65.40
66	河北建设集团股份有限公司	32.25	25.20	7.20	64.65
67	山东省路桥集团有限公司	27.75	30.20	6.00	63.95
68	浙江交工集团股份有限公司	30.00	28.20	5.70	63.90
69	江西省建工集团有限责任公司	36.00	20.00	7.40	63.40
70	江西省交通工程集团建设有限公司	27.25	26.40	9.60	63.25
71	山西路桥建设集团有限公司	23.25	29.40	8.35	61.00
72	中铁隧道局集团有限公司	35.25	19.80	5.95	61.00
73	新疆生产建设兵团建筑工程（集团）有限责任公司	33.50	19.40	7.35	60.25
74	中国十七冶集团有限公司	28.25	27.40	4.25	59.90
75	中国建筑第六工程局有限公司	34.00	18.00	6.95	58.95
76	苏州金螳螂企业（集团）有限公司	29.50	22.80	6.65	58.95
77	山河控股集团有限公司	31.50	23.60	3.25	58.35
78	中国水利水电第七工程局有限公司	29.25	22.60	6.20	58.05
79	中铁建工集团有限公司	42.00	7.60	8.40	58.00
80	宝业集团股份有限公司	25.50	26.20	6.10	57.80
81	中铁十六局集团有限公司	39.00	11.60	7.10	57.70
82	中铁二局集团有限公司	42.75	6.40	8.00	57.15
83	中建海峡建设发展有限公司	29.00	23.20	4.65	56.85
84	江苏邗建集团有限公司	25.75	26.00	4.60	56.35
85	中国一冶集团有限公司	26.50	24.60	5.05	56.15
86	中建西部建设股份有限公司	23.75	27.60	4.80	56.15
87	重庆建工投资控股有限责任公司	38.75	9.40	7.80	55.95

名次	企业名称	营业收入加权得分	利润总额加权得分	资产总额加权得分	综合实力得分
88	中交第三航务工程局有限公司	33.25	14.40	7.50	55.15
89	华新建工集团有限公司	22.75	29.20	3.10	55.05
90	中国电建集团国际工程有限公司	32.00	16.40	5.90	54.30
91	腾达建设集团股份有限公司	27.50	23.00	3.60	54.10
92	江河创建集团股份有限公司	20.50	27.80	5.45	53.75
93	龙元建设集团股份有限公司	20.25	25.60	7.15	53.00
94	中国水利水电第十四工程局有限公司	24.00	21.80	7.05	52.85
95	浙江宝业建设集团有限公司	31.00	19.00	2.50	52.50
96	路通建设集团股份有限公司	15.00	34.40	2.85	52.25
97	中国水利水电第十一工程局有限公司	24.25	22.40	5.15	51.80
98	中冶建工集团有限公司	22.00	25.40	4.10	51.50
99	浙江东南网架股份有限公司	28.75	17.20	5.40	51.35
100	成都建工集团有限公司	20.00	24.40	6.55	50.95

3.1 进入国际承包商250强的土木工程建设企业

国际承包商250强是由美国《工程新闻记录》（ENR）杂志按年度发布的系列榜单之一。《工程新闻记录》（ENR）杂志主要关注建筑工程领域，其发布的国际承包商250强，依据各国承包商在本土以外的海外工程业务总收入进行排名，重在体现企业的国际业务拓展实力，是国际工程界公认的一项权威排名。

3.1.1 进入国际承包商250强的总体情况

近5年来，进入国际承包商250强的中国内地土木工程建设企业的数量及其海外市场份额情况如表3-1所示。5年中，共有99家中国内地土木工程建设企业进入国际承包商250强，其中5年连续入榜的企业52家，入榜4、3、2、1次的企业分别为8、11、9、19家。

进入国际承包商250强的中国内地土木工程建设企业的数量及其海外市场份额情况　表3-1

榜单年份	上榜企业数量	前10强企业数量	前50强企业数量	前100强企业数量	上年度海外市场营业收入合计（亿美元）	上年度海外市场营业收入合计占250强比重（%）
2017	65	2	9	22	987.2	21.09
2018	69	3	10	25	1141.0	23.7
2019	76	3	10	27	1189.7	24.4
2020	74	3	10	25	1200.1	25.4
2021	78	3	9	27	1074.6	25.6

2021年进入国际承包商250强的中国内地土木工程建设企业的名次变化及海外市场收入如附表3-1所示。2021年，进入国际承包商250强的中国内地企业共有78家，数量较上一年度增加4家，上榜企业数量继续蝉联各国榜首。78家中国内地企业2020年共实现海外市场营业收入1074.6亿美元，同比下降8.9%，收入合计占国际承包商250强海外市场总营收的25.6%，较上年提升0.2个百分点。

从这78家内地企业的排名分布来看，进入前10强的有3家，分别是中国交通建设集团有限公司（第4位）、中国电力建设集团有限公司（第7位）和中国建筑股份有限公司（第9位）。进入前50强的有9家企业，比上年度减少1家；进入百强的有27家企业，比上年度增加2家；从排名变化情况来看，74家企业中，本年度新入榜企业8家，排名上升的有37家，排名保持不变的有2家。排名升幅最大的是前进49位达到第105位的北京城建集团。

3.1.2 进入国际承包商业务领域10强榜单情况

近5年来，中国内地土木工程建设企业在九大业务领域10强榜单中占有一定的席位。具体如表3-2所列。

九大业务领域10强榜单中的中国内地土木工程建设企业 表3-2

业务领域	企业名称	2016	2017	2018	2019	2020
交通运输	中国交通建设集团有限公司	1	1	1	1	1
	中国铁路工程集团有限公司				10	8
	中国铁道建筑有限公司		10		8	9
	中国建筑集团有限公司		7	8		
房屋建筑	中国建筑集团有限公司	3	3	3	3	3
	中国交通建设集团有限公司					9
石油化工	中国石油工程建设（集团）公司		6	9	5	4
	中国化学工程集团有限公司					5
电力	中国电力建设集团有限公司	1	1	1	1	1
	中国能源建设集团有限公司	2	2	3	3	3
	中国机械工业集团公司	7	5	5	5	5
	上海电气集团股份有限公司					6
	中国中原对外工程有限公司		10	9	6	7
	哈尔滨电气国际工程有限公司	8	8			
工业	中国冶金科工集团有限公司	2	3	3	2	5
	中国化学工程集团有限公司		5	5	6	
	中国有色金属建设股份有限公司				10	
	中钢设备有限公司			9		
	中国机械工业集团公司		10			
制造业	中国中材国际工程股份有限公司			3	1	2
	中国交通建设集团有限公司	1	1	1		

业务领域	企业名称	2016	2017	2018	2019	2020
水利	中国电力建设集团有限公司	3	4	4	3	5
	中国能源建设集团有限公司			7	10	7
	中国交通建设集团有限公司	6	7	9	6	
	中国机械工业集团公司	9	6	6		
电信	中国通用技术（集团）控股有限责任公司				6	
	浙江省建设投资集团有限公司	4				
排水／废弃物处理	中国交通建设集团有限公司				3	4
	中国能源建设集团有限公司	8		5		7
	中国武夷实业股份有限公司				8	
	中国电力建设集团	7				
	中国地质工程集团公司		9			

2020年，中国内地土木工程建设企业在交通运输领域10强榜单中占据了3个席位，中国交通建设集团有限公司仍稳居榜首，中国铁路工程集团有限公司、中国铁道建筑有限公司分列第8、9位；在房屋建筑领域，中国建筑集团有限公司继续保持第3的位次，中国交通建设集团有限公司排名第9位；在石油化工领域，中国石油工程建设（集团）公司前进1位，位列第4，中国化学工程集团有限公司闯进10强，排在第5位；在电力领域，中国内地土木工程建设企业表现强势，占据了10强的半壁江山，中国电力建设集团有限公司继续稳居榜首，中国能源建设集团有限公司、中国机械工业集团公司、上海电气集团股份有限公司、中国中原对外工程有限公司分列第3、5、6、7位；在工业领域，中国冶金科工集团有限公司位次下滑，由第2位降至第5位；在制造业领域，中国中材国际工程股份有限公司排在第2位；在水利领域，中国电力建设集团有限公司由第3位降至第5位，中国能源建设集团有限公司由第10位升至第7位；在排水/废弃物处理领域，中国交通建设集团有限公司由第3位降至第4位，中国能源建设集团有限公司重回10强榜单，排在第7位；在电信领域，中国内地土木工程建设企业未进入10强榜单。

3.1.3 区域市场分析

3.1.3.1 区域市场10强中的中国内地土木工程建设企业分析

在八大区域性市场10强中，中国内地企业在欧洲及美加地区市场中影响力很低，而在其他五大区域性市场中则具有一定实力，在亚洲、非洲和中东地区表现尤为突出。具体如表3-3所列。

区域市场10强榜单中的中国内地土木工程建设企业　　　　表3-3

区域市场	企业名称	2016	2017	2018	2019	2020
亚洲	中国交通建设集团有限公司	1	1	1	1	1
	中国电力建设集团有限公司	7	5	5	5	3
	中国建筑集团有限公司	4	4	4	4	4
	中国铁路工程集团				8	5
	中国中原工程公司					10
美国	中国电力建设集团有限公司	7				
中东地区	中国电力建设集团有限公司	10	6	6	6	2
	中国建筑集团有限公司			10	7	5
	中国铁道建筑有限公司					6
	中国能源建设集团有限公司		9		8	8
	上海电气集团有限公司					9
非洲地区	中国交通建设集团有限公司	1	1	1	1	1
	中国电力建设集团有限公司	2	4	2	2	2
	中国铁路工程集团有限公司	4	5	4	3	3
	中国铁道建筑有限公司	3	2	3	4	4
	中国建筑集团有限公司	5	3	5	5	7
	中国江西国际经济合作有限公司					10
	中国机械工业集团公司		10	8	8	
	中国中材国际工程股份有限公司			9		
拉丁美洲／加勒比	中国交通建设集团有限公司		6	7	2	3
	中国铁道建筑有限公司				6	7
	中国电力建设集团有限公司			8	9	9
	中国机械工业集团公司	6	7			
	中国能源建设集团有限公司		10			
澳洲	中国交通建设集团有限公司					7

2020年，在亚洲市场中，中国内地土木工程建设企业表现抢眼，占据了半边天下，中国交通建设集团有限公司仍排在榜首，中国电力建设集团有限公司、中国建筑集团有限公司、中国铁路工程集团分别排在第3、4、5位，中国中原工程公司新入榜，排在第10位；在中东地区，中国内地土木工程建设企业也占据了5个席位，中国

电力建设集团有限公司由第6位升至第2位，中国建筑集团有限公司由第7位升至第5位，中国能源建设集团有限公司保持在第8位，中国铁道建筑有限公司、中国能源建设集团有限公司新进入10强榜单，分别排在第6、9位；在非洲地区，中国内地土木工程建设企业竞争实力强劲并保持良好，前4强全部为内地企业，分别为中国交通建设集团有限公司、中国电力建设集团有限公司、中国铁路工程集团有限公司、中国铁道建筑有限公司，中国建筑集团有限公司位次由第5位下降至第7位，中国江西国际经济合作有限公司新进入10强榜单，排在第10位；在拉丁美洲/加勒比地区，中国内地土木工程建设企业有所退步，中国交通建设集团有限公司由第2位降至第3位，中国铁道建筑有限公司由第6位降至第7位，而中国电力建设集团则从上年的第9位退出了10强榜单；2020年，中国交通建设集团有限公司进入了澳洲市场10强榜单，排在第7位。

3.1.3.2　区域市场构成分析

近5年，国际承包商250强中的中国内地土木工程建设企业在区域性市场营业收入合计占进入榜单的中国内地企业海外市场收入总和的比重如表3-4所示。

近5年国际承包商250强中的中国内地工程建设企业总收入的市场构成（%）　表3-4

年份	区域市场						
	中东	亚洲/澳洲	非洲	欧洲	美国	加拿大	拉丁美洲/加勒比地区
2016	13.6	38.8	35.0	2.8	2.0	0.1	7.8
2017	14.4	42.2	32.7	2.6	1.7	0.3	6.1
2018	14.4	43.7	30.7	3.6	1.4	0.1	6.1
2019	14.6	45.2	28.5	4.1	1.9	0.2	5.3
2020	17.6	42.5	27.4	6.8	1.3	0.2	4.3

由表3-4可以看出，在中国内地土木工程建设企业实现的海外市场营业收入中，亚洲/澳洲地区、非洲地区是贡献占比最大的区域，这与中国内地工程建设企业一直深耕这两大区域市场密切相关，而其他区域性市场的营业收入则增减互见，尚未形成明确的发展态势。

3.1.4　近5年国际承包商10强分析

近5年，国际承包商10强榜单中的企业及其排名变化情况如表3-5所示。

近5年国际承包商10强榜单中的企业及其排名变化情况 表3-5

公司名称	2017	2018	2019	2020	2021
西班牙ACS集团ACS	1	1	1	1	1
德国霍克蒂夫公司HOCHTIEFAG	2	2	2	2	2
法国万喜公司VINCI	4	4	4	3	3
中国交通建设集团有限公司	3	3	3	4	4
法国布依格公司BOUYGUES	6	7	6	5	5
奥地利斯特伯格公司STRABAGSE	9	5	5	6	6
中国电力建设集团有限公司	10	10	7	7	7
瑞典斯堪斯卡公司SKANSKAAB	8	9	8	9	8
中国建筑集团有限公司	11	8	9	8	9
西班牙法罗里奥集团公司FERROVIAL	13	11	10	11	10
英国德希尼布美信达公司TECHNIPFMC	7	6	11	10	—
美国柏克德集团公司BECHTEL	5	12	13	16	24

注："一"表示相应年度未入选。

国际承包商10强是角逐国际工程承包市场的第一梯队，排名近年来越来越稳定，2021年10强中的前7强排名更是毫无变化，但作为第一层级的企业，他们的变化能够冲击国际工程承包市场的竞争格局。例如2021年初，德希尼布美信达公司宣布拆分，过去一直排名在10强之内的该公司今年从榜单中消失了。10强名次的变化也成为少数顶尖企业的内部竞争，但同时一旦被其他企业甩开距离，再进行追赶则非常困难，例如美国柏克德集团公司2018年排名滑出10强后，在国际承包商250强中排名不断下降。

3.2 进入全球承包商250强的土木工程建设企业

全球承包商250强也是由美国《工程新闻记录》（ENR）杂志按年度发布的系列榜单之一。全球承包商250强，以各国承包商的全球营业总收入为排名依据，重在体现企业的综合实力，是国际工程界公认的一项权威排名。

3.2.1 进入全球承包商250强的总体情况

近5年来，进入全球承包商250强的中国内地土木工程建设企业的数量及其营业收入等指标的情况如表3-6所示。5年中，共有80家中国内地土木工程建设企业进入全球承包商250强，其中5年连续入榜的企业51家，入榜4、3、2、1次的企业分别为8、19、8、13家。

进入全球承包商250强的中国内地土木工程建设企业的数量及其营业收入情况　　表3-6

榜单年份	上榜企业数量	前10强企业数量	上年营业收入合计（亿美元）	上年营业收入合计占250强比重（%）	上年国际营业收入合计（亿美元）	上年国际营业收入合计占250强比重（%）	上年新签合同额合计（亿美元）	上年新签合同额合计占250强比重（%）
2017	49	7	6918.68	46.32		20.65		63.22
2018	54	7	7897.05	48.29	1082.53	23.36	15188.28	65.35
2019	57	7	8834.33	50.20	1124.67	24.23	16655.80	65.22
2020	58	7	10151.80	53.55	1123.79	22.68	19043.87	69.07
2021	59	8	11386.71	58.06	1017.51	25.24	23117.88	75.99

2020年进入全球承包商的中国内地土木工程建设企业的情况如附表3-2所示。

3.2.2　业务领域分布情况分析

近5年上榜全球承包商250强的中国内地土木工程建设企业的业务领域分布情况如表3-7所示。

全球承包商250强中的中国内地土木工程建设企业业务领域分布情况　　表3-7

年份	指标	房屋建筑	交通基础设施	电力	石油化工/工业	水利	排水/废弃物	制造业	有害废弃物	电信
2016	营业收入（亿美元）	2654.35	2575.26	585.08	391.72	153.75	71.65	181.37	3.07	6.94
	占中国内地公司百分比（%）	38.36	37.22	8.46	5.66	2.22	1.04	2.62	0.04	0.10
	占250强同类业务百分比（%）	49.28	58.15	48.87	19.81	48.99	34.34	42.96	4.19	4.58
2017	营业收入（亿美元）	3008.08	2960.01	573.84	391.69	166.01	95.51	208.51	3.40	8.93
	占中国内地公司百分比（%）	38.09	37.48	7.27	4.96	2.10	1.21	2.64	0.04	0.11
	占250强同类业务百分比（%）	49.22	60.36	46.34	21.50	49.84	36.41	42.26	5.90	5.72

年份	指标	房屋建筑	交通基础设施	电力	石油化工/工业	水利	排水/废弃物	制造业	有害废弃物	电信
2018	营业收入（亿美元）	3329.11	3271.97	606.13	487.71	250.33	203.86	146.00	9.49	4.97
	占中国内地公司百分比（%）	37.68	37.04	6.86	5.52	2.83	2.31	1.65	0.11	0.06
	占250强同类业务百分比（%）	62.68	50.21	47.99	26.68	40.22	50.99	42.65	16.59	2.38
2019	营业收入（亿美元）	4207.96	3582.84	639.02	580.30	240.61	211.37	210.15	11.08	8.64
	占中国内地公司百分比（%）	41.45	35.29	6.29	5.71	2.37	2.08	2.07	0.11	0.09
	占250强同类业务百分比（%）	55.34	64.73	46.81	30.61	54.95	51.98	38.36	21.76	3.17
2020	营业收入（亿美元）	5312.31	3672.70	759.04	633.81	257.61	203.61	346.55	21.67	9.66
	占中国内地公司百分比（%）	46.65	32.25	6.67	5.57	2.26	1.79	3.04	0.19	0.08
	占250强同类业务百分比（%）	62.96	66.97	54.24	37.22	62.11	54.83	56.79	31.00	3.62

由表3-7数据可知，2020年中国内地上榜公司的营业收入主要来自房屋建筑、交通基础设施建设、电力这3个领域，三者营业收入合计占中国内地上榜公司营业收入总额的83.00%；从各业务领域的营业收入占250强同类业务营业收入比重看，交通基础设施、房屋建筑、水利、制造业、排水/废弃物、电力这6个领域占比超过50%。从主营业务看，主营业务为房屋建筑领域的公司有28家，以交通基础建设为主营业务的公司有13家，以电力和石油化工/工业为主营业务的公司分别有8家和7家。

3.2.3 近5年全球承包商10强分析

3.2.3.1 排名情况

近5年，全球承包商10强榜单中的企业及其排名情况如表3-8所示。

近5年全球承包商10强榜单中的企业及其排名变化情况 表3-8

公司名称	2017	2018	2019	2020	2021
中国建筑工程总公司	1	1	1	1	1
中国中铁股份有限公司	2	2	2	2	2
中国铁建股份有限公司	3	3	3	3	3
中国交通建设集团有限公司	4	4	4	4	4

公司名称	2017	2018	2019	2020	2021
中国电力建设集团有限公司	5	6	5	5	5
中国冶金科工集团公司	8	10	8	8	6
法国万喜公司VINCI	6	5	6	6	7
上海建工集团股份有限公司	9	9	9	9	8
绿地大基建集团有限公司	—	—	—	—	9
西班牙ACS集团ACS	7	7	7	7	10
法国布依格公司BOUYGUES	10	8	10	10	11

注："—"表示相应年度未入选。

从表3-8可以看出，2017年至2020年，进入全球承包商前10强的企业没有发生变化，中国内地企业占据了10强中的7席。2021年，由于绿地大基建集团有限公司的异军突起，将法国布依格公司挤出了10强，中国内地企业占据了10强中的8席，且前6名均为中国内地企业。

3.2.3.2　营业收入构成

表3-9给出了近5年全球承包商250强前10强营业收入业务领域的分布情况。全球承包商10强的主要业务分布在交通基础设施和房屋建筑这两个领域。交通基础设施在2017年营业收入占比达到最大，之后呈现下降趋势；2020年，房屋建筑领域营业收入和前4年相比有较大提升，较上一年度提升了10.9%，整体发展态势良好。

近5年全球承包商250强前10强的营业收入百分比（%）　表3-9

业务领域	2016	2017	2018	2019	2020	平均
交通基础设施	45.10	45.67	44.21	39.2	33.7	41.58
房屋建筑	34.48	33.11	33.63	33.5	37.6	34.46
电力	5.16	4.87	5.23	7.7	4.5	5.49
石油化工/工业	2.35	2.21	2.40	4.1	2.0	2.61
水利	1.98	1.83	2.13	2.5	1.9	2.07
制造业	2.17	2.05	2.33	1.9	1.8	2.05
排水/废弃物	0.50	0.63	1.02	1.9	0.7	0.99
电信	0.85	0.82	1.06	1.5	1.3	1.07
有害废物处理	0.20	0.20	0.15	0.4	0.2	0.23

3.3 进入财富世界500强的土木工程建设企业

美国《财富》杂志以销售收入为主要标准，采用当地货币与美元的全年平均汇率，将企业的销售收入统一换算为美元再进行最终500强企业评选。以这种方式对美国企业排序始于1955年并一直延续至今。1995年8月7日，《财富》杂志第一次发布了同时涵盖工业企业和服务型企业的《财富》世界500强排行榜，并在此后逐年发布各年度新的榜单，一直延续至今。

因入选财富世界500强的工程与建筑企业总量不多，本报告对所有入选的工程与建筑企业一并进行分析。

3.3.1 进入财富世界500强的土木工程建设企业的总体情况

从2006年的首次入选的3家到2021年的10家企业入选财富世界企业500强，中国土木工程建设企业数目增多，排名总体呈上升趋势，参见图3-1。

近5年土木工程建设企业入选财富世界500强的排名情况如表3-10所列。

从图3-1和表3-10可以看出，中国土木工程建设企业在财富世界500强排行榜中表现不俗，不但在入选工程与基建子榜单的企业数量上位居各国之首，而且排名的位次也非常靠前。近5年来，全球先后有14家工程与基建类企业入选财富世界500强，其中中国10家、法国2家、西班牙和日本各1家。中国土木工程建设企业一直稳

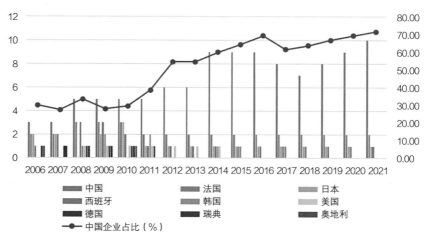

图3-1 2006年以来土木工程建设企业入选财富世界企业500强的情况

居财富世界500强工程与基建子榜单的前6位。从名次上看，中国建筑排名年年提升，连续两年进入前20强，2021年排在财富世界500强第13位；中国中铁、中国铁建在50多位的位置上徘徊几年后，2021年取得了较大突破，分别排在财富世界500强的第35、42位；中国交建进步明显，从2017年的103位上升到2021年的61位；中国电建上升幅度最为明显，从2017年的190位上升到2021年的107位；太平洋建设集团有限公司2021年排名跌幅较大，从75位跌到了149位；中国能建2021年遏制了排名连续下滑的势头，跃升52位排在第301位；上海建工2020年首次上榜后保持上升势头，跃升60位排在第363位；中国通用技术（集团）控股有限责任公司总体保持上升态势，排在第430位；广州市建首次上榜，排在第460位。相对于中国企业的显著进步，法国万喜、西班牙ACS集团、法国布伊格集团和日本大和房建排名小幅变化，万喜集团、ACS集团的排名，历年都在200开外，布伊格集团的排名在300上下徘徊，大和房建的排名，历年都在300开外。

近5年土木工程建设企业入选财富世界500强的排名情况　　表3-10

序号	入选企业名称	国别	2017	2018	2019	2020	2021
1	中国建筑集团有限公司	中国	24	23	21	18	13
2	中国铁路工程集团有限公司	中国	55	56	55	50	35
3	中国铁道建筑集团有限公司	中国	58	58	59	54	42
4	中国交通建设集团有限公司	中国	103	91	93	78	61
5	中国电力建设集团有限公司	中国	190	182	161	157	107
6	太平洋建设集团有限公司	中国	89	96	97	75	149
7	万喜集团（VINCI）	法国	227	226	206	195	214
8	西班牙ACS集团（ACS）	西班牙	281	284	272	274	295
9	法国布伊格集团（BOUYGUES）	法国	300	307	287	286	299
10	中国能源建设集团有限公司	中国	312	333	364	353	301
11	大和房建（DAIWAHOUSEINDUSTRY）	日本	330	342	327	311	306
12	上海建工集团股份有限公司	中国	—	—	—	423	363
13	中国通用技术（集团）控股有限责任公司	中国	490	—	485	477	430
14	广州市建筑集团有限公司	中国	—	—	—	—	460

3.3.2　进入财富世界500强的土木工程建设企业主要指标分析

为便于比较，选取近10年连续入选财富世界500强的9家土木工程建设企业进行分析。

3.3.2.1 营业收入情况

近10年连续入选财富世界500强的土木工程建设企业的营业收入情况如图3-2所示。从图3-2中可以看出，中国建筑、中国中铁、中国铁建、中国交建、中国电建5家中国公司，其营业收入都表现出较为强劲的增长势头；而法国万喜、法国布依格、西班牙ACS集团、日本大和房建4家外国公司，营业收入增长势头均比较低迷，且2020年全部出现下降。

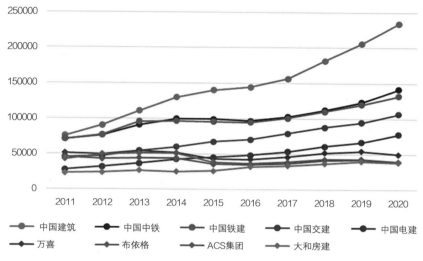

图3-2 近10年连续入选财富世界500强的土木工程建设企业的营业收入情况（百万美元）

3.3.2.2 实现利润情况

近10年连续入选财富世界500强的土木工程建设企业实现利润情况如图3-3所示。从图3-3中可以看出，法国万喜的利润总额一直保持领先状态，但2020年出现较大下滑，被中国建筑反超；中国建筑的利润水平10年来一直保持着良好的增长态势，2020年排在第1位；日本大和房建的利润水平近5年间也处于较高的水平，连续4年排在第3位，2020年虽然利润总额下降，但排名上升到第2位；中国中铁的利润总额连续4年保持增长，2020年排在第3位；中国铁建、中国交建的利润总额分别呈现波动增长和波动下降的态势；中国电建的利润总额连续5年出现下降，2020年排在倒数第2位；法国布依格、西班牙ACS集团的利润总额均在2018年达到峰值，之后连续两年下滑，2020年分别排在倒数第3位和倒数第1位。

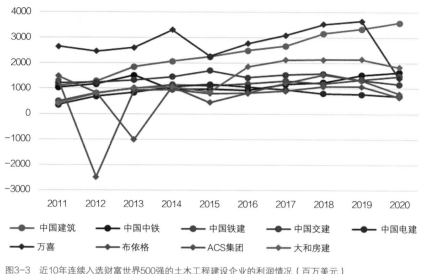

图3-3　近10年连续入选财富世界500强的土木工程建设企业的利润情况（百万美元）

3.4　我国对外承包工程业务前100家中的土木工程建设企业

3.4.1　对外承包业务完成营业额前100家中的土木工程建设企业

　　根据商务部发布的信息，近5年进入我国对外承包工程业务完成营业额前100家企业榜单土木工程的共有157家企业，其中5年连续入榜的企业45家，入榜4次、3次、2次、1次的企业分别为24家、22家、27家和39家。进入2020年对外承包业务完成营业额前100家的土木工程建设企业共94家，具体情况如附表3-3所示。

3.4.2　对外承包业务新签合同额前100家企业

　　根据商务部发布的信息，近5年进入我国对外承包工程业务新签合同额前100家企业榜单的土木工程建设企业共有189家（不包括2019年），其中4年连续入榜的企业36家，入榜3次、2次、1次的企业分别为26家、30家和97家。2020年进入对外承包业务新签合同额前100家的土木工程建设企业共89家，具体如附表3-4所示。

3.5 土木工程建设企业国际拓展能力分析

3.5.1 国际拓展能力分析概述

3.5.1.1 国际拓展能力分析对象的选择

土木工程建设企业国际拓展能力分析，主要针对以下企业：

（1）进入国际承包商250强的企业。

（2）进入全球承包商250强的企业。

（3）进入商务部发布的2020年我国对外承包工程业务完成营业额前100家企业。

（4）具有特一级资质并自愿参加国际拓展能力分析的土木工程建设企业。

中国交通建设股份有限公司、中国电力建设股份有限公司、中国建筑股份有限公司、中国铁建股份有限公司、中国中铁股份有限公司、中国化学工程集团有限公司、中国能源建设股份有限公司、中国机械工业集团有限公司、中国冶金科工股份有限公司、中国通用技术（集团）控股有限责任公司10家大型央企，分别列于2021年国际承包商250强第4、7、9、11、13、19、21、35、53、67位，但因与其下属公司有包含关系，为便于对比，不将其纳入对比分析的范畴。

入选企业年度海外工程业务总收入不低于ENR国际承包商250强的入选门槛。

按照上述要求，共选择出170家企业进行国际拓展能力比较分析。这170家企业中，有68家企业入选国际承包商250强、48家企业入选全球承包商250强、85家进入商务部发布的2020年我国对外承包工程业务完成营业额前100家企业、70家企业填报了数据。

3.5.1.2 国际拓展能力分析数据的选用

土木工程建设企业国际拓展能力分析的数据，按上面所列四类企业的顺序进行选用。具体有如下9种情况：

（1）符合上述4条标准的企业，采用国际承包商250强排行榜的数据。这样的企业共有3家。

（2）符合上述（1）（2）（3）条标准的企业，采用国际承包商250强排行榜的数据。这样的企业共有21家。

（3）符合上述（1）（2）（4）条标准的企业，采用国际承包商250强排行榜的数据。这样的企业共有11家。

（4）符合上述（1）（2）条标准的企业，采用国际承包商250强排行榜的数据。这样的企业共有13家。

（5）符合上述（1）（3）条标准的企业，采用国际承包商250强排行榜的数据。这样的企业共有7家。

（6）符合上述（3）（4）条标准的企业，采用商务部100强排行榜的数据。这样的企业共有8家。

（7）符合上述标准（1）的企业，采用国际承包商250强排行榜的数据。这样的企业共有13家。

（8）符合上述标准（3）的企业，采用商务部100强排行榜的数据。这样的企业共有46家。

（9）符合上述标准（4）的企业，采用企业填报的数据。海外市场收入以平均汇率折算，2020年为1美元=6.8961元人民币。这样的企业共有48家。

3.5.1.3 国际拓展能力排序的方法

参照美国《工程新闻记录》（ENR）杂志国际承包商250强的排序方法，依据企业年度海外工程业务总收入进行排序。

3.5.2 国际拓展能力排序

针对上述选择的170家企业，依据企业年度海外工程业务总收入，可以得到土木工程建设企业国际拓展能力排序。其中，位列前100名的土木工程建设企业如表3-11所示。

2020年土木工程建设企业国际拓展能力排序表（1~100）　　表3-11

名次	企业名称	海外收入（百万美元）	相当于国际承包商名次	入选情形
1	中国电建集团国际工程有限公司	5571.66	15	商务部、企业
2	中国港湾工程有限责任公司	5383.17	15	商务部

名次	企业名称	海外收入（百万美元）	相当于国际承包商名次	入选情形
3	中国路桥工程有限责任公司	3822.41	24	商务部
4	中国石油工程建设有限公司	3340.5	33	国际承包商、全球承包商、商务部
5	中国葛洲坝集团股份有限公司	2103.34	45	商务部
6	中国土木工程集团有限公司	2057.23	46	商务部
7	上海电气集团股份有限公司	1731.9	51	国际承包商、全球承包商、商务部
8	中国中原对外工程有限公司	1635.4	55	国际承包商、全球承包商、商务部
9	中国机械设备工程股份有限公司	1561.17	58	商务部
10	中国电建集团海外投资有限公司	1503.752	59	企业
11	中国电建集团核电工程有限公司	1419.99	59	商务部
12	山东电力建设第三工程有限公司	1405.48	59	商务部
13	上海振华重工（集团）股份有限公司	1390.46	59	商务部
14	中国中材国际工程股份有限公司	1297.8	60	国际承包商、全球承包商、商务部
15	中信建设有限责任公司	1242.1	63	国际承包商、全球承包商
16	中国建筑第八工程局有限公司	1219.77	64	商务部、企业
17	中国建筑第三工程局有限公司	1148.79	68	商务部、企业
18	中国石化集团国际石油工程有限公司	1069.31	68	商务部
19	中国石油管道局工程有限公司	1031.9	72	商务部
20	中国江西国际经济技术合作公司	1023.6	72	国际承包商、全球承包商、商务部
21	中国电力技术装备有限公司	1019.4	73	国际承包商、全球承包商、商务部
22	江西中煤建设集团有限公司	989.9	75	国际承包商、全球承包商、商务部
23	哈尔滨电气国际工程有限公司	942.6	78	国际承包商、全球承包商、商务部
24	中交一公局集团有限公司	941.26	78	商务部

名次	企业名称	海外收入（百万美元）	相当于国际承包商名次	入选情形
25	北方国际合作股份有限公司	894.9	81	国际承包商、全球承包商、商务部
26	中国水利水电第八工程局有限公司	886.72	83	商务部
27	浙江省建设投资集团有限公司	871.6	84	国际承包商、全球承包商、商务部
28	中交第四航务工程局有限公司	871.15	85	商务部
29	中石化炼化工程（集团）股份有限公司	807.2	86	国际承包商、全球承包商、商务部
30	中海油田服务股份有限公司	782.74	87	商务部
31	中国水利电力对外有限公司	772.8	89	国际承包商、商务部
32	中国石油集团东方地球物理勘探有限责任公司	742.78	90	商务部
33	山东高速集团有限公司	736.1	90	国际承包商
34	上海建工集团	692.5	93	国际承包商、全球承包商、商务部、企业
35	青建集团股份公司	685.3	94	国际承包商、全球承包商、商务部、企业
36	上海电力建设有限责任公司	684.54	95	商务部
37	中交第二公路工程局有限公司	670	95	商务部
38	中交疏浚（集团）股份有限公司	670	95	商务部
39	中国水利水电第十一工程局有限公司	624.62	100	商务部、企业
40	中国石油集团长城钻探工程有限公司	608.54	100	商务部
41	中国地质工程集团公司	588.3	100	国际承包商、全球承包商、商务部
42	中国电建集团华东勘测设计研究院有限公司	579.15	102	商务部
43	山东省路桥集团有限公司	569	102	商务部
44	中国技术进出口集团有限公司	545.46	104	商务部
45	中原石油工程有限公司	524.6	105	国际承包商、全球承包商、商务部

名次	企业名称	海外收入 （百万美元）	相当于国际承包商名次	入选情形
46	中国山东对外经济技术合作集团有限公司	523.76	106	商务部
47	云南建工集团有限公司	516.8	106	国际承包商、商务部
48	中交第三航务工程局有限公司	515.53	107	商务部
49	江苏省建筑工程集团有限公司	515.1	107	国际承包商、全球承包商、商务部
50	中国电建市政建设集团有限公司	507.46	108	商务部、企业
51	江苏南通三建集团股份有限公司	507.3	108	国际承包商、全球承包商、商务部
52	中国机械进出口（集团）有限公司	506.54	109	商务部
53	北京城建集团	502	109	国际承包商、全球承包商、企业
54	黑龙江省建设投资集团有限公司	500.9458	110	企业
55	威海国际经济技术合作有限公司	500.86	110	商务部
56	特变电工股份有限公司	489.3	111	国际承包商、全球承包商、商务部
57	中国能源建设集团天津电力建设有限公司	488.94	112	商务部
58	中国机械工业建设集团有限公司	480.75	113	企业
59	中国华电科工集团有限公司	479.09	113	商务部
60	新疆兵团建设工程（集团）有限责任公司	476.3	113	国际承包商、全球承包商、商务部
61	中国水利水电第三工程局有限公司	473.81	114	商务部
62	北京建工集团有限责任公司	457.4	117	国际承包商、全球承包商、企业
63	中工国际工程股份有限公司	455.35	118	商务部
64	烟建集团有限公司	450	119	国际承包商、全球承包商、商务部、企业
65	中国河南国际合作集团有限公司	444.8	121	国际承包商、商务部
66	海洋石油工程股份有限公司	436.27	123	商务部

名次	企业名称	海外收入（百万美元）	相当于国际承包商名次	入选情形
67	中国能源建设集团广东火电工程有限公司	433.93	123	商务部
68	中交第四公路工程局有限公司	429.85	123	商务部
69	东方电气股份有限公司	427.9	123	国际承包商、全球承包商、商务部
70	中国江苏国际经济技术合作公司	427	124	国际承包商、全球承包商、商务部
71	中交第一航务工程局有限公司	424.72	125	商务部
72	中材建设有限公司	423.93	125	商务部
73	安徽省外经建设（集团）有限公司	410.2	127	国际承包商、商务部
74	中国武夷实业股份有限公司	408.1	129	国际承包商、全球承包商、商务部
75	中国水利水电第五工程局有限公司	397.12	130	商务部
76	中交第二航务工程局有限公司	393.97	131	商务部
77	中铁四局集团有限公司	390.6498	131	企业
78	江西水利水电建设有限公司	388.7	132	国际承包商、商务部
79	中鼎国际工程有限责任公司	365.3	135	国际承包商、商务部
80	上海鼎信投资（集团）有限公司	352.52	136	商务部
81	中国建筑一局（集团）有限公司	350.6431	140	企业
82	中国水利水电第七工程局有限公司	346.39	142	商务部、企业
83	中国电建集团山东电力建设有限公司	336.3	143	商务部
84	中国建筑第二工程局有限公司	335.6007	143	企业
85	中国水利水电第十工程局有限公司	332.46	143	商务部
86	中地海外集团有限公司	331.7	143	国际承包商、商务部
87	中国石油集团渤海钻探工程有限公司	330.69	144	商务部
88	中铁建工集团有限公司	321.8612	147	企业
89	上海隧道工程股份有限公司	321.32	147	商务部
90	上海城建（集团）公司	321.3	147	国际承包商、全球承包商

名次	企业名称	海外收入（百万美元）	相当于国际承包商名次	入选情形
91	中国重型机械有限公司	317.14	148	商务部
92	中钢设备有限公司	314	148	国际承包商、全球承包商、商务部
93	中交路桥建设有限公司	309.9	149	商务部
94	中国寰球工程有限公司	309.75	149	商务部
95	中国电力工程有限公司	292.31	150	商务部
96	中国建筑第五工程局有限公司	283.76	150	商务部、企业
97	中国电建集团中南勘测设计研究院有限公司	277.8	150	商务部、企业
98	中国有色金属建设股份有限公司	244.3	155	国际承包商
99	中国建筑第七工程局有限公司	233.1148	159	企业
100	中国电建集团铁路建设投资集团有限公司	232.8306	159	企业

注：入选情形栏中，国际承包商、全球承包商、商务部、企业分别对应于进入国际承包商250强、进入全球承包商250强、进入商务部发布的2020年我国对外承包工程业务完成营业额前100家企业和具有特一级资质并自愿参加国际拓展能力分析的土木工程建设企业。

4.1 土木工程建设领域的科技进展

本报告拟从土木工程建设领域年度新立项的重大研究项目、年度获得的重要科研成果、标准编制、专利研发四大方面，对土木工程建设领域的重大科技进展进行阐述。

4.1.1 研究项目

4.1.1.1 国家重点研发计划项目

国家重点研发计划是针对事关国计民生的重大社会公益性研究，以及事关产业核心竞争力、整体自主创新能力和国家安全的战略性、基础性、前瞻性重大科学问题、重大共性关键技术和产品。国家重点研发计划为国民经济和社会发展主要领域提供持续性的支撑和引领。重点专项是国家重点研发计划组织实施的载体，是聚焦国家重大战略任务、围绕解决当前国家发展面临的瓶颈和突出问题、以目标为导向的重大项目群，重点专项下设项目。在土木工程建设领域，2020年科技部共立项6个国家重点研发计划重点专项，涉及18个重大研究项目。通过国家科技管理信息系统公共服务平台，收集相关立项信息见表4-1。

2020年科技部立项的土木工程建设领域国家重点研发计划项目　　表4-1

序号	专项（专题任务）名称	项目名称	项目编号
1	科技冬奥	京张高铁智能化服务关键技术与示范	2020YFF0304100
2		国家体育场（鸟巢）智能场馆关键技术研究	2020YFF0304200
3		面向延庆奥运小镇的绿色智慧技术研究和集成示范	2020YFF0305500
4	重大自然灾害监测预警与防范	自然灾害损伤水工建筑物水下应急检测与处置关键技术装备	2020YFC1511900
5	重大自然灾害监测预警与防范（文化遗产保护利用）	明清官式建筑营造技艺科学认知与本体保护关键技术研究与示范	2020YFC1522400
6		文物建筑火灾蔓延机理与评估预警关键技术研究	2020YFC1522800
7	综合交通运输与智能交通	基于城市高强度出行的道路空间组织关键技术	2020YFB1600500

序号	专项（专题任务）名称	项目名称	项目编号
8		农村人居环境整治技术研究与集成创新	2020YFD1100100
9		村镇土地智能调查关键技术研究	2020YFD1100200
10		华北东北村镇资源清洁利用技术综合示范	2020YFD1100300
11	绿色宜居村镇技术创新	东南产村产镇减排增效技术综合示范	2020YFD1100400
12		西北村镇综合节水降耗技术示范	2020YFD1100500
13		村镇数字化科技信息服务综合示范	2020YFD1100600
14		西南民族村寨防灾技术综合示范	2020YFD1100700
15		大型矿井综合掘进机器人	2020YFB1314000
16	智能机器人	复杂地质条件煤矿辅助运输机器人	2020YFB1314100
17		面向冲击地压矿井防冲钻孔机器人	2020YFB1314200
18	国际质量基础的共性技术研究与应用	智慧桥梁状态评定关键技术标准研究与示范应用	2020YFF0217800

4.1.1.2　国家自然科学基金项目

国家自然科学基金是国家设立的用于资助《中华人民共和国科学技术进步法》规定的基础研究的基金，由研究项目、人才项目和环境条件项目三大系列组成。自然科学基金在推动我国自然科学基础研究的发展，促进基础学科建设，发现、培养优秀科技人才等方面取得了巨大成绩。

在土木工程建设领域，2020年国家自然科学基金委员会共立项48个重大研究项目，包括创新研究群体科学基金、国家重大科研仪器研制项目、国家杰出青年科学基金。通过国家自然科学基金管理信息系统，收集以上重大研究项目的相关信息见表4-2。

2020年土木工程建设领域国家自然科学基金重大研究项目　　表4-2

序号	项目类型	项目名称	项目编号
1	创新研究群体科学基金	城市工程结构抗灾韧性与智能防灾减灾	51921006
2	国家重大科研仪器研制项目	大跨空间结构风-雨-热-雪全过程联合模拟试验系统	51927813
3		路基动回弹模量原位试验系统	51927814
4		储能混凝土	51925804
5	国家杰出青年科学基金	滨海混凝土劣化与抑制	51925805
6		结构风工程	51925802
7		桥梁抗风与行车安全	51925808

序号	项目类型	项目名称	项目编号
8	国家杰出青年科学基金	道路安全设计	51925801
9	重点项目	城市地下空间建设环境下地下结构安全控制理论及方法	51938005
10		城市地下工程建设与运营安全控制理论与方法	51938008
11		建筑结构性能化抗爆设计理论与方法研究	51938011
12		城市基础设施韧性提升理论与方法	51938013
13		新型高性能钢管混凝土结构在双重极端荷载作用下的设计理论与方法	51938009
14		含盐热湿气候条件下建筑热质耦合传递及节能研究	51938006
15		寒地建筑绿色性能智能优化设计理论与方法	51938003
16		考虑系统关联的城市医疗系统抗震韧性评估及提升	51938004
17		中国传统村落保护发展的理论与方法研究	51938002
18		超大跨度高性能材料缆索承重桥梁结构设计及风致灾变理论与方法	51938012
19		钢铁烧结烟气污染物全过程控制耦合节能基础研究	51938014
20	联合基金项目	高速铁路隧道服役期安全性能演化及智能控制	U1934210
21		大型公共建筑非结构构件韧性恢复机理与提升技术	U1939208
22		高速铁路钢轨伤损演变机理与数据驱动智能运维研究	U1934214
23		高速铁路桥梁智能运维基础理论与关键技术	U1934209
24		跨断层近场地震下高速铁路桥梁结构安全理论研究	U1934207
25		高速铁路无砟轨道混凝土结构设计寿命提升方法与关键技术	U1934206
26		高铁无砟轨道板脱空离缝快速检测方法	U1934215
27		高铁隧道"采集–设计–施工"一体化智能建造关键技术	U1934212
28		大规模复杂路网条件下高速铁路周期化列车运行图编制理论与方法研究	U1934216
29		高速铁路大跨UHPC桥梁材料–结构设计理论与新体系研究	U1934205
30		黄土地震滑坡成灾机理与风险评估	U1939209
31		建筑群及城市系统抗震韧性分析与评估	U1939210
32		高铁非饱和路基长期性能演化及其大数据分析预测研究	U1934208
33		缓倾层状软弱围岩高速铁路隧道底部变形机理及防控技术研究	U1934211
34		高速铁路III型板式无砟轨道–桥梁结构体系服役性能智能评定与预测理论研究	U1934217

序号	项目类型	项目名称	项目编号
35	联合基金项目	缓倾层状软弱围岩地段高速铁路大断面隧道底部变形机理研究	U1934213
36		高海拔、高流速条件下泄水构筑物抗冲磨混凝土裂缝控制研究	U1965105
37	优秀青年基金项目	土力学与岩土工程	51922037
38		桥梁结构安全评定	51922034
39		结构振动控制	51922080
40		多孔沥青路面养护	51922030
41		结构健康监测数据时频分析理论与模型确认	51922036
42		土木工程损伤识别	51922046
43		多场-多相-多尺度土体本构关系	51922024
44		寒区沥青路面耐久性	51922035
45		钢结构	51922001
46		高铁轨道结构水泥基材料高性能化	51922109
47		智能化功能性路面	51922079
48		岩土与基础工程	51922029

4.1.1.3 中国工程院重大、重点咨询项目

中国工程院组织开展的战略咨询研究是按照国家工程科技思想库和"服务决策、适度超前"要求，设立的战略性、前瞻性和综合性高端咨询项目。中国工程院咨询项目主要结合国民经济和社会发展规划、计划，组织研究工程科学技术领域的重大、关键性问题，接受政府、地方、行业等委托，对重大工程科学技术发展规划、计划、方案及其实施等提供咨询意见，为提升我国科技创新能力、强化关键核心技术攻关、加快建设创新型国家、支撑经济社会高质量发展提供科技支撑。根据研究的内容和涉及的领域、规模，可分为重大、重点和学部级咨询研究项目。

在土木工程建设领域，2020年中国工程院启动5项中国工程院重大咨询研究项目、3项中国工程院重点咨询研究项目，见表4-3。

土木工程建设领域中国工程院重大、重点咨询研究项目　　　　表4-3

序号	项目类型	项目名称
1	中国工程院重大咨询研究项目	地下空间开发综合治理体系战略研究
2		中国建造高质量发展战略研究
3		中国高速铁路安全治理战略研究

序号	项目类型	项目名称
4	中国工程院重大咨询研究项目	交通强国（二期）战略研究
5		川藏铁路可靠性保障战略研究
6	中国工程院重点咨询研究项目	土木工程智能建造发展战略研究
7		新三峡库区城镇和航道长期地质安全保障战略研究
8		长三角一体化城镇建设与协调发展研究

4.1.1.4 交通运输行业重点科技项目

交通运输行业重点科技项目是交通运输部经评审遴选出的满足相关科技发展规划任务要求，以及行业发展需求、年度重点工作等的创新研发项目。交通运输行业重点科技项目遴选，旨在深入实施创新驱动发展战略，统筹优势科技资源，引导全行业面向世界科技前沿、面向交通运输主战场、面向国家重大需求，坚持自主创新、重点跨越、支撑发展、引领未来的方针，加快交通运输科技创新，充分发挥科技创新对交通强国建设的支撑作用。

2020年交通运输部公布6个创新研发重点项目方向，涉及51个研究项目。通过交通运输部政府信息公开平台，收集以上创新研发重点项目信息见表4-4。

2020年交通运输行业重点科技项目 表4-4

序号	项目名称	项目编号
重点项目方向1：基于船岸协同的内河航运安全管控与应急搜救技术			
1	E航海绿色航线服务系统研发与应用	2020-ZD1-001
2	基于5G的智能航运船岸协同辅助靠离泊系统研发与应用	2020-ZD1-002
重点项目方向2：隧道工程、整跨吊运安装设备等工程机械装备研发			
3	公路隧道机械化智能化扩建关键技术研究	2020-ZD2-003
4	结构损坏数字影像精密测量技术与标准装备	2020-ZD2-004
5	拱喷一体化台车智能化研究	2020-ZD2-005
6	智能远程可视控制的隧道快速掘进装备关键技术研究及应用	2020-ZD2-006
重点项目方向3：智慧公路建设及运营管控关键技术研究			
7	车路协同路侧智慧基站研究及示范应用	2020-ZD3-007
8	高速公路巡检机器人技术研究与应用	2020-ZD3-008
9	边境高速公路与通关口岸智慧交互平台研发与应用	2020-ZD3-009
10	分布式毫米波雷达隧道形变实时监测预警系统	2020-ZD3-010
11	季冻区沥青路面服役性能分布式光纤监测技术与应用	2020-ZD3-011
12	交通安全设施逆反射色计量基础研究	2020-ZD3-012

续表

序号	项目名称	项目编号
13	智能车路系统基准测试平台开发	2020-ZD3-013
14	公路交通云控平台系统设计及原型系统开发	2020-ZD3-014
15	智慧公路信息物理融合系统的体系框架与构建方法研究	2020-ZD3-015
16	车路协同信息交互适应性及布设研究	2020-ZD3-016
17	道路货物运输汽车列车运行风险智能防控关键技术研究与应用	2020-ZD3-017
18	八车道高速公路精细化智能管控关键技术研究与应用示范	2020-ZD3-018
19	全息感知环境下高速公路边-云一体化控制及平台构建	2020-ZD3-019
20	基于ETC门架数据的精准管控和广义信息服务关键技术研究	2020-ZD3-020
21	智慧高速基础设施数字化智能化关键技术研究	2020-ZD3-021
22	高速公路自动驾驶专用车道及附属设施设置研究	2020-ZD3-022
23	高速公路自动驾驶专用车道及交通安全设施设置研究	2020-ZD3-023
24	新型高速公路跨区域路网交通协同和管控技术方案	2020-ZD3-024
25	大交通量高速公路智慧化关键技术研究	2020-ZD3-025
26	面向全出行链的智慧公路创新示范区建设与运营管控关键技术研究	2020-ZD3-026
27	智慧高速路车协同信息交互技术与应用研究	2020-ZD3-027
28	面向高速公路精准管控的数字孪生系统开发及应用	2020-ZD3-028
29	基于5G主网的智慧高速全息感知及车路协同控制研究与场景应用	2020-ZD3-029
30	面向智慧公路的5G车路协同与管控关键技术研究	2020-ZD3-030
重点项目方向4：智能航运关键技术研究		
31	智能船虚拟测试验证系统关键技术研究	2020-ZD4-031
32	京杭运河智能航运建设技术研究及应用示范	2020-ZD4-032
33	利用数字广播技术开展台链授时定位的技术研究及试验	2020-ZD4-033
34	声纳影像智能分析技术研究与应用	2020-ZD4-034
35	船舶自主航行安全风险分析与评估研究	2020-ZD4-035
36	智能航运综合实验技术方法与体系构建研究	2020-ZD4-036
37	智能航运网络与信息安全研究	2020-ZD4-037
38	智能航海保障发展研究	2020-ZD4-038
39	海岸河口泥沙输移过程三维数值模拟软件系统研发及应用	2020-ZD4-039
40	智能信号台研究	2020-ZD4-040
41	融合北斗高精度定位技术的船舶目标视频AI识别系统应用研究	2020-ZD4-041
42	船舶智能运营平台联合研发	2020-ZD4-042
43	船舶设备健康状态评估与视情检验技术研究	2020-ZD4-043
44	岸基可视化管控平台顶层设计与关键功能开发	2020-ZD4-044
重点项目方向5：船舶绿色建造技术研究		
45	船舶氨燃料应用技术研究	2020-ZD5-045

序号	项目名称	项目编号
46	船舶绿色修造表面处理工程技术及其成套装备	2020-ZD5-046
重点项目方向6：长江生态智能航道建设与运营关键技术研究与应用		
47	航道整治建筑物冲刷变形监测技术及系统研究	2020-ZD6-047
48	长江南京以下12.5m深水航道后续完善工程（福姜沙水道）水沙数学模型试验研究	2020-ZD6-048
49	长江航道大数据应用示范开发	2020-ZD6-049
50	长江航道水文要素自动监测技术研究	2020-ZD6-050
51	航道排泥区疏浚土生态固化技术研究	2020-ZD6-051

4.1.2 科研成果

4.1.2.1 国家技术发明奖

国家技术发明奖授予运用科学技术知识做出产品、工艺、材料及其系统等重大技术发明的我国公民。产品包括各种仪器、设备、器械、工具、零部件以及生物新品种等；工艺包括工业、农业、医疗卫生和国家安全等领域的各种技术方法；材料包括用各种技术方法获得的新物质等；系统是指产品、工艺和材料的技术综合。重大技术发明应当同时具备以下三个条件：

（1）前人尚未发明或者尚未公开：该项技术发明为国内外首创，或者虽然国内外已有但主要技术内容尚未在国内外各种公开出版物、媒体及其他公众信息渠道发表或者公开，也未曾公开使用过。

（2）具有先进性和创造性：创造性是指该项技术发明与国内外已有同类技术相比较，其技术思路、技术原理或者技术方法有创新，技术上有实质性的特点和显著的进步；先进性是指主要性能（性状）、技术经济指标、科学技术水平及其促进科学技术进步的作用和意义等方面综合优于同类技术。

（3）经实施，创造显著经济效益或者社会效益：该项技术发明成熟，并实施应用三年以上，取得良好的应用效果。

2020年8月3日，国家科学技术奖励工作办公室公布了2020年度国家科学技术奖的初评结果。在工程建设领域，初评通过3项国家技术发明奖通用项目，项目信息见表4-5。

序号	项目名称	主要完成人	提名单位（专家）	建议等级
1	预应力结构服役效能提升关键技术与应用	曾　滨（中冶建筑研究总院有限公司） 许　庆（中冶建筑研究总院有限公司） 尚仁杰（中国京冶工程技术有限公司） 周　臻（东南大学） 潘钻峰（同济大学） 荣　华（中冶建筑研究总院有限公司）	中国冶金科工集团有限公司	二等奖
2	复杂环境深部工程灾变模拟试验装备与关键技术及应用	李术才（山东大学） 王汉鹏（山东大学） 张强勇（山东大学） 李利平（山东大学） 王　琦（山东大学） 林春金（山东大学）	山东省	二等奖
3	超软土地基排水体防淤堵高效处理技术	蔡袁强（温州大学） 王　军（温州大学） 金亚伟（江苏鑫泰岩土科技有限公司） 张留俊（中交第一公路勘察设计研究院有限公司） 陈　锋（中国铁道科学研究院集团有限公司） 楼晓明（上海港湾基础建设（集团）股份有限公司）	浙江省	二等奖

4.1.2.2　国家科学技术进步奖

国家科学技术进步奖授予在技术研究、技术开发、技术创新、推广应用先进科学技术成果、促进高新技术产业化，以及完成重大科学技术工程、计划项目等方面做出突出贡献的我国公民和组织。国家科技进步奖项目应当总体符合下列三个条件：

（1）技术创新性突出：在技术上有重要的创新，特别是在高新技术领域进行自主创新，形成产业的主导技术和名牌产品，或者应用高新技术对传统产业进行装备和改造，通过技术创新，提升传统产业，增加行业的技术含量，提高产品附加值；技术难度较大，解决了行业发展中的热点、难点和关键问题；总体技术水平和技术经济指标达到行业的领先水平。

（2）经济效益或者社会效益显著：所开发的项目经过三年以上较大规模的实施应用，产生了很大的经济效益或者社会效益，实现了技术创新的市场价值或者社会价值，为经济建设、社会发展和国家安全做出很大贡献。

（3）推动行业科技进步作用明显：项目的转化程度高，具有较强的示范、带动和扩散能力，促进了产业结构的调整、优化、升级及产品的更新换代，对行业的发展具有很大作用。

2020年8月3日，国家科学技术奖励工作办公室公布了2020年度国家科学技术奖的初评结果。在工程建设领域，初评通过16项国家科学技术进步奖通用项目，项目信息见表4-6。

2020年度工程建设领域国家科学技术进步奖初评通过通用项目　　　表4-6

序号	项目名称	主要完成单位	提名单位（专家）	建议等级
1	中国城镇建筑遗产多尺度保护理论、关键技术及应用	东南大学，中国建筑设计研究院有限公司，中国城市规划设计研究院，故宫博物院，中国科学院遥感与数字地球研究所，中国建筑第八工程局有限公司，浙江大学	教育部	一等奖
2	现代空间结构体系创新、关键技术与工程应用	浙江大学，中国建筑西南设计研究院有限公司，上海交通大学，浙江东南网架股份有限公司，悉地国际设计顾问（深圳）有限公司，中国建筑第八工程局有限公司，中国铁路设计集团有限公司，北京新智唯弓式建筑有限公司	中国钢结构协会	一等奖
3	小湾水电站工程	华能澜沧江水电股份有限公司，中国电建集团昆明勘测设计研究院有限公司，中国水利水电科学研究院，清华大学，中国水利水电第四工程局有限公司，中国葛洲坝集团建设工程有限公司，中国水利水电第八工程局有限公司，河海大学，中国水电工程顾问集团有限公司，武汉大学	云南省	一等奖
4	青藏高海拔多年冻土高速公路建养关键技术及工程应用	中交第一公路勘察设计研究院有限公司，中国科学寒区旱区环境与工程研究所，青海地方铁路建设投资有限公司，东南大学，中圣科技（江苏）有限公司，哈尔滨工业大学，中交第二公路工程局有限公司	中国公路学会	二等奖
5	复杂受力钢-混凝土组合结构基础理论及高性能结构体系关键技术	清华大学，中国建筑设计研究院有限公司，北京航空航天大学，深圳华森建筑与工程设计顾问有限公司，中建工程研究院有限公司，北京建工集团有限责任公司，北京建工四建工程建设有限公司	中国钢结构协会	二等奖
6	城市供水管网水质安全保障关键技术及应用	浙江大学，广州市自来水有限公司，杭州绿洁环境科技股份有限公司，杭州市水务集团有限公司	浙江省	二等奖
7	高压富水长大铁路隧道修建关键技术及工程应用	中铁十六局集团有限公司，中铁第四勘察设计院集团有限公司，北京交通大学，中铁第一勘察设计院集团有限公司，中铁十二局集团有限公司，中铁十九局集团有限公司，中铁十一局集团有限公司	国家铁路局	二等奖
8	深部复合地层隧（巷）道TBM安全高效掘进控制关键技术	武汉大学，盾构及掘进技术国家重点实验室，中国科学院武汉岩土力学研究所，山东大学，同济大学，北京交通大学，中铁十一局集团有限公司	湖北省	二等奖

序号	项目名称	主要完成单位	提名单位(专家)	建议等级
9	高性能隔震建筑系列关键技术与工程应用	北京建筑大学,东南大学,中国建筑科学研究院有限公司,北京市建筑设计研究院有限公司,中国建筑标准设计研究院有限公司(原北京地铁集团有限责任公司),江苏鸿基节能新技术股份有限公司	北京市	二等奖
10	高速铁路Ⅲ型板式无砟轨道系统技术及应用	中国铁道科学研究院集团有限公司,中国铁路设计集团有限公司,中铁二院工程集团有限责任公司,中铁第四勘察设计院集团有限公司,北京交通大学,西南交通大学,中铁二十三局集团有限公司	中国国家铁路集团有限公司	二等奖
11	建筑热环境理论及其绿色营造关键技术	重庆大学,中国建筑设计研究院有限公司,北京城建设计发展集团股份有限公司,中国建筑西南设计研究院有限公司,青岛海尔空调电子有限公司,广东美的制冷设备有限公司,华中师范大学	重庆市	二等奖
12	大型泵站水力系统高效运行与安全保障关键技术及应用	河海大学,南水北调东线江苏水源有限责任公司	水利部	二等奖
13	道路与桥梁多源协同智能检测技术与装备开发	长安大学,徐州徐工随车起重机有限公司,招商局重庆交通科研设计院有限公司,陕西高速公路工程试验检测有限公司,陕西省交通建设集团公司,西安长大公路工程检测中心	陕西省	二等奖
14	高速铁路用高强高导接触网导线关键技术及应用	天津中铁电气化设计研究院有限公司,浙江大学,中铁电气化局集团有限公司,京沪高速铁路股份有限公司,邢台鑫晖铜业特种线材有限公司,烟台金晖铜业有限公司,朔黄铁路发展有限责任公司	天津市	二等奖
15	轨道交通大型工程机械施工安全关键技术及应用	石家庄铁道大学,中铁工程装备集团有限公司,秦皇岛天业通联重工科技有限公司,中国铁建大桥工程局集团有限公司,中铁一局集团城市轨道交通工程有限公司	詹天佑科学技术发展基金会	二等奖
16	重大工程黄土灾害机理、感知识别及防控关键技术	西北大学,中国铁路设计集团有限公司,中铁十七局集团有限公司,中铁西北科学研究院有限公司	陕西省	二等奖

4.1.3 标准编制

4.1.3.1 国家标准编制

通过查询住房城乡建设部官方网站,收集整理了2020年发布的土木工程建设相关的国家标准情况,见表4-7。

标准名称	标准编号	发布日期	实施日期
《锅炉房设计标准》	GB 50041—2020	2020年1月16日	2020年7月1日
《建筑防火封堵应用技术标准》	GB/T 51410—2020	2020年1月16日	2020年7月1日
《矿井通风安全装备配置标准》	GB/T 50518—2020	2020年1月16日	2020年7月1日
《古建筑木结构维护与加固技术标准》	GB/T 50165—2020	2020年1月16日	2020年7月1日
《煤炭工业建筑结构设计标准》	GB 50583—2020	2020年1月16日	2020年7月1日
《数据中心综合监控系统工程技术标准》	GB/T 51409—2020	2020年1月16日	2020年7月1日
《钢结构工程施工质量验收标准》	GB 50205—2020	2020年1月16日	2020年8月1日
《民用建筑工程室内环境污染控制标准》	GB 50325—2020	2020年1月16日	2020年8月1日
《架空索道工程技术标准》	GB 50127—2020	2020年1月16日	2020年8月1日
《锡冶炼厂工艺设计标准》	GB 51412—2020	2020年1月16日	2020年8月1日
《有色金属冶炼废气治理技术标准》	GB 51415—2020	2020年1月16日	2020年8月1日
《有色金属工业余热利用设计标准》	GB/T 51413—2020	2020年1月16日	2020年8月1日
《有色金属企业节水设计标准》	GB 51414—2020	2020年1月16日	2020年8月1日
《镍冶炼厂工艺设计标准》	GB 51388—2020	2020年1月16日	2020年8月1日
《金属矿山土地复垦工程设计标准》	GB 51411—2020	2020年1月16日	2020年8月1日
《智能变电站工程调试及验收标准》	GB/T 51420—2020	2020年1月16日	2020年10月1日
《通用雷达站设计标准》	GB 51418—2020	2020年1月16日	2020年10月1日
《无线局域网工程设计标准》	GB/T 51419—2020	2020年1月16日	2020年10月1日
《电信钢塔架共建共享技术标准》	GB/T 51417—2020	2020年1月16日	2020年10月1日
《混凝土坝安全监测技术标准》	GB/T 51416—2020	2020年1月16日	2020年10月1日
《精细化工企业工程设计防火标准》	GB 51283—2020	2020年1月16日	2020年10月1日
《架空光（电）缆通信杆路工程技术标准》	GB/T 51421—2020	2020年1月16日	2020年10月1日
《水工建筑物荷载标准》	GB/T 51394—2020	2020年2月27日	2020年10月1日
《弹药工厂总平面设计标准》	GB 51423—2020	2020年2月27日	2020年10月1日
《矿山电力设计标准》	GB 50070—2020	2020年2月27日	2020年10月1日
《煤炭工业矿井监测监控系统装备配置标准》	GB 50581—2020	2020年2月27日	2020年10月1日
《特种气体系统工程技术标准》	GB 50646—2020	2020年2月27日	2020年10月1日
《地下水封石洞油库设计标准》	GB/T 50455—2020	2020年2月27日	2020年10月1日
《城镇燃气设计规范》（局部修订）	GB 50028—2006	2020年4月9日	2020年6月1日

标准名称	标准编号	发布日期	实施日期
《森林火情瞭望监测系统设计标准》	GB/T 51425—2020	2020年6月9日	2021年3月1日
《工业建筑振动控制设计标准》	GB 50190—2020	2020年6月9日	2021年3月1日
《公共建筑光纤宽带接入工程技术标准》	GB 51433—2020	2020年6月9日	2021年3月1日
《动力机器基础设计标准》	GB 50040—2020	2020年6月9日	2021年3月1日
《薄膜晶体管显示器件玻璃基板生产工厂设计标准》	GB 51432—2020	2020年6月9日	2021年3月1日
《非织造布工厂技术标准》	GB 50514—2020	2020年6月9日	2021年3月1日
《移动通信基站工程技术标准》	GB/T 51431—2020	2020年6月9日	2021年3月1日
《渠道防渗衬砌工程技术标准》	GB/T 50600—2020	2020年6月9日	2021年3月1日
《航空发动机试车台设计标准》	GB 50454—2020	2020年6月9日	2021年3月1日
《微灌工程技术标准》	GB/T 50485—2020	2020年6月9日	2021年3月1日
《灌区改造技术标准》	GB/T 50599—2020	2020年6月9日	2021年3月1日
《电厂标识系统编码标准》	GB/T 50549—2020	2020年6月9日	2021年3月1日
《带式输送机工程技术标准》	GB 50431—2020	2020年6月9日	2021年3月1日
《粘胶纤维工厂技术标准》	GB 50620—2020	2020年11月10日	2021年6月1日
《埋地钢质管道防腐保温层技术标准》	GB/T 50538—2020	2020年11月10日	2021年6月1日
《工程测量标准》	GB 50026—2020	2020年11月10日	2021年6月1日

4.1.3.2　行业标准编制

通过查询住房城乡建设部、交通运输部和水利部官方网站，收集整理了2020年发布的土木工程建设相关的行业标准。表4-8给出了住房城乡建设部发布的行业标准，表4-9给出了交通运输部发布的行业标准，表4-10给出了水利部发布的行业标准。

2020年住房城乡建设部发布的土木工程建设相关行业标准　　　　　表4-8

标准名称	标准编号	发文日期	实施日期
《塑料垃圾桶通用技术条件》	CJ/T 280—2020	2020年1月13日	2020年8月1日
《混凝土和砂浆用再生微粉》	JG/T 573—2020	2020年1月13日	2020年8月1日
《工程渣土免烧再生制品》	JG/T 575—2020	2020年1月13日	2020年8月1日
《内置遮阳中空玻璃制品》	JG/T 255—2020	2020年1月13日	2020年8月1日

标准名称	标准编号	发文日期	实施日期
《预应力混凝土用金属波纹管》	JG/T 225—2020	2020年1月13日	2020年8月1日
《模块化雨水储水设施》	CJ/T 542—2020	2020年3月30日	2020年10月1日
《模块化雨水储水设施技术标准》	CJJ/T 311—2020	2020年3月30日	2020年10月1日
《城市轨道交通车辆基地工程技术标准》	CJJ/T 306—2020	2020年4月9日	2020年10月1日
《跨座式单轨交通限界标准》	CJJ/T 305—2020	2020年4月9日	2020年10月1日
《高强钢结构设计标准》	JGJ/T 483—2020	2020年4月9日	2020年10月1日
《建筑给水金属管道工程技术标准》	CJJ/T 154—2020	2020年4月9日	2020年10月1日
《城市轨道交通高架结构设计荷载标准》	CJJ/T 301—2020	2020年4月9日	2020年10月1日
《地铁杂散电流腐蚀防护技术标准》	CJJ/T 49—2020	2020年4月9日	2020年10月1日
《乡镇集贸市场规划设计标准》	CJJ/T 87—2020	2020年4月16日	2020年10月1日
《城镇地道桥顶进施工及验收标准》	CJJ/T 74—2020	2020年4月16日	2020年10月1日
《中低速磁浮交通工程施工及验收标准》	CJJ/T 303—2020	2020年4月16日	2020年10月1日
《直线电机轨道交通限界标准》	CJJ/T 309—2020	2020年4月16日	2020年10月1日
《蒸压加气混凝土制品应用技术标准》	JGJ/T 17—2020	2020年4月16日	2020年10月1日
《轻板结构技术标准》	JGJ/T 486—2020	2020年4月16日	2020年10月1日
《玻璃幕墙工程质量检验标准》	JGJ/T 139—2020	2020年4月16日	2020年10月1日
《城市遥感信息应用技术标准》	CJJ/T 151—2020	2020年6月29日	2020年11月1日
《建筑结构风振控制技术标准》	JGJ/T 487—2020	2020年6月29日	2020年11月1日
《木结构现场检测技术标准》	JGJ/T 488—2020	2020年6月29日	2020年11月1日

2020年交通运输部发布的土木工程建设相关行业标准　　　表4-9

标准名称	标准编号	发文日期	实施日期
《农村公路养护预算编制办法》	JTG/T 5640—2020	2020年1月7日	2020年3月1日
《公路工程节能规范》	JTG/T 2340—2020	2020年1月15日	2020年5月1日
《公路瓦斯隧道设计与施工技术规范》	JTG/T 3374—2020	2020年1月15日	2020年5月1日
《公路桥梁抗撞设计规范》	JTG/T 3360—02—2020	2020年4月20日	2020年8月1日
《公路斜拉桥设计规范》	JTG/T 3365—01—2020	2020年4月26日	2020年8月1日
《公路隧道施工技术规范》	JTG/T 3660—2020	2020年4月26日	2020年8月1日
《公路工程结构可靠性设计统一标准》	JTG 2120—2020	2020年5月7日	2020年8月1日

标准名称	标准编号	发文日期	实施日期
《绿色港口等级评价指南》	JTS/T 105—4—2020	2020年5月7日	2020年7月1日
《公路工程基桩检测技术规程》	JTG/T 3512—2020	2020年5月12日	2020年9月1日
《内河航标技术规范》	JTS/T 181—1—2020	2020年5月20日	2020年7月1日
《河港总体设计规范》	JTS 166—2020	2020年5月29日	2020年8月1日
《公路桥梁抗震设计规范》	JTG/T 2231—01—2020	2020年6月2日	2020年9月1日
《排水沥青路面设计与施工技术规范》	JTG/T 3350—03—2020	2020年6月2日	2020年9月1日
《公路桥涵施工技术规范》	JTG/T 3650—2020	2020年6月18日	2020年10月1日
《公路通信及电力管道设计规范》	JTG/T 3383—01—2020	2020年6月18日	2020年10月1日
《公路限速标志设计规范》	JTG/T 3381—02—2020	2020年6月28日	2020年11月1日
《水运工程土工合成材料应用技术规范》	JTS/T 148—2020	2020年7月2日	2020年9月15日
《水运工程桶式基础结构设计与施工规程》	JTS/T 167—16—2020	2020年7月6日	2020年9月15日
《公路工程施工定额测定与编制规程》	JTG/T 3811—2020	2020年7月7日	2020年10月1日
《公路路基养护技术规范》	JTG 5150—2020	2020年7月8日	2020年11月1日
《防波堤与护岸施工规范》	JTS 208—2020	2020年8月3日	2020年10月1日
《公路土工试验规程》	JTG 3430—2020	2020年8月10日	2021年1月1日
《水运工程基桩试验检测技术规范》	JTS 240—2020	2020年8月16日	2020年10月1日
《公路工程物探规程》	JTG/T 3222—2020	2020年8月21日	2021年1月1日
《公路养护工程质量检验评定标准 第一册 土建工程》	JTG 5220—2020	2020年8月25日	2021年1月1日
《水运工程工程量清单计价规范》	JTS/T 271—2020	2020年8月26日	2020年10月15日
《公路工程建设项目造价数据标准》	JTG/T 3812—2020	2020年8月26日	2020年11月1日
《水运工程施工监控技术规程》	JTS/T 234—2020	2020年10月15日	2020年11月15日
《公路涵洞设计规范》	JTG/T 3365—02—2020	2020年10月30日	2021年1月1日
《港口危险货物集装箱堆场设计规范》	JTS 176—2020	2020年10月30日	2020年12月1日
《港口工程后张法预应力混凝土长管节管桩设计与施工规程》	JTS/T 167—17—2020	2020年10月30日	2020年12月1日
《公路工程水泥及水泥混凝土试验规程》	JTG 3420—2020	2020年11月13日	2021年3月1日
《航道整治工程水下检测与监测技术规程》	JTS/T 241—2020	2020年11月25日	2021年1月1日

标准名称	标准编号	发文日期	实施日期
《港口工程清洁生产设计指南》	JTS/T 178—2020	2020年12月1日	2021年1月1日
《公路工程质量检验评定标准 第二册 机电工程》	JTG 2182—2020	2020年12月14日	2021年3月1日

2020年水利部发布的土木工程建设相关行业标准　　表4-10

标准名称	标准编号	发文日期	实施日期
《水利水电工程过电压保护及绝缘配合设计规范》	SL/T 781—2020	2020年4月15日	2020年7月15日
《堤防工程安全检监测技术规程》	SL/T 794—2020	2020年4月15日	2020年7月15日
《水利水电建设工程安全生产条件和设施综合分析报告编制导则》	SL/T 795—2020	2020年5月15日	2020年8月15日
《水工建筑物地基处理设计规范》	SL/T 792—2020	2020年5月15日	2020年8月15日
《水利预应力锚固技术规范》	SL/T 212—2020	2020年6月5日	2020年9月5日
《水利水电工程水文计算规范》	SL/T 278—2020	2020年7月24日	2020年10月24日
《水工建筑物水泥化学复合灌浆施工规范》	SL/T 802—2020	2020年9月25日	2020年12月25日
《水工建筑物岩石地基开挖施工技术规范》	SL 47—2020	2020年11月2日	2021年2月2日
《堤防工程管理设计规范》	SL/T 171—2020	2020年11月2日	2021年2月2日
《水利网络安全保护技术规范》	SL/T 803—2020	2020年11月30日	2021年2月28日
《淤地坝技术规范》	SL/T 804—2020	2020年11月30日	2021年2月28日
《水利水电工程钻探规程》	SL/T 291—2020	2020年11月30日	2021年2月28日
《水利水电工程地质测绘规程》	SL/T 299—2020	2020年11月30日	2021年2月28日
《水工混凝土试验规程》	SL/T 352—2020	2020年11月30日	2021年2月28日
《水工纤维混凝土应用技术规范》	SL/T 805—2020	2020年11月30日	2021年2月28日
《水利水电工程水泵基本技术条件》	SL/T 806—2020	2020年11月30日	2021年2月28日
《碾压式土石坝设计规范》	SL 274—2020	2020年11月30日	2021年2月28日
《水利水电工程进水口设计规范》	SL 285—2020	2020年11月30日	2021年2月28日
《水工建筑物水泥灌浆施工技术规范》	SL/T 62—2020	2020年11月30日	2021年2月28日
《水利水电工程压力钢管设计规范》	SL/T 281—2020	2020年11月30日	2021年2月28日
《水工建筑物水流脉动压力和流激振动模型试验规程》	SL/T 158—2020	2020年12月15日	2021年3月15日

4.1.3.3　团体标准编制

从中国土木工程建设领域的权威团体中国土木工程学会、中国建筑业协会、中国工程建设标准化协会和中国建筑学会的官方网站上收集整理了各团体2020年发布的团体标准，汇总如附表4-1~附表4-4所示。

4.1.4　专利研发

本报告重点反映2020年土木工程建设领域的重要发明专利情况。主要考虑以下两种情况：

（1）获奖发明专利。指获得近三年（第二十届、第二十一届和第二十二届）中国专利奖的土木工程建设领域的发明专利。参见表4-11~表4-13。

（2）推荐发明专利。指虽未获得近三年中国专利奖，但是对土工工程建设领域具有重要价值的发明专利，由中国土木工程学会组织专家推荐。参见表4-14。

（3）获奖实用新型专利。指获得第二十二届中国专利奖的土木工程建设领域的实用新型专利。参见表4-15。

获得第二十届中国专利优秀奖的土木工程建设领域的重要发明专利　表4-11

专利号	专利名称	专利权人	主要发明人
ZL200710168601.3	钢桁梁纵向多点连续拖拉施工方法	中铁大桥局集团有限公司	秦顺全，周外男，宋杰
ZL201410251173.0	一种用于无砟轨道混凝土伸缩缝的硅酮嵌缝材料及其制备方法	中国铁道科学研究院铁道建筑研究所	李化建，易忠来，温浩
ZL200810167250.9	一种检测玻璃幕墙自爆隐患的方法	中国建材检验认证集团股份有限公司	包亦望，刘立忠，邱岩
ZL200810112230.1	双块式无砟轨道的施工装备及施工工艺	北京铁五院工程机械有限公司，中铁第五勘察设计院集团有限公司，中铁十九局集团有限公司	王安升，孙公新，胡华军
ZL201010533111.0	建筑装饰多用途熟胶粉及制备方法	广州市高士实业有限公司	胡新嵩，何生身，廖伟
ZL201110032815.4	一种集垂直运输设备及模架为一体的自顶升施工平台	中建三局建设工程股份有限公司	张琨，黄刚，吴延宏
ZL201110425370.6	防飓风单元幕墙	沈阳远大铝业工程有限公司	赵宇，赵宏伟
ZL201210068725.5	一种环形切削成拱预支护隧道施工成套设备	中国铁建重工集团有限公司	王守慧，郑大桥，田泽宇

专利号	专利名称	专利权人	主要发明人
ZL201210071816.4	一种复合预应力筋成品拉索及其制作方法	柳州欧维姆机械股份有限公司，中国科学院国家天文台	黄颖，朱万旭，姜鹏
ZL201210394563.4	玻璃钢防火分隔结构	江龙船艇科技股份有限公司	晏志清
ZL201210541899.9	一种全钢隔断结构	汉尔姆建筑科技有限公司	王晓冬，李久来，庄善相
ZL201310300435.3	集装箱房消能减震系统	深圳市洪轩科技有限公司	查博，赵小梅，查晓雄
ZL201310303529.6	混凝土抗压强度智能检测仪及其检测方法	王文明	王文明
ZL201310320138.5	双预应力钢丝缠绕式压机	广东科达洁能股份有限公司	余弦，曹飞
ZL201310488492.9	沉管隧道用半刚性管节	中国交通建设股份有限公司，中交公路规划设计院有限公司	林鸣，刘晓东，尹海卿
ZL201310566616.0	一种浇灌式现场发泡阀门深冷绝热材料	中国寰球工程有限公司，浙江振申绝热科技有限公司	贾琦月，姚月英，陆长春
ZL201410081607.7	建筑用高性能结构钢Q550GJ的CO_2气体保护焊焊接工艺	中冶建筑研究总院有限公司，中国京冶工程技术有限公司	马德志，刘菲，龚超
ZL201510209804.7	桥梁的顶推施工的方法	中交路桥华南工程有限公司，中交路桥建设有限公司	刘怀刚，高世强，肖向荣
ZL201510906592.8	一种悬索桥主缆用预制平行钢丝预成型索股的制作方法	江苏法尔胜缆索有限公司	赵军，宁世伟，薛花娟
ZL201110293700.0	潜孔冲击高压旋喷桩的施工工艺和设备	北京荣创岩土工程股份有限公司	张亮，李楷兵，李德江
ZL201610153233.4	自动液压仰拱栈桥台车及其施工方法	湖南五新模板有限公司	郑怀臣，王亚波，程波
ZL201410011760.2	一种多功能全地形步履式液压挖掘机	徐工集团工程机械股份有限公司道路机械分公司	陈秀峰，施晓明，薛峰
ZL201410254633.5	淤泥固化剂及使用淤泥固化剂的淤泥固化工艺	广州市水电建设工程有限公司	陈永喜，赵志杰，赖佑贤

获得第二十一届中国专利优秀奖的土木工程建设领域的重要发明专利　　　表4-12

专利号	专利名称	专利权人	主要发明人
ZL201010189668.7	填芯管桩水泥土复合基桩及施工方法	山东省建筑科学研究院，山东聊建集团有限公司，山东鑫国基础工程有限公司	宋义仲，马凤生，赵西久
ZL201210562397.4	一种海洋环境下混凝土结构耐久性定量设计的方法	广西大学	杨绿峰，余波，陈正

专利号	专利名称	专利权人	主要发明人
ZL201610805301.0	一种富水围岩中土压平衡盾构施工突涌防治装置与方法	中铁十六局集团北京轨道交通工程建设有限公司，中铁十六局集团有限公司，上海交通大学	张伟森，吴大勇，沈水龙
ZL201110026900.X	一种煤层底板注浆加固水平定向钻孔的施工方法	中煤科工集团西安研究院有限公司	董书宁，李泉新，石智军
ZL201210047627.3	具有模板功能的凸起式可周转混凝土承力件及其施工方法	中建三局建设工程股份有限公司	张琨，黄刚，王开强
ZL201310108134.0	深厚软土地基桥台施工方法	中冶天工集团天津有限公司	肖策，褚丝绪，孟繁奇
ZL201310544705.5	一种先墙后拱交叉中隔壁的隧道施工方法	中铁第四勘察设计院集团有限公司	肖明清，邓朝辉，陈建桦
ZL201310716954.8	十字交叉开挖支撑后拆式隧道施工方法	中铁十九局集团第三工程有限公司	赵立财
ZL201410763722.2	一种混凝土面板堆石坝面板分缝结构及其施工方法	中国电建集团贵阳勘测设计研究院有限公司	湛正刚，张合作，程瑞林
ZL201610072707.2	节段梁预应力管道施工方法	中交一公局第二工程有限公司	徐胜祥，胡风明，鞠加元
ZL201610462627.8	一种水下无封底混凝土钢混组合吊箱围堰施工方法	中国铁建港航局集团有限公司	刘齐辉，董琴亮，魏贤华
ZL201610805301.0	一种富水围岩中土压平衡盾构施工突涌防治装置及方法	中铁十六局集团北京轨道交通工程建设有限公司，中铁十六局集团有限公司，上海交通大学	马栋，张伟森，吴大勇
ZL201611174611.3	一种用于隧道施工的盾构机姿态复核方法	中国水利水电第四工程局有限公司	任斌，安健，巩平福
ZL201711007575.6	一种拱桥施工缆索吊塔架位移控制系统及使用方法	广西路桥工程集团有限公司，广西大学	郑皆连，邓年春，王建军
ZL201110173880.9	钢索预应力玻璃幕墙	沈阳远大铝业工程有限公司	李洪位，张永强
ZL201010122201.0	一种海洋平台的建造方法	烟台中集来福士海洋工程有限公司，中国国际海运集装箱（集团）股份有限公司	章立人，滕瑶，兰公英
ZL201210272947.9	桁架梁整体顶推架设方法	中铁二十三局集团有限公司，中铁二十三局集团第三工程有限公司	田宝华，李治强，彭继安
ZL201310183795.X	一种用于地铁基坑支撑梁的钢模板体系	广州机施建设集团有限公司，广州鑫桥建筑工程有限公司	何炳泉，邱师亮，黎文龙
ZL201310192696.8	钢围堰的锚固方法及钢围堰结构	安徽省交通控股集团有限公司，中交路桥华南工程有限公司，中交路桥建设有限公司	房涛，尤吉，肖向荣
ZL201510856316.5	桩顶支撑步履式移动打桩平台	中交第二航务工程局有限公司，中交武汉港湾工程设计研究院有限公司	张鸿，谢道平，汪文霞

专利号	专利名称	专利权人	主要发明人
ZL201610393635.1	一种隧道钢拱架放置装置	江苏中路工程检测有限公司，江苏中路交通科学技术有限公司	孙雪伟，陈李峰，杨响
ZL201610763663.8	具备防抬梁和防落梁功能的双曲面球型减隔震支座	洛阳双瑞特种装备有限公司，中铁二院工程集团有限责任公司	李恒跃，刘名君，戴胜勇

获得第二十二届中国专利优秀奖的土木工程建设领域的重要发明专利　　表4-13

专利号	专利名称	专利权人	主要发明人
ZL201510551952.7	一种施工升降机变频器的刹车检测方法及系统	深圳市英威腾电气股份有限公司	许晋宁
ZL201110251415.2	PCCP管芯自密实混凝土成型方法	四川国统混凝土制品有限公司，新疆国统管道股份有限公司	李世龙，刘川，陈明轩
ZL201510692064.7	用于超大直径工程桩施工的自稳式快速连接护壁钢模板	中建一局集团建设发展有限公司，中国建筑一局（集团）有限公司	周予启，黄勇，左强
ZL201510717087.9	一种强震后高原寒区隧道两侧松散体地层施工方法	中铁二局集团有限公司，中铁二局第四工程有限公司	刘泽，何开伟，林代和
ZL201611005779.1	检测钢筋套筒灌浆连接灌浆料实体强度及其施工质量的方法	中国建筑科学研究院有限公司	孙彬，张仁瑜，毛诗洋
ZL201710339574.5	高架站单双线箱梁架设施工方法	中铁三局集团线桥工程有限公司，中铁三局集团有限公司	崔成，王亮明，徐超
ZL201710945560.8	一种大跨度多桁拱肋竖转施工方法	中交第二航务工程局有限公司，中交武汉港湾工程设计研究院有限公司	张鸿，薛志武，黄朝晖
ZL201711317826.0	江底溶洞省料封闭可循环静压注浆系统及施工方法	中建市政工程有限公司，中国建筑一局（集团）有限公司，中国建筑股份有限公司	陈俐光，田辉，于艺林
ZL201711441828.0	一种应用于道路工程的土壤改性剂及其制备方法	广州市水电建设工程有限公司	陈伟梁，李东文，闫晓满
ZL201210563691.7	AP1000反应堆厂房内部结构建造过程成品保护装置	中国核工业第五建设有限公司	杨超，徐付奎，严于胜
ZL201610237217.3	一种基坑深层水平位移和竖向沉降的监测装置及方法	广州市建筑科学研究院有限公司，广州建设工程质量安全检测中心有限公司	陈航，胡贺松，苏键
ZL201810263940.8	一种检测装配式混凝土结构中套筒灌浆料实体强度的方法	昆山市建设工程质量检测中心	顾盛，吴玉龙，赵建华
ZL201810669294.5	一种塔式起重机钢基础悬挂安装方法	中建二局第二建筑工程有限公司	崔文才，闫许锋，范吉英
ZL201610784961.5	敞开式掘进机	中国铁建重工集团股份有限公司	刘飞香，程永亮，郑大桥

专利号	专利名称	专利权人	发明人
ZL200910227702.2	一种孔内注浆并有效止浆的方法及装置	中铁隧道集团有限公司，中铁隧道集团三处有限公司	王明胜，王全胜，隆卫
ZL201610829807.5	一种用于盾构机刀盘的可转动辐条	中铁隧道集团有限公司，盾构及掘进技术国家重点实验室	陈馈，周建军，李宏波
ZL201710382886.4	生成三维、二维图形的桥梁结构信息模型系统及使用方法	上海市城市建设设计研究总院（集团）有限公司	胡方健
ZL201810003973.9	基于地面公交优先的行人路段过街控制方法	上海市城市建设设计研究总院（集团）有限公司	徐一峰，彭庆艳，关士托
ZL201711154812.1	基于融合数据的居民出行OD分布提取方法	上海市城市建设设计研究总院（集团）有限公司	蒋应红，狄迪，彭庆艳
ZL201810578657.4	基于公交App软件的乘客出行优化方法	上海市城市建设设计研究总院（集团）有限公司	蒋应红，吴金龙，狄迪
ZL201710077763.X	可减少桥梁桥台搭板端部水平作用力的构造	上海市城市建设设计研究总院（集团）有限公司	傅梅，陆元春，周良
ZLZL201910460387.1	盾构隧道施工纠偏的稳态目标偏置系统及方法	上海隧道工程有限公司	杨宏燕，孙连，黄志刚
ZL201910460390.3	盾构纠偏油压输出的自适应控制方法及系统	上海隧道工程有限公司	杨宏燕，孙连，李磊
ZL201910460379.7	盾构纠偏力矩的预测方法及系统	上海隧道工程有限公司	杨宏燕，吴惠明，肖晓春
ZL201810459709.6	基于叉车的预制烟道板安装机具及其施工方法	上海隧道工程有限公司	宋兴宝，杨流，杨建刚
ZL201811283986.2	一种大悬臂盖梁预制拼装方法	上海城建市政工程（集团）有限公司	陈立生，陈斌，赵国强
ZL201810459708.1	燃气旧管道内多管穿越施工方法	上海煤气第一管线工程有限公司	王敏敏，顾军，杨哲
ZL201910093721.4	一种燃气管道搬迁施工方法	上海能源建设集团有限公司	张乐珍，龚剑华，王智笑
ZL201810059536.9	一种图像识别筛选红砖和混凝土的方法及其系统	成都建工预筑科技有限公司	李锋，孔文艺，范晓玲
ZL201810822223.4	一种面层不透水基层透水的路面铺装板及其制作工艺	成都建工预筑科技有限公司	范晓玲，李永，赖谷雍
ZL201711092521.4	减阻泥浆及其制备与使用方法	上海公路桥梁（集团）有限公司	王剑锋，徐飞，王帅
ZL201610694898.6	隧道上风道板拆除施工方法	上海公路桥梁（集团）有限公司	陈功奇，陶利，徐骏

专利号	专利名称	专利权人	发明人
ZL201810387009.0	一种高流动度注浆改性沥青及其制备方法	上海公路桥梁（集团）有限公司，上海城建道路工程有限公司	柴冲冲，曹亚东，倪文全
ZL201710131302.6	一种钢壳沉管用低收缩自密实混凝土、其制备方法及应用	中交四航工程研究院有限公司，中交第四航务工程局有限公司，广州港湾工程质量检测有限公司	王胜年，吕卫青，熊建波
ZL201510615601.8	一种多节拼接可回收螺旋扩大头锚杆结构及其施工方法	河海大学	高玉峰，周源，张宁
ZL201110008232.8	一种用于测试钢管桩承载力的荷载箱	东南大学	龚维明，戴国亮
ZL202010890643.3	基于初始刚度法的桩基综合检测方法	东南大学	龚维明，郭庆，戴国亮
ZL201710896115.7	一种无损识别地坪病害和快速微损修复地坪病害的方法	上海申元岩土工程有限公司，华东建筑设计研究院有限公司，上海地下空间与工程设计研究院	苏志鹏，梁永辉，高星
ZL201710893735.5	一种基于冲击加速度的强夯施工数据采集方法	上海申元岩土工程有限公司，华东建筑设计研究院有限公司，上海地下空间与工程设计研究院	黄玮，梁永辉，秦振华
ZL201911126252.8	基于快速预压固结处理水下软土地基的复合基础	清华大学	于玉贞，王翔南，郝青硕
ZL201811085329.7	渗压计埋设装置及埋设方法	水利部交通运输部国家能源局南京水利科学研究院	蔡正银，沈雪松，关云飞
ZL201811345344.0	用于大型离心机超重力场下的地质构造物理模拟实验装置	浙江大学	詹良通，张驰，周建勋
ZL201810770363.1	采用离心模型试验评价岩土边坡安全储备的方法	中国水利水电科学研究院	侯瑜京，贾程宏，祁磊基

获得第二十二届中国专利优秀奖的土木工程建设领域的重要实用新型专利　表4-15

专利号	专利名称	专利权人	主要发明人
ZL201820190321.6	一种沉管隧道组合地基	中交第四航务工程勘察设计院有限公司	卢永昌、林鸣、李建宇
ZL201210537208.8	一种圆截面钢管混凝土径向倾斜受压强度试验装置	清华大学	韩林海，侯超

4.2 中国土木工程詹天佑奖获奖项目

为贯彻国家科技创新战略，提高土木工程建设水平，促进先进科技成果应用于工程实践，创造优秀的土木建筑工程，中国土木工程学会与北京詹天佑土木工程科学技术发展基金会专门设立了"中国土木工程詹天佑奖"。该奖项在建筑、铁道、交通、水利等土木工程领域组织开展，旨在奖励和表彰我国在科技创新和科技应用方面成绩显著的优秀土木工程建设项目。中国土木工程詹天佑奖评选始终坚持"公开、公平、公正"的设奖原则，已经成为我国土木工程建设领域科技创新的最高奖项，为弘扬科技创新精神，激励科技人员的创新创造热情，促进我国土木工程科技水平提高发挥了积极作用。中国土木工程詹天佑奖自1999年开始，迄今已评奖18届，共计524项工程获此荣誉。

4.2.1 获奖项目清单

近三年（第十六届至第十八届）中国土木工程詹天佑奖获奖情况如下：

第十六届共遴选出30项精品工程获得表彰，其中建筑工程6项，桥梁工程、铁道工程、隧道工程各3项，公路工程1项，水利水电工程、水运工程各2项，轨道交通工程3项，市政工程4项，住宅小区工程2项，国防工程1项。具体获奖工程及获奖单位清单见附表4-5。

第十七届共遴选出31项精品工程获得表彰，其中建筑工程9项，桥梁工程、铁道工程、隧道工程各3项，公路工程2项，水利水电工程1项，水运工程2项，轨道交通工程3项，市政工程4项，住宅小区工程1项。具体获奖工程及获奖单位清单见附表4-6。

第十八届中国土木工程詹天佑奖经过推荐申报、资格审核、专业预审、评选委员会评审、詹天佑大奖指导委员会核定以及公示等程序，共遴选出30项精品工程获得表彰，其中建筑工程9项，桥梁工程、铁路工程各3项，隧道工程、公路工程、水利水电工程各1项，水运工程2项，轨道交通工程4项，市政工程2项，水业工程1项，公共交通工程1项，燃气工程1项，住宅小区工程1项。30个获奖工程在规划、勘察、设计、施工、科研、管理等技术方面具有突出的创新性和较高的科技含量，积极贯彻执行"创新、协调、绿色、开放、共享"的新发展理念，在同类工程建设中具有领先水平，经济和社会效益显著。第十八届詹天佑大奖30项获奖工程及获奖单位清单见附表4-7。

4.2.2 获奖项目科技创新特色

本报告对第十八届获奖项目的工程概况和项目科技创新特色作简要介绍。

4.2.2.1 建筑工程获奖项目

（1）500m口径球面射电望远镜（FAST）工程

FAST是国家"十一五"重大科技基础设施建设项目（图4-1），开创了建造巨

图4-1 500m口径球面射电望远镜（FAST）

型望远镜的新模式，成功地建设了反射面相当于30个足球场的射电望远镜，灵敏度达到世界第二大望远镜的2.5倍以上，大幅拓展人类的视野，用于探索宇宙起源和演化。工程于2011年3月25日开工建设，2016年9月25日竣工，总投资11.74亿元。

项目创建了超大型射电望远镜的新系统，即主动反射面、馈源支撑等系统，实现了500m口径反射面主动变位和馈源舱高精度定位，是射电望远镜建造技术的重大突破；提出了适应山区复杂地形的圈梁支承形式，发明了索网形态分析的目标位形初应变补偿法，研究了主动变位的索网疲劳性能，实现了FAST大尺度、超高精度及主动变位等创新性结构设计；研制了500MPa超高应力幅及毫米级精度的结构钢索，发明了多种大跨度、高精度施工工法，突破了现场极其苛刻的复杂场地限制，实现了建设完成跨度极大、精度极高的望远镜主体结构，是建筑工程史上一大创举；发明了大尺度、高精度、高动态测量控制与安全评估技术，实现了提供反射面高精度位置信息和全天候、高精度、大尺度高采样率的馈源支撑动态测量；在管理创新方面，采用了全过程工程咨询模式，开创了"十字形"交叉管理系统和"五维一体"项目管理方式，实现了节能、绿色、环保等管理体系的有机融合，开启了大科学工程建设管理的新模式。

（2）辰花路二号地块深坑酒店

辰花路二号地块深坑酒店位于上海市松江佘山国家旅游度假区的天马山深坑内（图4-2），海拔-88m，占地面积约10万m²，总建筑面积6.2万m²，坑内建筑16层（水下2层），坑外2层，地上高度12.8m。工程于2011年6月1日开工建设，2018年9月29日竣工，总投资20亿元。

项目首次揭示了深坑建筑结构受有"幅值差"、无"相位差"的多点地震作用问题，并提出竖向多点支承结构体系弹性及弹塑性动力分析方法，填补了我国房屋建筑结构在竖向多点支承约束体系的设计空白；首次提出了"深坑-基础-结构"共同作用下深坑建筑结构抗震控制简化方法，突破了常规工程抗震设计方法在矿坑建筑中应用的瓶颈；提出复杂地质环境下的三维协同设计方法，实现了设计可视化与虚拟建造，避免结构与岩土体界面碰撞，达到安全可靠、节省能源与成本、降低周围环境影响的高效三维协同设计；发明了百米负向混凝土输送装备和施工方法，"多单元竖向桁架+多点水平约束"的运输通道，突破了传统施工技术无法满足深坑建筑高效施工的技术难题，实现了深坑建筑人员与物料的高效安全输送；发明了渐进式无支撑体系空间钢桁架施工方法、矿坑钢拱架安装施工方法与构件递推接力安装技术，解决了矿坑内受限空间建筑结构施工难题；发明了矿坑崖壁逃生通道结构及

图4-2 辰花路二号地块深坑酒店

施工方法，形成上下双向疏散、坑内立体扑救的消防体系；研发了深坑内水文控制系统及水位控制方法，形成了百米矿坑安全施工、运营防护技术，解决了矿坑安全防护技术难题。

（3）东方之门

东方之门是由两栋超高层建筑组成的双塔连体建筑（图4-3），是至今为止世界最高、体量最大的拱门式建筑。东方之门建筑总高度301.8m，总用地面积24319m²，总建筑面积453142m²，地上总建筑面积336681m²，地下总建筑面积116461m²。塔楼地上最高分别为66层和60层，在高空采用拱式巨型桁架连成整体，突破了超高连体结构强连接抗震难题，是结构工程领域的一项创新。裙房为地上8层，建筑高度50m。地下室共5层。裙房在6、7层处设有一条跨度超过60m的观

图4-3　东方之门

光天桥，连接南北裙房。工程于2006年8月28日开工建设，2017年3月21日竣工，总投资45亿元。

工程是目前世界最高、体量最大的拱门式超高层建筑，率先采用巨型钢桁架将两个非对称超高独立塔楼进行刚性连接，突破了300m级超高连体结构强连接抗震设计的难题；采用软土地质条件下百米级、大直径、后注浆、大承载力钻孔灌注桩，有效控制了非对称高层塔楼不均匀沉降；创新了复杂软土深基坑变形控制技术，实现了与内嵌基坑中心地铁车站的同步建造，完成当时单坑2.6万m²、挖深30.4m的基坑工程创举；研发出自重不大于18kN/m³的轻质、高强轻集料混凝土，降低了超高塔楼的自重及侧向变形；研发出低水化热、低收缩混凝土制备及超厚超大体积混凝土施工成套技术，实现超厚超大体积混凝土一次性连续浇筑；采用超高建筑整体自升钢平台脚手模板体系成套建造装备技术，该体系具有整体性强、承重能力大、安全性好、自动化程度高的优势，实现了复杂核心筒结构高效快速施工；研发出高空悬臂结构临时支撑装置，荷载分步施加的偏心结构位移控制工艺，形成大跨超高空巨型拱门结构悬臂合拢施工技术，解决了塔楼偏心受荷侧向变形控制困难的问题，保障了双塔门式结构的协同工作。

（4）新建云桂铁路引入昆明枢纽昆明南站站房工程

工程位于云南省昆明市呈贡区，是我国西南地区规模最大、抗震设防等级最高的国际性铁路客运综合交通枢纽（图4-4）。该工程总建筑面积334736.5m²，建筑总高度41.85m。工程于2013年11月15日开工建设，2017年6月30日竣工，总投资39.81亿元。

工程创新研究出强震带、厚砂层、岩溶地区桩基础施工技术。系统地解决了该地质条件下65m深桩基础抗震性能下降和液化后承载力稳定不足的难题；国内首创大型高铁站房9度抗震设计、建造成套技术。发明大型十字钢骨柱转圆钢柱9度抗震转换节点、具有自恢复功能的悬吊索式抗震钢结构、平行双铰式大位移抗震雨篷梁式结构，系统地解决了地震高烈度区大跨度结构的抗震性难题，结构抗震9度设防创全国之最；独创孔雀开屏状建筑空间复杂结构设计与施工技术。采用双向倾斜变截面钢柱吊装及抗震支座连接技术和大跨度弧梁上S形曲线钢柱施工技术，解决了空间钢结构复杂受力体系计算及精准安装的难题；首次开发大型复杂建筑全生命期三维可视化结构健康远程实时监测系统。解决了高压复杂电磁场区信号干扰问题，实现实时、远程、无人监测，并形成健康监测技术行业标准；开发智慧能源管理信息系统，实现了设备集中、智能控制、智能监测；创新研究了被动式节能设计技术，

图4-4 新建云桂铁路引入昆明枢纽昆明南站站房

解决了集中空调系统高投入高能耗的难题；创新研发灯具四段自动寻址技术、空间染色及特制LED透镜滤光技术，解决了双倾斜羽毛雕花铝板幕墙凹凸管理照明及光晕的难题，实现了亮度、色彩灵活自动切换及移动端远程控制；首次同步开展大型复杂"桥建合一"铁路站房车致振动频域仿真技术研究。通过研究列车运行对"桥建合一"铁路站房、承轨、候车等主要结构层的振动影响，在保证行车安全的前提下优化承轨层减振途径和候车层隔振技术措施，提高站房使用舒适度；首创室外"钢琴键盘"式超长悬挑吊顶安装成套技术。创新采用"地面预拼装、分段提升、高空对接"工艺,解决了直线度和表面平整度控制的难题。板面采用"钢琴键盘"式分隔,将功能与外观、传统与现代完美融合。

(5)珠海十字门中央商务区会展商务组团一期工程

项目占地面积23.3万m²,总建筑面积70万m²,由6个单体建筑组成,共用2层地下室,建筑面积41万m²(图4-5)。工程外观新颖、结构合理、功能丰富,应用绿色建造技术,是国内一次性建成且拥有最大规模地下空间的海滨会展商务城市综合体,是珠江西岸首个中国建筑新地标,是粤港澳大湾区合作重要平台和澳门产业多元服务基地。工程于2010年6月28日开工建设,2017年12月28日竣工,总投资75亿元。

工程首次提出补偿基础差异沉降法。连续施工一次性建成国内外拥有最大规模地下空间的会展商务城市综合体,为类似工程地下空间施工提供借鉴;首次在会展

图4-5 珠海十字门中央商务区

中心工程中应用了格构柱+拉索作为屋盖的主要支撑体系，开创了该类超大型复杂结构设计先例；国内首次利用结构柱作为提升支点实现大跨度钢结构整体提升技术，推动了我国液压整体提升技术发展；开发了国内最大的通用球形反力架，通过对超出标准规定的四类多管相贯节点试验研究，提出了合理的计算分析理论和方法；国内首次应用带伸臂桁架的复杂空间曲面倾斜剪力墙核心筒建造技术；研发了国内最大直径、连续精准成型的新型数控圆管空间冷弯装备；国内首创重载大跨度钢-混凝土新型组合梁的新型结构体系，实现了重载作用下大跨度组合梁的优化配置，降低工程造价20%以上，填补了该领域的国内空白；国内首次创新应用重载特大跨空间转换钢桁架数字建造技术，实现了高效精确建造；首次利用拓扑学+仿生学，分析最佳传力路线，解决了超大异型复杂廊式结构设计的难题。

（6）苏州工业园区体育中心（体育场、游泳馆）

工程包括一场两馆一中心，总建筑面积38.6万m^2，由45000座体育场、13000座体育馆、3000座游泳馆、配套服务楼、中央车库及室外训练场等组成，是苏南规模最大的多功能综合性甲级体育中心（图4-6）。工程于2015年3月27日开工建设，2018年3月21日竣工，总投资50.8亿元。

图4-6　苏州工业园区体育中心

工程是国内最大跨度的马鞍形大开孔轮辐式单层索网结构，国内首次将直立锁边金属屋面设置在单层正交索网结构体系上，填补了国内超大跨度单层索网结构空白；研究形成了"外倾V形柱+马鞍形外压环+单层索网"结构体系。提出了适用于体育场建筑的"马鞍形大开孔轮辐式单层索网"结构。发明了V形柱脚单向和面内滑动的特种关节轴承构造，提出柱顶临时设缝减力措施和基于改进遗传算法的结构形态优化分析方法；对高腐蚀高应力状态下密封索的防腐蚀性能进行试验研究和数值分析，预测了拉索寿命，为索网结构在游泳馆等高腐蚀环境下的应用提供依据；首次采用钢板和铸钢件组合式环索索夹节点、可调式法兰连接索端锚固节点、适用于施工中依次夹紧双向拉索的索夹节点。发明了张力条件下考虑时间效应，并同步监控高强度螺栓紧固力的拉索–索夹组装件抗滑移承载力试验方法，提出索夹抗滑承载力计算公式；创新直立锁边刚性屋面、马道设计，以放为主，设置大量滑动、转动连接以释放索变形不利影响，适应单层索网主体结构大变形；发明双向单层正交索网结构无支架高空溜索施工技术，提出轮辐式单层索网结构的整体提升、分批逐步锚固施工技术，提出柔性索网结构刚性屋面的配重施工技术，单层索网结构成型后实测数据与数值模拟分析相比最大差值17mm，精度达到国际领先水平；发明了基于非线性动力有限元的索杆系静力平衡态找形分析方法，提出基于正算法的索网结构零状态找形迭代分析方法，提出索力、索长和外联节点坐标随机误差组合影响分析方法；创新采用关节轴承安装限位控制方法和外压环梁高精度安装、合拢方法及高空作业安全保障技术措施，实现了压环梁与索头连接销轴孔中心关键节点20mm以内高精度成型的安装精度，高精度成型控制技术达到国际领先水平。

（7）曲江·万众国际

曲江·万众国际坐落于西安市曲江新区（图4-7），是陕西省建设"国家中心城市"、创建"丝绸之路经济带"、打造国际化大都市的重点项目之一。项目依坡而建，总建筑面积30.6万m²，建筑高度91.7m，安装系统齐全，功能完善。项目于2013年1月开工建设，2018年5月竣工，总投资35亿元。

工程建筑群借鉴烟囱效应，采用环形布局，形成良好空气对流，结合下沉式庭院、种植屋面、单元式生态幕墙，有效降低建筑能耗，绿色节能环保；230m超长混凝土结构无缝设计，合理设置加强带、后浇带，并在混凝土中掺入高性能纤维膨胀抗裂剂，确保结构安全稳定；机电安装设计功能齐全，布局合理，专用夹层集中布置设备，空调系统竖向布置，有效提升了空间利用率，降低设备运转噪声影响，便

图4-7 曲江·万众国际

于集中管理和维修；在西北地区率先应用预应力锚索后压浆技术，满足设计强度的同时有效缩短锚索长度；探索实施高边坡部位地下室外墙与支护结构之间空腔+永久支护构造施工技术，消除高边坡对建筑产生的水平附加应力；研发狭小空间屋面重型钢桁架分段二次变向滑移施工技术，智能同步控制，精准安装就位；研发超大多幅动态水晶灯安装技术和吊灯轨道机械臂无线充电技术，实现了灯具供电和动态旋转，填补国内外同类产品空白。

（8）上海世博会博物馆

上海世博会博物馆是全球唯一的世博会专题博物馆，由上海市政府与国际展览局合作共建。上海世博会博物馆是一座集展陈、文献中心、4D影厅、云体验中心为一体的国际性博物馆（图4-8）。工程地处上海市浦西世博园区，总建筑面积46550m^2，建筑高度34.8m，结构形式主要由钢框架结构、空间网架结构组成。工程于2013年12月30日开工建设，2017年3月30日竣工，总投资5亿元。

SERVICE CENTER 游客服务中心

图4-8　上海世博会博物馆

　　工程的"欢庆之云"空间异型网壳结构，创新采用了3个结构拱互相连接，共同支持上部的云厅平台，形成一个完全自承重结构。结构体系设计新颖独特，经济合理；针对复杂异型钢结构抗震设计，创新提出了延性桁架抗弯框架概念，并采用屈曲约束支撑、软钢阻尼器、桁架下弦耗能构件等多种消能减震技术，解决了复杂空间结构抗震性能设计的难题；创新提出了空间异型网壳结构的共线相贯连接方法，将传统杆件与铸钢件连接，部分优化为脊柱与环梁连接，使铸钢件数量下降70%，避免了铸钢件节点需逐一开模的缺陷和风险，节约施工工期约90d；自主研发了2100t多点异型曲面液压成型设备、5轴机器人轨迹控制系统和杆件校位器等，并基于参数化3D模型，解决了异面曲线构件的加工制作难题；针对自由曲面幕墙设计施工难题，创新采用销轴式防脱自适应连接件，实现了云幕墙表面平滑过渡；通过7种基础板型组合和插接式榫卯连接构造，实现了铜铝板幕墙的全随机拼接效果；作为上海市第一个建筑全生命期应用BIM的试点工程，该工程在设计、施工、运维阶段均全面使用BIM技术，通过智慧建造平台和运维管理平台，实现了工程的数字建造和智慧运维；在自然环境模拟分析的基础上，通过优化建筑流线、外立面材质以及屋顶绿化设置，同时应用采光补偿技术、保温隔热技术等技术，打造出一座节能环保、环境友好的绿色三星建筑。

（9）中国人寿研发中心一期

工程位于北京市中关村环保科技示范园，总建筑面积23.65万m²，由数据中心、研发中心、培训中心组成（图4-9）。工程于2010年11月1日开工建设，2016年5月30日竣工，总投资30亿元。

工程按国际最高T4标准创新设计了最大地下单体数据中心，首次实现5级人防数据机房，综合能源利用率PUE值小于1.6，达到国际顶级数据中心水平；首创大型蓄冷库与混凝土主体结构"双体合一"及三重精细布水技术，开创了该类超大型蓄冷库施工建造先例；针对承压重型设备的下凹式屋面，首创隔振浮筑屋面技术与室外墙面保温、吸声和防水一体化构造体系，并率先实现了在建筑隔离技术中的应用；针对超高超重遮阳幕墙，首次研发应用外檐集群式智能旋转系统，填补了该项产品在国内应用的空白；工程秉承低碳环保的超现代化国际绿色建筑设计理念，研发并集成了新型主被动结合绿色建筑机电系统等多项低耗环保技术。解决了建筑多参数采集、太阳能相变蓄热供暖等关键技术难题；工程全面应用智能建造技术，实现配电系统分布冗余以及暖通系统2N配置，完成数字交付。

图4-9　中国人寿研发中心一期

4.2.2.2 桥梁工程获奖项目

（1）重庆至贵阳铁路扩能改造工程新白沙沱长江大桥及相关工程站前工程

新白沙沱长江大桥是渝贵客车线、渝贵货车线引入重庆枢纽和远期渝湘客车线的重要过江通道（图4-10）。新白沙沱长江大桥主桥是世界上首座跨度最大、荷载最重的六线双层铁路钢桁梁斜拉桥。大桥集"六线、双层、双桁"特点于一体，是

图4-10　新白沙沱长江大桥

现代大跨度铁路斜拉桥新型结构的集中体现。工程于2013年1月开工建设，2018年1月竣工，总投资约20.7亿元。

项目研究并建立了六线双层铁路桥梁结构疲劳与强度、结构刚度及预拱度设计方法，提出疲劳和强度多线系数以及其他量化指标；研究并建立了六线双层铁路桥风-车-桥耦合振动计算方法，提出列车多工况运行情况下的行车控制准则；采用六线双层铁路桥新型桁架结构，提高钢桁梁的利用率，实现了高效节能；建立了纵横梁桥面系纵梁连续结构，增强结构整体性，提高行车舒适性；研发了1800t双索式斜拉索锚固构造，解决了世界最大单点索力传递与锚固的难题；研发了吊挂式拖拉锚座装置，解决了钢梁往复顶推过程中杆件高强度螺栓摩擦面保护的难题；首次提出单侧墩旁托架架梁技术，解决了墩顶节段边跨侧架设的难题；研发了临近运营铁路桥梁的水下岩石基础施工关键技术；采用通用性临时结构，实现了同一结构具备多种功能；研究了多工序并行交叉快速施工技术，显著节省工期；率先在国内将BIM技术应用于特大型桥梁施工中，集成设计、制造、施工、监控等信息，形成施工4D-BIM模型，实现桥梁设计、施工、运维阶段的BIM集成应用；实现了铁路大跨桥梁由四线到六线的重大突破，其成果在国际领先，并纳入相关标准，节约投资1.8亿元。

（2）昆山市江浦路吴淞江大桥整体顶升改造工程

昆山市江浦路吴淞江大桥顶升改造工程是苏申内港线航道整治的重要改造工程，大桥位于江苏省昆山市江浦路跨吴淞江河跨处（图4-11）。工程于2017年5月开工建设，2018年9月竣工，总投资3.58亿元。

图4-11 吴淞江大桥

工程创造性地提出塔梁墩固结体系斜拉桥顶升方法，完成国际首例塔梁墩固结体系斜拉桥的整体同步顶升工程，填补了国内外在斜拉桥整体同步顶升技术方面的空白；首次研发了塔墩型钢混凝土抬梁托换和接高技术，有效解决了塔梁墩固结体系斜拉桥顶升传力结构布置的难题；研发了大吨位桥梁同步顶升成套装备，采用大吨位机械跟随保护千斤顶、自锁液压顶、大流量液压同步控制系统，显著提高了斜拉桥整体同步顶升的精度和安全；研发了墩柱接高技术，针对主墩墩柱接高的复杂性，对新型组合钢木组合模板技术、大体积混凝土浇筑技术、墩柱接高后加粗技术展开研究，有效解决了墩柱对接钢筋接长方式、模板安全布置及大体积混凝土浇筑密实性等施工难题；提出了同步顶升内力和位移的双控误差指标，实现了同步顶升位移单次最大误差1.0mm、累计不超过5.0mm的高精度。

（3）矮寨大桥

矮寨大桥位于湖南省吉首市矮寨镇，是国家高速公路网长沙至重庆高速公路（吉首至茶洞段）的控制性工程（图4-12）。工程于2007年10月开工建设，2019年6月竣工，工程投资12.83亿元。

矮寨大桥首创了塔-梁分离式悬索桥新结构，实现了结构与自然的完美融合；研发了应用"CFRP-RPC"新材料的高性能岩锚体系，解决了传统岩锚埋深大和耐久性差的问题，攻克了大吨位碳纤维索锚固的难题；开发了结构与山体系统稳定技术，对茶洞岸山体应力和变形进行理论分析和施工期全过程实时监测，论证了山体在复杂受力状态下的稳定性；首创了"轨索滑移法"悬索桥主梁架设新工艺，研制了"轨索滑移法"悬索桥主梁架设新装备，解决了山区悬索桥主梁架设的难题，被

图4-12　矮寨大桥

世界公认为悬索桥主梁架设的第4种方法；开发了悬索式现场风观测新装备，解决了复杂峡谷风场的现场观测难题，确保了新装备的测试精度。矮寨大桥建设过程中取得的创新技术成果解决了山区大跨度悬索桥设计与施工的诸多难题，有力地推动了山区桥梁技术的发展。

4.2.2.3 铁道工程获奖项目

（1）新建西安至成都铁路西安至江油段

新建西安至成都铁路西安至江油段是国家中长期铁路网规划"八纵八横"的重要组成（图4-13），本线位于陕西省南部和四川省中北部地区，行经秦巴山地，连接关中平原、汉中盆地和成都平原，地质条件极其复杂，是首条穿越秦巴山区，同时也是国内已建最具山区特点的高标准现代化铁路。工程于2012年12月开工建设，2017年11月竣工，总投资648.65亿元。

工程选线方案优秀，解决了复杂山区选线难的问题，使基础设施更加优化；国内外首次设计长45km、25‰坡度连续长大坡道，短直穿越秦岭山区和绕避秦岭"四宝"野生动物家园核心保护区，形成生态保护区铁路选线建设技术。高铁首次针对朱鹮设置防护网；行业中首次提出疏散定点布置（救援站），增加人员安全疏散时间、极大地提高了防灾救援安全性；创新长大复杂地质隧道围岩设计及支护技术体系和桥隧连接新结构，保障

图4-13 新建西安至成都铁路西安至江油段

了艰险山区复杂地质隧道密集群施工及运营安全；创新车站与正线分离的山区铁路车站新模式；首次创新采用单孔大跨度钢桁梁建造技术。同时与地方道路、高速公路及铁路等高频交叉，高墩、大跨等特殊结构较多，安全风险高、施工难度大。采用单孔大跨度钢桁梁建造技术，解决了高速铁路同时跨越既有运营高铁及高速公路的技术难题；研发了高速铁路高性能混凝土成套技术，攻克了高铁高性能混凝土设计理论、制备与应用关键技术瓶颈；全路率先在西成客运专线应用工地拌合站及试验室智能质量管控系统、检验批资料电子签名、隧道监控量测变形预警系统，加强质量和安全的源头控制，实现项目建设管理的标准化、精细化、自动化；四电工程创新在信号室内分层式线缆桥架布线、研发光电缆自动敷设作业车、牵引变电所低压配电系统电能质量综合治理装置等，提高了工艺质量及工效。

（2）新建宝鸡至兰州铁路客运专线

新建宝鸡至兰州铁路客运专线是我国在黄土高原沟壑梁卯区修建的第一条高速铁路（图4-14）。所经区域黄土湿陷性（尤其是自重湿陷性）最强、黄土陷穴最发育、黄土高原地区滑坡地质灾害最严重和发育最密集，沿天水—兰州的渭河地震带活动频率高、强度大，形成了独特的"四最一强"的工程地质特色。宝兰高铁的建成彻底打通了中国横贯东西丝路高铁"最后一公里"，意味着徐兰高铁牵手兰新高铁，成为世界最长高铁线。工程于2013年1月开工建设，2017年7月竣工，总投资644.90亿元。

宝兰客运专线工程攻克了强湿陷性高含水率黄土地质大断面高铁隧道群建设的世界性难题，揭示了强湿陷性高含水率黄土地质大断面高铁隧道开挖变形规律和破坏机制，研发了围岩监控量测信息化管理系统，创新总结了成套变形控制技术及关键修建技术，形成众多专利，成果达到国际先进水平；创新提出湿陷性黄土路基沉降及滑坡地质灾害防治技术，总结了大厚度湿陷性黄土复合地基综合施工技术；对黄土路基工

图4-14 宝兰客运专线三阳川渭河2号特大桥

后增湿变形提出系列控制技术；首次设计应用锚托板加固和柔性加固失稳重力式挡墙等防治滑坡新方法；首次提出带钢支撑混合结构等多种新型泥石流拦挡结构；研发了高烈度地震区桥梁及特殊结构桥梁设计与施工技术，确定了高烈度地震区大跨连续梁桥支座的剪断时机，开发了抗震与减隔震设计方法和成套装置；攻克了大坡度小半径曲线地段箱梁移动模架施工的难题；首次将BIM技术用于48m简支梁节段拼装施工；首次设计短路基6.5m单元式道床板结构，填补了道床板技术领域的空白；创立了高速铁路四电工程"标准示范线"；研发了"线路沉降观测信息化"试验室和"混凝土拌合站信息化""围岩监控量测信息化"等建设期间实时信息化管理系统；大力推广应用绿色施工技术，对全线127处渣场采用湿陷性黄土绿化生态防护技术。

（3）新建肯尼亚蒙巴萨至内罗毕标轨铁路

新建肯尼亚蒙巴萨至内罗毕标轨铁路位于肯尼亚共和国境内（图4-15），是第一条采用中国资金、中国标准、中国技术、中国管理、中国装备建成并运营的国际干线铁路，是"一带一路"的旗舰项目。项目正线全长471.65km。项目大段落穿越察沃国家公园、内罗毕国家公园和内罗毕市郊区，环境保护要求高，拆迁难度大；当地混凝土原材料缺乏，没有粉煤灰，碎石吸水率高，天然河砂极其稀少，水泥及钢筋参数不符合中国标准；项目涵盖融资、设计、施工、装备、运营维护等铁路建设运营全产业链，专业多且相互交叉，属地化需求大。工程于2015年1月开工建设，2018年5月竣工，总投资265.14亿元。

项目创建了东非地区"铁路网规划+投融资+建设+装备采购+运营维护+人才培养"全产业链商业模式，实现了中国企业从承包商到运营服务商的转变，对东非地区新建标准轨铁路与既有窄轨铁路的融合做了研究，形成一整套在境外修建铁路建设、运营、维护完整体系；系统地形成涵盖设计、施工、验收及运营维护的肯尼亚标准轨距铁路建设标准体系和运营及维护标准体系，不仅填补了肯尼亚缺乏标准轨距铁路建设标准的空白，而且极大地推动了中国铁路标准在肯尼亚的属地化进程；建立了地域性材料用于铁路混凝土工程的技术指标体系，因地制宜，大规模利用天然火山灰、天然火山渣、火成岩机制砂、黑棉土等一系列地域性材料，节约资源，降低工程造价，保证了工程质量；研发了铁路穿越国家公园、东非大裂谷的生态环境保护成套技术，是中国标准建设的境外干线铁路穿越大型自然动植物保护区的首创与范例。

4.2.2.4　隧道工程获奖项目

国道317线雀儿山隧道工程位于四川省甘孜州德格县境内（图4-16），是目前世

图4-15　肯尼亚蒙巴萨至内罗毕标轨铁路

图4-16　国道317线雀儿山隧道

界上海拔超过4300m单洞最长的公路隧道。洞口海拔4373m，全长7079m，平行导洞长7108m，最大埋深700m。雀儿山隧道具有"海拔高、地应力高、地震烈度高"及"气温低、含氧量低、气压低"等特点。隧道穿越4条大断层，地质条件极其复杂，技术难度极大，安全风险极高。工程于2012年8月30日开工建设，2020年1月15日竣工，总投资11.2亿元。

工程提出高海拔隧道基于气象要素的选线设计理念，为高海拔寒区越岭隧道选线提供新思路。形成"衬砌内贴保温层+洞口防雪透光棚"综合抗防冻设计方法，提高了结构防冻抗灾能力，研发了离壁式保温衬套抗防冻结构和升温管技术。隧道已运营3年，未发生衬砌结构冻害；提出了基于海拔高度与人员劳动强度的高海拔隧道施工供氧标准，建立了隧道施工制氧供氧系统，解决了9%低含氧量特长隧道独头掘进4000m的供氧难题；开发了基于穿戴设备的人员机体健康实时监控系统，保障了施工人员安全；制定了适用于海拔5000m的隧道通风计算新标准，优化了高海拔隧道轴流风机结构模式，构建了"富氧+涡轮增压"的双控组合机械效能提升方法，最大效率提升可达到87.8%；提出了特长大隧道分阶段掘进通风方案，为高原寒区隧道的施工通风技术设计提供参考；基于生态文明和绿色发展理念，研发了天然温泉循环的隧道洞内外路面冰害自防系统；形成了利用超长隧道水平气压差、寒区隧道洞内外温差和风墙式压差等自然通风与机械式通风相结合的隧道通风设计技术，减少通风能耗9.5%；率先实践隧道弃渣回收、隧区植被恢复技术，实现绿色建造。

4.2.2.5 公路工程获奖项目

岳西至武汉高速公路安徽段是国家高速公路网规划G42S上海至武汉的组成部分，路线全长46.235km（图4-17）。项目位于大别山腹地，林壑幽深、河流深切，路线布设空间狭小。地质情况以花岗片麻岩为主，崩塌、滑坡等不良地质并存，中碱性集料、天然河砂匮乏。项目注重"安全、耐久、绿色、集约"创新理念，首创并实践了以绿色建造为内涵的公路建设集成技术体系，实现了"最大限度节约资源，最小限度影响环境"目标。工程于2012年11月开工建设，2019年6月竣工，总投资52.58亿元。

工程首创了基于生态环保理念的隧道防排水设计与环境影响评价方法，攻克了隧道对地下水环境影响分析与评价的世界难题；首创了长大隧道单通道送风式纵向通风技术，相比竖井通风方法，降低通风能耗40%，达到节能降耗的效果；首创了高速

图4-17 岳西至武汉高速公路安徽段

公路隧道分布式供电与智能控制技术，首次实现高速公路长大隧道群机电设施的单端远距离供电，解决了传统供电方式供电质量差、电缆用量大及险峻地形条件下变电站选址难等一系列问题；供电设备建设成本降低38%，年运营节电量约10万kWh；研发了酸性隧道洞渣综合利用成套技术，攻克了酸性集料沥青混合料耐久性能评价、机制砂混凝土可泵性控制等核心技术难题，酸性洞渣绿色循环利用率达到85.8%，机制砂酸性洞渣母岩利用率提高45%，累计推广应用酸性集料1400多万吨，降低弃渣量节地造地达200万m^2。

4.2.2.6 水利水电工程获奖项目

右江百色水利枢纽工程位于珠江流域右江河段，是一座以防洪为主，兼有发电、灌溉、航运、供水等综合利用效益的大型水利枢纽，是我国西部大开发重要的标志性工程之一（图4-18）。工程于2001年10月开工建设，2006年12月竣工，总投资63.26亿元。

工程利用软岩区中仅有的宽140m的辉绿岩带建造130m高重力坝和地下厂房，因地制宜，采用三折线坝轴线布置，减薄了地下厂房岩壁及上覆岩体厚度，提升了筑坝技术的认知；在强度相差近100倍的软硬相间的复杂地质条件下，建成了当时全国规模最大的碾压混凝土重力坝，碾压混凝土方量达210万m^3，具有行业引领性；采用辉绿岩作为大坝人工骨料，解决了辉绿岩破碎难、混凝土弹模高、初凝时间短等技术难题，拓宽了坝料选择范围；提出了数值分析、地质力学模型试验综合评价大坝稳定的方法，用动态规划优化法对坝体断面进行优化；采用上游坝面加设短横缝等综合温控措施实现了高温季节连续施工；研究出"表孔宽尾墩、中孔跌流、底流式消力池"新型联合消能工消能；创新了斜层碾压、异种混凝土同步上升等技术；发明了可调式悬臂翻升系列模板；研究出"保护层与岩台分作两次开挖"方法，突破了常规的钻水平孔进行光面爆破的开挖方式，确保了岩壁梁岩台开挖质量。

4.2.2.7 水运工程获奖项目

（1）连云港港徐圩港区防波堤工程

工程位于江苏省连云港市徐圩港区，徐圩港区是位于开敞式淤泥质海域的超大型新建港区（图4-19），海域淤泥层厚10~20m，最大波高近7m。防波堤是港区工程开发建设的前置条件，具有挡浪和挡沙功能，包括东、西防波堤，全长22.3km。近岸浅水段采用斜坡式结构，深水段采用新型桶式基础结构，设计使用寿命100年。新型桶式基础结构为预制无底单桶多隔仓混凝土基础结构，单个构件重达3200t，具有预制装配程度高、施工无须特大型起重船机、施工速度快、无须地基加固、节省砂石料、工程造价低、绿色环保等特点。工程于2012年11月30日开工建设，2018年7月30日竣工，总投资37.34亿元。

工程发明了具有自主知识产权的"无底单桶多隔仓混凝土基础结构"，被交通运输部评为水运工程重大创新成果；建立了新型桶式基础结构相关设计理论及方

图4-18 右江百色水利枢纽工程

图4-19 连云港港徐圩港区防波堤

法；研发了超重无底薄壁混凝土构件批量预制、运输、装船、出驳的成套装配施工技术，并解决了多隔仓、大尺寸、薄壁构件气密性混凝土施工和力系转换技术难题；揭示了无底桶体、重心在浮心之上结构的自浮动态稳定特性，首次建立了新型桶式基础结构气浮稳定计算公式，为无底桶体海上气浮运输安全验算提供了方法；发明了自动化集成操控系统进行新型桶式基础结构沉放纠偏施工控制的方法，保证了开敞海域施工安装的精度；研发了新结构孔压、土压、波压、内力监测新方法，已远程监测6年，收集了桶式结构受力变形的海量数据，为进一步把握结构特性、检验相关技术方法、编制行业技术标准奠定基础。

（2）上海国际航运中心洋山深水港区四期工程

工程是全球一次建成规模最大的全自动化集装箱码头，岸线全长2770m，港区

图4-20　上海国际航运中心洋山深水港区四期

陆域平均陆域纵深约500m，总用地面积223.16万㎡，设计年通过能力630万标准箱，见图4-20。工程采用上港集团自主创新设计、集成研发的世界一流自动化生产管理控制系统，实现了覆盖装卸、运营全流程的智能计划编排功能。通过作业控制监控系统，实现了设备作业执行的无人化监管。工程于2014年12月开工建设，2018年12月竣工，总投资139.7亿元。

工程针对工程地形、水文条件复杂的特点，通过多技术手段科学论证并确定工程形态布置，根据自动化港口技术的发展趋势，科学论证并确定洋山四期的自动化集装箱码头总体布局模式，创新提出了自动化集装箱堆场布置、自动导引运输车（AGV）电池更换站穿越式布置、三级进港智能闸口等8项突破传统集装箱码头的平面布置模式，最大限度地提高了洋山四期狭长形陆域的使用率，生产服务能级也得到大幅提升，扩大港区综合通过能力，提升了自动化水平；创新研发基于全域融合架构的新一代自动化集装箱码头智能操作系统（TOS系统），攻克了超大型自动化集装箱码头全域海量传感数据瞬时交互、高速计算、实时决策与执行的技术难题；创新研发装卸机械全面自动化的ECS系统、网络及通信技术，研制了世界首创的远程控制超大型自动化双起升双小车岸边集装箱起重机（QC）、更换锂电池式全电动无人驾驶重载集装箱导引车（AGV）及大规模车队管理系统、自动化标准化全系列轨道吊（ARMG）和世界首创的自动化双箱高速轨道吊；基于洋山深水港区水-水中转比例高及存在互拖箱作业的特点，创新了自动化集装箱堆场内冷藏箱混合布置和提出了"无悬臂、单侧悬臂和双侧悬臂"三种型式轨道吊的混合布置型式；为适应深厚软土地基下自动化集装箱堆场设备和水平运输设备作业要求，创新研发了双重可调式轨道基础及可调式轨枕结构和首次在码头面层和重载道路结构中大范围应用FRP筋；成功解决了水上高回填土深厚软弱土层地基加固、斜嵌岩桩基施工等一系列施工关键技术难题。

4.2.2.8　城市公共交通工程获奖项目

（1）郑州市南四环至郑州南站城郊铁路一期工程

郑州市南四环至郑州南站城郊铁路一期工程（图4-21）起止范围为南四环站至新郑机场站，线路长31.725km，其中高架线16.03km，地下线14.425km，过渡段1.27km。工程线路多处穿越建（构）筑物、河流、高铁、高速、机场跑道等控制点，创造了全国地铁同等规模工程建设工期最短纪录。工程于2014年4月16日开工建设，2016年11月8日竣工，总投资109.9亿元。

工程是国内首个实现城郊铁路与两条市区地铁（2号、9号线）互联互通的"Y"形贯通运营；工程新郑机场站与城际铁路站采用地下双层平行设置、同厅换乘，又与机场航站楼"零距离"构成π形换乘，实现了机场枢纽路侧与空侧的无缝衔接、便捷高效；独创了双线U形梁中间设置疏散平台兼顾接触网立柱安装的桥面系统，首次在U形梁腹板上采用预埋槽道，在底板上采用长枕式整体道床技术，提高了断面利用率，降低了结构二次噪声，减少了运维工作量，节省工期约5个月，工程造价大幅降低；针对易液化砂土地层，研发了土压平衡盾构穿越机场航站楼、滑行道、跑道灯光带等敏感区域的微扰动施工技术，制定了整套施工安全控制技术体系，实

图4-21　郑州市南四环至郑州南站城郊铁路一期

现了机场区沉降不超2mm；国内首次研发并应用了基于LTE技术的城市轨道交通无线传输系统，通过创新LTE无线传输系统关键技术，首次实现了PIS、IMS、车辆状态、信号、集群通信等多业务的综合承载；首次开发应用了中压能馈型再生能量利用装置无功补偿功能技术，提高了城市电网变电站出口处的功率因数0.1~0.2，改善了供电系统电能质量。

（2）重庆轨道交通10号线一期（建新东路—王家庄段）工程

重庆轨道交通10号线一期工程（图4-22）始于建新东路，止于王家庄，途经江北区、渝北区等城市核心区，串联火车北站南广场和北广场、江北国际机场等重要交通枢纽，是重庆市轨道交通线网主干线路，线路全长33.42km。工程于2014年5月开工建设，2017年12月竣工，总投资210亿元。

工程在国内首次创新研发了山地As型车辆，针对重庆典型山地城市特征，开展车体优化设计、动力全分散配置、车厢人性化设计技术研究，进行车辆空气动力学模拟试验，改进了车辆曲线的适应性，保证了大纵坡小曲线线路的运行安全及乘客舒适度；国内首次形成互联互通综合运营技术，通过设备与资源的共享及列车跨线和共线运行，建立了城市轨道交通信号系统互联互通标准，建成了互联互通配套的信号系统测试验证平台与全局调度指挥系统，制定了互联互通统一系统标准，定义了全网统一通用电子图标准，形成了标准化接口通信协议标准；采用山地北斗地基增强高精度导航定位技术、非金属管网及建（构）筑物障碍探测技术、勘察内外业一体化及GIS+BIM信息化技术、基于智能无线网关的高精度变形监测技术等，形成

图4-22　重庆轨道交通10号线一期

了山地城市轨道交通工程综合勘察成套技术；综合开展地铁防灾设计、近接既有结构和线路施工、复杂群洞效应控制研究，采用竖井反井开挖、钻机取孔破碎开挖、托换-盖挖、主辅坑道体系转换等施工技术，解决了深埋、近接等复杂环境下超大断面暗挖车站技术难题；综合采用复合式TBM隧道结构设计、区域降水自动控制、隧道双层组合初支、组合刚性结构及全包防水等技术，创造了不停运、"零沉降"下穿机场跑道最长距离的全国纪录；解决了高地下水位、深厚回填土条件下区间隧道技术难题；国内首次全线采用单端集约通风系统，缩短车站结构5m，结合高效照明系统、组合式弧形蜂窝铝板幕墙技术，综合节能达到30%。

（3）天津地铁3号线工程

天津地铁3号线（图4-23）贯穿天津西南至东北方向，连通7个行政区，全长33.4km，设场站28座。天津市地处"九河下梢"，富含淤泥质土、粉土粉砂，地下水位高。针对复杂地质条件和敏感周边环境，通过创新设计理念、强化科技攻关、精细化施工控制，成功实现了首次下穿高铁、多次穿越历史风貌建筑群，枢纽接驳率行业领先。工程于2008年3月开工建设，2012年8月竣工，总投资144.4亿元。

工程首次针对天津市富含淤泥质土、粉土粉砂、地下水位高的海陆交互"千层饼"状软土特性，提出了深大长基坑安全精细控制技术，发明了承压水非截断条件下的分仓降水、分仓开挖和双井组合回灌等多项技术；首创了基于盾构施工参数敏感性的地层沉降分阶段控制技术，成功在软土地区下穿设计时速350km的京津城际和瓷房子等历史风貌建筑群，施工实现了盾构施工对环境影响的毫米级控制；首次在市中心改扩建天津站大型交通枢纽工程，是我国首个高速铁路京津城际的重大配套工程，开创了国内大型综合交通枢纽的设计先河，首创大型交通工程"设计-建设-运营"集成管理模式；首次建成单体面积最大的线网综合控制中心，围绕"信息化、智能化、智慧化"目标，加速构建大数据平台、智能调度、智能运维等项

图4-23 天津地铁3号线

图4-24 济南轨道交通1号线

目，可实现22条线路的统一调度指挥，为建设智慧城轨夯实基础。

（4）济南轨道交通1号线工程

济南轨道交通1号线（图4-24）是泉城首条地铁线路，线路全长26.1km。济南轨道交通1号线工程穿越北大沙河、玉符河等济西水源地，是泉水的主要补给区，沿线分布冲洪积松散地层、寒武系和奥陶系岩溶石灰岩等泉域典型地层，具有水位浅、弱承压、补给快、岩溶裂隙发育等显著特征，在泉城修建地铁是地铁工程建设面临的重大技术难题。工程于2015年7月开工建设，2018年12月完成竣工验收，总投资134亿元。

工程揭示了泉水形成机理与分布规律，提出了"绕避升抬、疏堵结合"的规划设计理念，发明了泉域富水地层地铁车站降水回灌技术，攻克了泉城岩溶灰岩地质盾构施工控制技术难题；创建了结构侧立面外倾10°的高架车站鱼腹岛式造型，改善了车站的空间感受，提升了路中车站的景观效果，高架车站轻量化、免维护、节能环保；提出了预制肋叠合墙、复合立柱、预应力叠合顶板关键技术，解决了预制桩三维精准定位、地下叠合结构变形控制与防水技术难题，实现了支护结构与主体结构的永临合一，提高工程质量，降低工程造价；全面实施应用了可调通风型站台门、再生制动能回收、光伏发电等40项绿色创新技术，全线综合节能达到15%。

4.2.2.9 市政工程获奖项目

（1）杭州文一路地下通道（保俶北路—紫金港路）工程

杭州文一路地下通道工程全长5800m，是华东地区首个采用隧道+立交形式的城市快速路工程，也是国内暗挖施工占比最高的城市快速路工程（图4-25）。工程以建设环境友好型城市快速路工程为目标，践行全生命周期、设计建管养运一体化

图4-25　杭州文一路地下通道

　　的绿色建造理念，全过程运用BIM技术，结合GIS、IoT、云计算、大数据等信息技术，深度融合建设运维维护需求，实现了集约化建设、协同化管控，打造了一条数字化、智能化、绿色、安全的城市快速路。工程于2014年12月开工建设，2018年11月竣工，总投资76亿元。

　　工程首创了基于结构、环境、设备的地下快速路全方位感知全生命周期监测体系，实现了轨道巡检机器人、4S智慧管片等新技术在地下快速路建设、运维中的创新应用；首创了基于数据驱动的城市快速路全生命"建设+运营"、数字资产、全过程信息管理标准及评价体系，研发了以BIM为载体的管理平台和移动端应用，实现了工程建造与运营、养护的无缝衔接；地下快速路中间风井采用明暗挖结合的"风—隧合建"建造技术，将常规地下两层的中间风井减少为地下一层；通过MJS隔离桩、支撑伺服系

图4-26 上海嘉闵高架路北段工程

统、RJP暗撑、自动化监测等技术的集成应用，攻克了闹市区深厚淤泥层深大基坑的变形控制难题；首次成功实践了深厚淤泥层大直径泥水平衡盾构近距离下穿运营地铁隧道，变形控制达到毫米级，攻克了深厚淤泥层大直径泥水平衡盾构上浮控制的难题。

（2）上海嘉闵高架路北段工程

上海嘉闵高架路北段工程属于上海虹桥综合交通枢纽外围快速疏散系统配套工程之一，工程总长约11.3km，主要包括主线高架、6对平行匝道、2座互通立交、3座跨线桥和10数座地面桥梁，见图4-26。工程是国内首个采用全预制装配技术、工业化建造的城市高架桥梁工程。工程于2012年7月10日开工建设，2016年9月28日竣工，总投资82.39亿元。

工程首次构建了具有众多自主知识产权的桥梁全预制装配设计、施工成套技术，实现了显著的综合效益，在国内城市基础设施建设中起到引领示范作用；首次在国内打造形成融合工业化、信息化的高精度预制构件生产及管理体系，实现了构件预制全过程的高精度、智能控制；采用"新型悬挂式双层桥"和"分幅建造横向合龙为超宽整体式桥"的创新设计方案，因地制宜地提高了复杂节点时空利用效率，顺利实现施工期交通不中断；在国内首次形成预制装配合理连接构造，并通过规模化、系统化的基础理论及试验研究，验证了连接构造的可靠性能；形成了桥梁结构构件大节段工厂预制、现场拼装的高架桥建造体系，制定了工程建设标准，将大量科技成果转化成生产力，为国内工业化全预制装配桥梁的产业发展奠定基础。

4.2.2.10　水业工程获奖项目

北京槐房再生水厂（图4-27）处理规模60万m³/d，占地面积31.36公顷，是全球最大的全地下MBR再生水处理厂。工程于2014年3月28日开工建设，2017年12月31日竣工，总投资50.88亿元。

工程采用先进的MBR污水处理工艺、热水解+消化+板框脱水的污泥处理工艺和通风除臭集成技术，达到国际领先、国内最高的再生水、污泥和臭气处理标准；自主创新的厌氧氨氧化侧流脱氮技术，减少消化液回流对水处理区总氮负荷的影响，实现了不需要外加碳源的低能耗脱氮；解决了全地下水工构筑物的开裂问题，并首次将4m小直径盾构应用于污水、再生水管线的施工，取得良好效果；在本行业内率先采用了BIM数字建造技术，体现了智慧水务理念；湿地公园防渗、水深及覆土深度的设计实现了动植物生活环境需求、地下工程安全要求、整体投资控制的平衡。实现了再生水的自然循环，构建了宜居的生态环境；实现了水厂高度自动化运行，并针对地下水厂采取防淹泡、人员安防及危险识别系统的安全保障措施；研究形成了空间高效利用技术、全地下安全设计技术，以及超长、超宽混凝土抗裂防渗技术等，解决了构筑物全地下布置，以及防淹泡、防渗漏、防火、防毒气等安全运行问题。工程创新成果通过了北京市住房城乡建设委员会和北京市科学技术委员会的科技成果鉴定，被北京市住房城乡建设委员会评为"北京市建筑业新技术应用示范工程"和"北京市绿色安全样板工地"等。

图4-27　北京槐房再生水厂

图4-28　武汉东湖国家自主创新示范区有轨电车试验线工程

4.2.2.11　公共交通工程获奖项目

武汉东湖国家自主创新示范区有轨电车试验线工程（图4-28）线路全长32.5km，采用100%低地板超级电容供电制式车辆，最高运行速度70km/h，设站45座，其中高架站4座，地面站41座。工程于2014年7月开工建设，2017年12月竣工，总投资69.8亿元。

工程研制成套土建设计施工新技术，高架大小三通小半径（$R=79m$）、S曲线、大跨度钢混梁首次采用人字形叠合梁设计方案，关山大道区间跨三环的人字形箱梁3个节段研制小半径拖拉工法；形成成套轨道机电设计施工新技术，采用CPⅢ测量控制网+轨检小车，极大地提高了有轨电车轨道铺设精度，研制移动式槽型轨小型弯轨机，铺设首个50～60R2异型过渡轨；研发了基于超级电容供电模式下有轨电车与道路交通协同组织的网络化运营组织管理技术，实现了运营交路里程达到建设里程的3倍；研发了一种应用轻量化车头及新型转向架的100%低地板有轨电车新型超级电容供电制式车辆；攻克了有轨电车超级电容容量小、寿命短、充电时间长的难题，研发了一种能够适用于全线无架空电缆快速充电的新型有轨电车的高比能量、高比功率、长寿命、大容量超级电容储能系统；基于超级电容制式下的"离线协调拟合"及与道路交通协同的有轨电车信号优先控制技术的研发应用，东湖有轨电车旅行速度提高了10%～15%。

4.2.2.12　燃气工程获奖项目

佛山市天然气高压输配系统工程（图4-29）是广东液化天然气接收站和输气干线项目的重要组成部分，是目前国内同类城市中供气量最大的高压输配系统工程。工程建设内容包括各类厂站18座、超高压和高压输气管网150多公里、智慧燃气信息管理系统及运维设施等。工程率先应用高压管道与LNG联合调峰模式、智慧管网等先进技术，对管道设施实行全生命周期完整性管理，有效保障了压力均衡、应急调峰和供气安全，实现了全方位、多气源的互联互通互补、输配管网结构的合理高效。工程于2005年11月开工建设，2017年7月竣工，总投资约13.7亿元。

图4-29　佛山市天然气高压输配系统工程

工程前瞻性、创新性地整体规划设计了城镇天然气超高压和高压输配系统，形成佛山市全市"一张网"的合理布局结构，系统可靠性、可扩展性和经济性优势显著，为《城镇燃气设计规范》GB 50028等国家标准的制定提供了科学依据和工程案例；国内首先采用高压管道储气和LNG高压气化联合应急调峰模式，以及上下游厂站、调压站和阀室的整合建设，保障了系统稳定供气，有效节省了土地和投资；针对地质条件非常复杂的西江穿越工程，创新运用了"两级套管接龙固孔工法"和"陀螺仪定位+CCTV内窥技术"，解决了粉砂层等复杂地质情况下成孔难、定向钻穿越竣工资料不准确和施工质量难检测的重大技术问题；率先在城镇燃气行业中实施管道完整性管理。高压、次高压管道智能内检测率达到100%，其中DN350次高压管道内检测技术填补了国内行业空白；工程应用物联网等智慧管网先进技术，集成管网地理信息系统GIS、管网巡查管理系统GPS、数据采集与监控系统SCADA、客户服务系统TCIS等，实现了监控预警、应急抢险、巡检维护和用户服务的全面智能化管理。

4.2.2.13　住宅小区工程获奖项目

瑞源·名嘉汇住宅小区工程（图4-30）位于青岛市西海岸新区，总占地面积72124m²，建设9栋27～32层高层住宅、配套商业服务用房及地下两层停车库。项目总建筑面积31.42万m²。项目贯穿"智慧科技、绿色环保、全寿命、可持续"的理念，充分尊重、利用周边资源。深耕5G智慧社区，打造社区智慧生活平台，提供高品质智能配套服务体系，彻底实现社区居家养老。项目于2010年11月开工，2015年7月竣工，总投资23.58亿元。

工程自主研发的人脸识别门禁、电梯人脸识别控制、手掌静脉生物识别技术，在节能环保的同时，构建了高效的住宅设施与家庭日程事务管理系统，不但实现了四级安防管理体系，也提升了家居安全性、便利性、舒适性。该小区是青岛市西海岸新区首个覆盖5G信号的住宅小区，基于5G技术的无人驾驶清扫车已为小区服务，为业主创造了崭新的智慧生活体验；设置光导管为车库辅助照明，500m³的雨水收集设施用于灌溉和道路冲洗，7100m²屋面绿化，整体菜单式全装修交付，引入垃圾分类系统，贯彻绿色节能环保的发展理念；项目将小区内的景观延伸到屋面，将城市绿化延伸到建筑顶部，将建筑和园林结合起来，增加了城市的绿地面积，节约用地、开拓绿化空间，改善城市热岛效应。屋顶绿化还增加了屋面保温隔热效果，降低了城市道路噪声对住区的影响，提高了屋面的使用寿命。在兼顾建筑环境的同时，又能改善城市的生态环境。

图4-30 瑞源·名嘉汇住宅小区

4.3 土木工程建设企业科技创新能力排序

4.3.1 科技创新能力排序模型

4.3.1.1 科技创新能力评价指标的确定

本报告参考了国际国内有关科技创新能力评价的影响大、测度范围广的评价研究报告，包括"福布斯全球最具创新力企业百强榜""科睿唯安全球百强创新机构""中国企业创新能力百千万排行榜"等，同时结合土木工程建设行业特点，经专家讨论，最终确立中国土木工程建设企业科技创新能力评价指标，包括科技活动费用支出总额、科技活动投入强度、获国家级科技奖项目数等11项指标，以反映土木工程建设企业在科技创新投入、产出方面的发展情况，具体指标名称及权重见表4-16。

科技创新能力评价指标及权重　　　　　　　　　　　表4-16

序号	科技创新能力评价指标	权重
1	科技活动费用支出总额	0.15
2	科技活动投入强度（科技活动费用支出总额/总营业收入）	0.05
3	累计获国家级科技奖项目数（项）	0.10
4	近三年主持的国家级科研项目数（项）	0.10
5	近三年参与的国家级科研项目数（项）	0.05
6	近三年主持的省部级科研项目数（项）	0.05
7	近三年获省（部）级科技奖项目数（项）	0.05
8	近三年取得的发明专利数（项）	0.10
9	近三年主持的工程获中国土木工程詹天佑奖数（项）	0.15
10	近三年主持的全国建筑业新技术应用示范工程（项）	0.10
11	近三年主持的全国建设科技示范工程数（项）	0.10

各项指标的含义如下：

（1）科技活动费用支出总额。企业本年度为技术创新投入的所有费用合计，包括科技成果开发、编制标准手册、业务技术培训、购置科技活动的设备及计算机软件等。

（2）科技活动投入强度。企业科技活动费用支出总额与总营业收入的商。其中，总营业收入包括企业本年度的所有收入，不含增值税，即主营业务和非主营业务、境内和境外的收入。

（3）累计获国家级科技奖项目。企业获得的由国务院设立并颁发的相关科技奖项的项目。

（4）近三年主持的国家级科研项目。企业作为负责单位在近三年立项并开展研究工作的国家级科研项目或课题，不包括委托外单位进行的科研项目。

（5）近三年参与的国家级科研项目。企业近三年实质性参与国家级科研项目的研究，在申报时具有排名。

（6）近三年主持的省部级科研项目。企业作为负责人在近三年立项并开展研究工作的省部级科研项目或课题，不包括委托外单位进行的科研项目。

（7）近三年获省（部）级科技奖项目。企业近三年获得的省部级政府有关部门颁发的科技奖项目。

（8）近三年取得的发明专利。近三年企业作为专利权人拥有的、经国内外知识产权行政部门授予且在有效期内的发明专利。

（9）近三年主持工程获中国土木工程詹天佑奖。企业主持的工程近三年获得由中国土木工程学会和北京詹天佑土木工程科学技术发展基金会颁发的中国土木工程詹天佑奖。

（10）近三年主持的全国建筑业新技术应用示范工程。企业近三年主持的入选全国建筑业新技术应用示范工程名单的工程。

（11）近三年主持的全国建设科技示范工程。企业近三年主持的入选全国建设科技示范工程清单的工程。

4.3.1.2　科技创新能力排序模型计算方法

课题组提出了本报告的科技创新能力排序模型，并根据专家意见进行了完善修改。排序综合得分应该由单指标得分再乘以该指标的权重所得到的乘积，而各单指标计分规则为：某企业某项指标的评分值等于该企业此项指标值与所有企业此指标值的最大值的商的百分数。

科技创新能力排序模型计算公式如下：

$$S_i = \sum_{j=1}^{11} w_j Q_i^j$$

$$Q_i^j = \frac{R_i^j}{\max(R_i^j)} \times 100$$

式中 i——表示第 i 家企业；

　　　j——表示第 j 项指标；

　　　S_i——表示企业 i 的科技创新能力综合得分；

　　　Q_i^j——表示企业 i 在指标 j 上的得分；

　　　w_j——表示指标 j 的权重；

　　　R_i^j——表示 i 企业在指标 j 上的指标值。

4.3.2 科技创新能力排序分析

土木工程建设企业科技创新能力分析对象的确定，与确定综合实力分析对象的方法基本相同。评价所需数据由向申报企业发放调查问卷并回收整理的方式获得。申报企业按照填写说明如实填写评价指标所需数据，并对填报内容的真实性负责。

共有157家企业填报了土木工程建设企业科技创新能力分析的调查问卷。经过数据审核，删除2家数据明显有误的企业和5家指标表现太低的企业，剩余150家企业作为土木工程建设企业科技创新能力分析对象。

按照前述的分析模型，前100家土木工程建设企业科技创新能力排序结果如表4-17所示，各个企业各指标的得分情况及综合评价结果如附表4-8所示。

2020年土木工程建设企业科技创新能力排序表（前100家）　　　表4-17

名次	企业名称	名次	企业名称
1	上海建工集团股份有限公司	7	江苏省苏中建设集团股份有限公司
2	中国建筑第八工程局有限公司	8	北京城建集团有限责任公司
3	山西建设投资集团有限公司	9	中国建筑第五工程局有限公司
4	北京建工集团有限责任公司	10	中国建筑第二工程局有限公司
5	中国建筑一局（集团）有限公司	11	上海宝冶集团有限公司
6	中建三局集团有限公司	12	中国恩菲工程技术有限公司

名次	企业名称	名次	企业名称
13	中铁建工集团有限公司	40	宁波建工工程集团有限公司
14	中国建筑第七工程局有限公司	41	中国水利水电第四工程局有限公司
15	陕西建工控股集团有限公司	42	中电建生态环境集团有限公司
16	中国十七冶集团有限公司	43	中国水利水电第十一工程局有限公司
17	中国建筑第四工程局有限公司	44	成都建工集团有限公司
18	中国一冶集团有限公司	45	山西四建集团有限公司
19	中国五冶集团有限公司	46	中电建路桥集团有限公司
20	中建科工集团有限公司	47	中国电建集团中南勘测设计研究院有限公司
21	龙信建设集团有限公司	48	中建西部建设股份有限公司
22	中国二十冶集团有限公司	49	中国二十二冶集团有限公司
23	北京城建设计发展集团股份有限公司	50	中国水利水电第七工程局有限公司
24	江西省交通工程集团建设有限公司	51	青建集团股份有限公司
25	中铁建设集团有限公司	52	重庆建工住宅建设有限公司
26	中国电建集团昆明勘测设计研究院有限公司	53	浙江建工集团有限责任公司
27	中建一局集团建设发展有限公司	54	山东金城建设有限公司
28	河北建设集团股份有限公司	55	中冶天工集团有限公司
29	中亿丰建设集团股份有限公司	56	上海市基础工程集团有限公司
30	中冶建工集团有限公司	57	黑龙江省建设投资集团有限公司
31	中铁四局集团有限公司	58	中国水利水电第六工程局有限公司
32	广西建工集团第五建筑工程有限责任公司	59	中国电建集团铁路建设投资集团有限公司
33	广州市市政集团有限公司	60	中国水利水电第五工程局有限公司
34	广州市市政工程设计研究总院有限公司	61	中铁六局集团有限公司
35	广西建工集团第四建筑工程有限责任公司	62	中国水利水电第十四工程局有限公司
36	中国建筑第六工程局有限公司	63	郑州一建集团有限公司
37	中国电建集团西北勘测设计研究院有限公司	64	中建安装集团有限公司
38	湖南建工集团有限公司	65	中国水电基础局有限公司
39	北京住总集团有限责任公司	66	山西建筑工程集团有限公司

名次	企业名称	名次	企业名称
67	湖南省第六工程有限公司	84	北京首钢建集团有限公司
68	武汉建工集团股份有限公司	85	天津市建工工程总承包有限公司
69	浙江省二建建设集团有限公司	86	中国建设基础设施有限公司
70	河南省第二建设集团有限公司	87	江苏扬建集团有限公司
71	中国二冶集团有限公司	88	天津市建工集团（控股）有限公司
72	中国建筑东北设计研究院有限公司	89	河北建工集团有限责任公司
73	中建交通建设集团有限公司	90	中电建建筑集团有限公司
74	上海市建筑装饰工程集团有限公司	91	山东省建设建工（集团）有限责任公司
75	烟建集团有限公司	92	中国水利水电第九工程局有限公司
76	江苏南通二建集团有限公司	93	上海电力设计院有限公司
77	中国电建市政建设集团有限公司	94	中铁十局集团建筑工程有限公司
78	中国电建集团河北省电力勘测设计研究院有限公司	95	浙江省一建建设集团有限公司
79	中国三冶集团有限公司	96	中国机械工业建设集团有限公司
80	威海建设集团股份有限公司	97	平煤神马建工集团有限公司
81	中国电建集团江西省电力建设有限公司	98	中车建设工程有限公司
82	深圳市市政设计研究院有限公司	99	浙江中南建设集团有限公司
83	南通华新建工集团有限公司	100	中国建筑上海设计研究院有限公司

本章采用文献研究法，对2020年土木工程建设领域的前沿与热点问题进行分析，并选取权威文章，对重要内容进行摘录。分析的前沿与热点问题包括绿色低碳、智能建造与建筑工业化、城市更新、健康建筑与健康社区、绿色交通工程、新型智慧城市与智慧水利工程。

5.1 绿色低碳

5.1.1 以绿色建造引领和推动建筑业高质量发展

中国工程院院士、中国建筑业协会绿色建造与智能建筑分会会长肖绪文阐述了我国绿色建造的发展状况，分析了智能建造、智慧建造、数字建造与绿色建造的关系，提出了推进绿色建造的若干重要关注点。

5.1.1.1 我国绿色建造目前的发展状况

我国绿色建造起步较晚，但是发展迅速，通过绿色建筑、绿色设计和绿色施工标准的引领和带动，在较短的时间内取得了一定成绩，特别是绿色施工发展的规模之大、覆盖面之广颇受赞誉。但是应该看到，我们的绿色建造发展还是存在一些突出问题的。一是目前建造过程存在碎片化的情况，工程立项策划、设计与施工三个阶段各自为政，对提升工程整体质量非常不利。二是政府、行业和企业在推进绿色建造过程中协同性不足，近年来，住房城乡建设部等部门陆续发布了多个文件，要求大力推进绿色建造，但仍缺乏行之有效的激励措施；行业在推广宣传、人才培养、标准制定等方面的工作存在不足之处；企业缺乏绿色建造复合型人才，许多企业的理念还没有完全转过来。政府、行业和企业在推进绿色建造过程中协同联动存在差距。三是绿色建造技术创新有待加强，目前绿色建造技术更多的是关注单项专业技术的创新研究，忽略基于建筑全生命期的建造综合技术的协同创新，特别是面对"大智云物移"等信息技术快速发展的背景，在推动绿色建造技术与现代化信息技术的充分融合方面显得力度不足。

5.1.1.2 推进绿色建造应该重点关注的几个方面

绿色建造基本任务就是在工程立项策划、设计、施工等建筑产品生成的活动中，坚持以人为本，最大限度地减少对环境的负面影响，节约资源，保护环境，减轻劳动强度，改善作业条件，提升工程品质，最终实现绿色施工，建成绿色建筑。在推进绿色建造过程中要重点关注以下几个方面：一是强化培训，提高认知。二是强化政策引导，绿色建造是一项复杂的系统工程，无疑需要改革阻碍绿色建造的现有建设体制机制，进一步明确推进的方向。三是强化总承包模式创新，加快推进工程项目总承包，负总责制度，发展基于全生命期的工程设计、咨询和服务的企业组织，培育全过程工程咨询市场。四是强化跨学科的成套建造技术研究，强调成果落地。工程项目实际总是承载多种复杂要素的耦合作用，现实中往往特别重视从单一专业角度进行技术研究，忽视对工程的社会、经济、技术、资源的要素影响，忽略工程质量、安全、工期、建筑审美、结构、热工、耐久和防水的交互作用，导致工程耐久性和工程品质出现较多问题。因此，应从各种示范工程建设着手，重视跨学科技术研究和集成技术研究，重视通过示范工程带动综合技术研究，强调科研成果的落地、开花和结果。

参见：本刊编辑部. 以绿色建造引领和推动建筑业高质量发展—专访中国建筑业协会绿色建造与智能建筑分会会长肖绪文院士［J］. 智能建筑，2021，（1）：10-12。

5.1.2　减碳成为"十四五"城市竞争的新标尺

国务院参事、住房城乡建设部原副部长、中国城市科学研究会理事长仇保兴论述了我国减碳"30·60"战略的紧迫性，并提出减碳将成为"十四五"城市竞争的新标尺，实施绿色低碳要以城市为主体。

5.1.2.1　"30·60"战略的紧迫性

中国多年来温室气体排放占比全球最大，二氧化碳排放第一，目前我国的排放量相当于第二位美国、第三位欧盟的总和，导致国际压力非常大。为建设环境友好型社会，进行生态文明转型，我国提出"双碳"目标，即"二氧化碳排放2030年左右达到峰值，争取2060年前实现碳中和"。2020年中央经济工作会议将"做好碳达峰、碳中和工作"作为今后一项重点任务。2021年的《政府工作报告》也明确提出，要"扎实做好碳达峰、碳中和各项工作""制定2030年前碳排放达峰行动方案"。"双碳"目标的设立和后续一系列为实现"双碳"目标的方案制定和工作部署，预示着我国向绿色低碳发展迈出了革命性的一大步。

碳达峰可以分自然达峰和行政干预达峰。自然达峰已经有54个国家，大部分是发达国家，因为城镇化率已经达到了70%以上，同时完成了工业化、信息化和人口老龄化，这"三个化"一旦达到，碳排放就自然达峰了。最早一个国家达峰是1974年，从碳达峰到碳中和，欧盟大约需要60年时间，美国要45年。但是中国要在2030年碳达峰，2060年实现碳中和，只有30年的时间，要靠正确的行政干预，要靠各级政府画线路图，所有蓝筹企业共同参与，才能达到目标，碳减排时间紧任务重，将面临巨大的困难和挑战。

5.1.2.2　实施绿色低碳要以城市为主体

实施绿色低碳要以城市为主体，而不是让电力、交通等行业各司其职去解决。原因有三个方面：一是城市是人为的温室气体排放的主角，联合国相关报告指出，城市人为排放的温室气体量占到了总排放量的75%；二是我国城市和西方不一样，我国城市包括了农村，有山、水、林、河、田，可以在行政统一管理下合理调配布局可再生能源和碳汇基地；三是在"十四五"期间，城市间的竞争需要转向双轨竞争，即GDP的竞争和减碳的竞争。

以城市为主体进行碳减排工作，不同城市能够各自演化出一套针对当地市情、资源禀赋不同的线路图和施工图。对各城市碳达峰、碳中和路线图的评价，应该包含安全韧性、成本趋降性、技术可靠性（而且可靠度越来越高），灰绿系统兼容性以及进口替代性等方面。

以城市为主体进行碳减排工作时，需要注意以下几个方面的问题：一要统一城市温室气体核算的标准；二要综合考量和谨慎选取各类减碳技术和改革措施；三要从全生命周期衡量碳排放；四要注意碳汇的"负面清单"。

参见：仇保兴. 减碳成为"十四五"城市竞争的新标尺 [J]. 经济观察报，2021-06-07（032）；仇保兴. 城市如何实现碳达峰碳中和 [J]. 中国经济评论，2021（05）：76-81。

5.1.3　面向"双碳"目标的法律体系与管理体制建设

全国人大代表、中国工程院院士、华中科技大学教授丁烈云提出，应尽快完善碳达峰、碳中和立法，推动我国绿色低碳健康发展。

5.1.3.1　我国绿色低碳发展法律体系建设亟须解决的几个问题

我国绿色低碳发展法律体系建设明显滞后，存在法律体系不健全、立法与政策实施相脱节、下位法缺乏上位法依托等主要问题。

（1）碳排放管理在国家法律体系中尚属空白，与碳减排相关法律内容缺乏协调性。目前国家法律体系中，没有直接关于"二氧化碳""温室气体"相关的内容。与之相关的环境、能源和资源立法，在一定程度上起到了推动低碳发展的作用，但其均有各自的立法目的，相关法律内容碎片化，缺乏综合性的法律进行统领，存在诸多不足之处，不能最大限度发挥控制二氧化碳排放的法律效能。

（2）碳减排立法落后于政策制定与推进，导致政策缺乏法律支撑与长期约束力。在应对气候变化、促进低碳发展方面，我国出台的大量政策性文件和部门规章由于缺乏明确的法律依据，存在诸多问题，如缺乏强制实施的法律保障、缺乏长期约束力，在很大程度上无法为低碳投资者提供长期稳定的投资预期。我国也深刻意识到构建碳减排法律体系的重要意义。早在2009年，全国人大常委会通过了《积极应对气候变化的决议》，要求把加强应对气候变化立法作为一项重要任务，但由于当时时机尚未成熟，立法工作最终未能完成。

（3）二氧化碳排放管理缺乏协同统一的机制。我国二氧化碳减排相关法律以行业法为主，也间接导致碳排放的管理存在部门割裂的问题，部门之间的职责和权利义务规定不明确，相互之间缺乏协调机制，难以呈现出权威、有效、统一的管理。虽然国家成立了气候变化领导小组，但工作中的具体分工没有明确的法律规定，难以形成有效的合力。

5.1.3.2 加快碳达峰、碳中和目标实现的相关建议

（1）将我国碳达峰、碳中和战略目标纳入立法内容。可选的途径包括：一是通过制定法律法规确立碳减排战略目标，如制定《气候变化法》《碳排放权交易管理条例》等；二是通过修改现行法律确立碳减排战略目标，如修改《大气污染防治法》等；三是在2008年全国人大常委会决议《中国应对气候变化国家方案》的基础上，以全国人大常委会决议的方式确立碳减排战略目标。鉴于碳达峰、碳中和目标的长期性，最好采取前两种方式。

（2）完善我国应对气候变化的根本制度和管理体制。建议抓住当前碳中和战略的契机，通过开展应对气候变化相关立法工作，确立碳税、碳交易等碳减排的根本制度，为低碳投资提供长期稳定的法律环境。明确政府、企业、公民各方责任义务，构建国家统一管理和地方、部门分工负责相结合的碳排放管理体制和工作机制。

（3）进一步修改完善现行法律法规。在现行的环境、能源和资源等相关法律中增加碳减排相关的内容，将碳减排要求落实到具体行业，形成推动碳减排协同效应。

参见：丁烈云. 尽快完善碳达峰、碳中和立法 推动我国绿色低碳健康发展 [J]. 中国勘察设计，2021（03）：18-19。

5.1.4 围绕"双碳"目标进行土木工程建设行业的高质量发展

中国建筑股份有限公司原总工程师、中国土木工程学会总工程师委员会理事长毛志兵认为：与先进的制造业相比，工程建设行业还是一个劳动密集型且发展方式较为粗放的产业，亟待推动生产方式的工业化、信息化、绿色化和国际化的发展，围绕"双碳"目标推动建筑行业的发展方式的变革已刻不容缓。

从产业发展的层面看，围绕"双碳"目标进行土木工程建设行业高质量发展，实施绿色低碳建造，是实现行业可持续发展的必由之路。当前，我国经济已转向高质量发展的新阶段，传统建造方式面临的资源、环境、人力等制约不断突显，难以满足新时代的发展，迫切需要转变建造方式，通过采用现代技术的手段，显著提高建造及运营过程的资源利用效率，减少对生态环境的负面影响，实现节能环保、效率提高、品质提升，推动行业的可持续发展。

面对严峻的碳排放攀升形势，为进一步加强建筑领域的绿色化和减碳力度，转变传统建造方式，大力发展绿色建筑，是实现降低建筑领域碳排放的重要举措，建筑领域除降低用能实现"碳中和"，更需要通过技术创新来实现绿色的发展，推动以建筑设计为主体的技术方法创新，推进空间节能和设备节能的融合，大幅降低供暖、空调、照明、电器等用能需求，促进部分时间、部分空间的低碳用能的理念落实，对减少建筑运行阶段的碳排放至关重要，在碳达峰、碳中和的目标下，未来零碳建筑、低能耗住宅等也将成为绿色建筑的重要发展部分。

为推动土木工程建设行业的高质量发展，要推广绿色低碳的生产方式。"双碳"目标是一项长期、复杂、艰巨的任务，需要坚持系统的观念，加强顶层设计，多方参与，多措并举；需要开展碳排放定量化研究，确定碳排放总量及强度约束，制定投资、设计、生产、施工、建材和运维的碳排放总量的控制指标，建立量化实施机制，推广减量化的措施分阶段制定减量化的目标和能效提升的目标；其次，要加强减碳技术的应用与研发，建立绿色低碳建造技术体系，加大科技创新力度支撑引领低碳产业和技术发展；要聚焦"双碳"战略目标，发挥科技创新战略支撑作用，抓紧部署低碳、零碳、负碳关键核心技术研究。

参见：毛志兵. 以新型建造方式支撑中国建造进入新时代 [J]. 建设机械技术与管理，2021，34（04）：18-22。

5.2 智能建造与建筑工业化

5.2.1 我国智能建造关键领域的技术进展

丁烈云和住房城乡建设部科学技术委员会委员、中建科技首席专家叶浩文总结了我国智能建造领域的主要技术进展，包括四个方面：

5.2.1.1 面向全产业链一体化的工程软件

随着计算机技术的不断发展以及计算机使用的不断普及，工程建造领域逐渐形成了以建筑信息模型（BIM）"正向设计"为核心、面向全产业链一体化的工程软件体系。工程软件包括设计建模、工程分析、项目管理等类型，其作为工程技术和专业知识的程序化封装，贯穿工程项目各阶段。利用BIM平台建立统一的三维可视化数据模型，进行各专业协同设计、出图管理，达到专业之间数据无缝衔接，支持多阶段、多参与方的模型协调深化。BIM模型是承载、实现信息共享与协同的最好手段和工具，通过装配式建筑"三个一体化"建造，打通EPC工程总承包全过程、全链条管理，实现信息快速共享和工作高效协同，支持建设项目全生命周期业务的自动化和决策的科学化。

当前，我国工程软件存在整体实力较弱、核心技术缺失等诸多问题，呈现出"管理软件强，技术软件弱；低端软件多，高端软件少"的局面，市场份额较多被国外软件占据。在设计建模软件方面，国产工程软件依然面临着严重的"缺魂少擎"问题，71.78%的受访人员选择AutoCAD为主要使用的CAD几何制图软件，超过50%的受访人员主要使用Autodesk Revit、Civil3D等国外BIM建模软件。面对以Autodesk系列产品为代表的国外工程软件的冲击，国产设计建模软件很难在短时间内建立起竞争优势。在工程设计分析软件方面，接近60%的主流软件来自国外，国外软件以其强大的分析计算能力、复杂模型处理能力牢牢占据市场前端；在复杂工程问题分析方面，国产软件依然任重道远。在工程项目管理软件方面，得益于对国内规范、项目业务流程的高度支持，加之国内厂商的持续研发投入，国产软件已经形成了较完整的产品链。

5.2.1.2　面向智能工地的工程物联网

工程物联网作为物联网技术在工程建造领域的拓展，通过各类传感器感知工程要素状态信息，依托统一定义的数据接口和中间件构建数据通道。工程物联网将改善施工现场管理模式，支持实现对"人的不安全行为、物的不安全状态、环境的不安全因素"的全面监管。在工程物联网的支持下，施工现场将具备如下特征：一是万物互联，以移动互联网、智能物联等多重组合为基础，实现"人、机、料、法、环、品"六大要素间的互联互通；二是信息高效整合，以信息及时感知和传输为基础，将工程要素信息集成，构建智能工地；三是参与方全面协同，工程各参与方通过统一平台实现信息共享，提升跨部门、跨项目、跨区域的多层级共享能力。

当前，我国工程物联网的技术水平和国外相比仍有较大差距。美国、日本、德国的传感器品类已经超过20000种，占据了全球超过70%的传感器市场，且随着微机电系统（MEMS）工艺的发展呈现出更加明显的增长态势。我国90%的中高端传感器依赖进口。除传感器外，现场柔性组网、工程数字孪生模型迭代等技术均亟待发展。另外，我国工程物联网的应用主要关注建筑工人身份管理、施工机械运行状态监测、高危重大分部分项工程过程管控、现场环境指标监测等方面，然而本研究调研结果显示，工程物联网的应用对超过88%的施工活动仅能产生中等程度的价值。在有限的资源下提高工程物联网的使用价值将是未来需要解决的重要问题。

5.2.1.3　面向人机共融的智能化工程机械与智能工厂

智能化工程机械是在传统工程机械基础上，融合了多信息感知、故障诊断、高精度定位导航等技术的新型施工机械；核心特征是自感应、自适应、自学习和自决策，通过不断自主学习与修正、预测故障来达到性能最优化，解决传统工程机械作业效率低下、能源消耗严重、人工操作存在安全隐患等问题。世界各国高度重视工程机械前沿技术，积极调整产业结构，加大了对工程机械的扶持力度，促使工程机械向数字化、网络化和智能化发展。在智能化工程机械的基础之上，通过将互联网、物联网技术与机械化、智能化制造技术深度融合，形成智能工厂生产系统，将数据信息直接导入生产管理子系统，无需人工二次录入，实现工厂生产排产、物料采购、生产控制、构件查询、构件库存和运输的信息化管理，实现生产全过程智能化。

然而，我国在工程机械智能化技术的研发应用上虽有一定突破，但在打造智能化工程机械所必要的元器件方面仍落后于国际先进水平。可编程逻辑控制器（PLC）、电子控制单元（ECU）、控制器局域网络（CAN）等技术均落后于发达国家，阻碍了我国工程机械行业的发展，也制约了我国工程建造的整体竞争力。我国工程机械整体呈现出"大而不强，多而不精"的局面，发展提升空间广阔。

5.2.1.4　面向智能决策的工程大数据

工程大数据是工程全寿命周期各阶段、各层级所产生的各类数据以及相关技术与应用的总称。工程大数据具有体量大、种类多、速度快、价值密度低等特征，应用重点在于将工程决策从经验驱动向数据驱动转变，从而提高生产力、提升企业竞争力、改善行业治理效率。工程大数据的价值产生于分析过程。数据分析指根据不同任务，从海量数据中选择全部或部分数据进行分析，挖掘决策支持信息。分析工程大数据除了应用传统统计分析以外，也需要人工智能的支持。其中，深度学习作为当前人工智能的重点方向之一，具有无需多余前提假设、能根据输入数据而自优化等优势，解决了早期神经网络过拟合、人为设计特征提取和训练困难等问题。深度学习利用海量数据提供的训练样本，在作业人员行为检测、危险环境识别等任务中获得广泛使用。值得注意的是，深度学习的复杂性使得模型容易成为黑箱，因而无法评估模型的可解释性，而机理模型的优点在于其参数具有明确的物理意义。因此，构建数据和机理混合驱动的数据分析模型，有助于从工程大数据中提炼具有实际物理意义的特征，提升计算实时性和模型适应性。发达国家将大数据视为重要的发展资源，针对大数据技术与产业应用结合提出了一系列战略规划，如美国《联邦数据战略和2020年行动计划》、澳大利亚《数据战略2018—2020》等。我国发布了《促进大数据发展行动纲要》等一系列战略规划，但工程大数据的发展和应用仍处于初级阶段。在流程方面，我国工程大数据应用流程未能打通，数字采集未实现信息化、自动化，数据存储和分析也缺少标准化流程；在技术方面，当前主流数据存储与处理产品大多为国外产品，如HBase、MongoDB、OracleNoSQL等典型数据库产品以及Storm、Spark等流计算架构；在应用方面，我国工程大数据仅初步应用于劳务管理、物料采购管理、造价成本管理、机械设备管理等方面，在应用深度和广度上均有不足。

参见：陈珂，丁烈云. 我国智能建造关键领域技术发展的战略思考［J］. 中国工程科学，2021，23（04）：64-70；叶浩文. 智能建造与建筑工业化关键技术与实践探索［J］. 建筑，2021（12）：21-23。

5.2.2　我国智能建造的困境和对策

丁烈云分析总结了我国智能建造发展面临的困境，并给出了针对性的对策和政策建议。

5.2.2.1　我国智能建造面临的困境

（1）市场环境方面。建筑业企业已形成对国外相关产品的使用习惯，产生了数据依存，相关产品替换难度较大；国产产品用户基数少，缺少市场意见反馈，进一步加大了与国外同类产品在功能和性能等方面的差距。

（2）企业部署方面。国内厂商战略部署不清晰，未形成与上下游的深度沟通，不利于产品布局的纵深发展；国内厂商起步晚，生态基础薄弱，资源分散严重，不少国产产品在细分市场仍处于整体价值链的中低端位置；国内厂商的自主创新能力与意识仍然较弱，国际领先的创新成果相对较少。

（3）核心资源方面。智能建造标准体系有待健全，相关研发缺少基础数据标准，市场适应性和服务能力有待提高；核心技术薄弱，较多依赖在国外企业技术基础上的二次开发；缺乏完善的智能建造应用生态，无法形成面向项目全生命周期的智能化集成应用；缺少高端的复合型人才，尚未建立相关人才的引进、培养与储备方案。

5.2.2.2　面对困境采取的对策

（1）工程软件加强"补短板"，解决软件"无魂"问题。具体措施有：在明确国内外工程软件差距的基础上，大力支持工程软件技术研发和产品化，集中攻关"卡脖子"痛点，提升三维图形引擎的自主可控水平；面向房屋建筑、基础设施等工程建造项目的实际需求，加强国产工程软件创新应用，逐步实现工程软件的国产替代；加快制定工程软件标准体系，完善测评机制，形成以自主可控BIM软件为核心的全产业链一体化软件生态。

（2）工程物联网积极"显特色"，力争跻身全球领先。具体措施有：将工程物联网纳入工业互联网建设范围，面向不同的应用场景，确立工程物联网技术应用标准和规范化技术指导；突破全要素感知柔性自适应组网、多模态异构数据智能融合等技术；充分利用我国工程建造市场的规模优势，开展基于工程物联网的智能工地示范，强化工程物联网的应用价值。

（3）工程机械大力"促升级"，提升"智能化、绿色化、人性化"水平。具体措施有：建立健全智能化工程机械标准体系，增强市场适应性；打破核心零部件技术和原材料的壁垒，提高产品的可靠性；摒弃单一的纯销售模式，重视后市场服务，创新多样化综合服务模式。

（4）工程大数据及时"强优势"，为持续创新奠定数据基础。具体措施有：完善工程大数据基础理论，创新数据采集、储存和挖掘等关键共性技术，满足实际工程应用需求；建立工程大数据政策法规、管理评估、企业制度等管理体系，实现数据的有效管理与利用；建立完整的工程大数据产业体系，增强大数据应用和服务能力，带动关联产业发展和催生建造服务新业态。

5.2.2.3　政策建议

（1）管理机构层面

加快建设一批建造产业创新基地，特别是人工智能技术与建造产业深度融合的创新基地，打造"基础研究—技术创新—产业化"链条的科技产业协同发展机制。构建国家、行业、企业完善的产业创新基地，引领和示范建造产业的科技创新，充分发挥科研机构的辐射和带动作用，有助于建造产业关键核心技术的突破和转化应用，能够促进建造产业创新的集聚发展，为推动中国建造转型升级和高质量发展提供支撑引领作用。

拓宽建造产业创新支持渠道，加大资源支持规模。鼓励各级政府加大财政扶持力度，建立稳定支持和竞争性支持相结合的资金投入机制，着力支持建造产业关键技术研发与成果产业化。建立以政府扶持为引导、企业投入为主体、多元社会资金参与的创新投入机制，提升资源配置效率，推动孵化新技术、新产品。

建立智能建造标准体系和技术评估机制。重点围绕各类工程数据在项目全寿命周期的应用，研制相关标准及技术框架，依托现有的国家和社会检测认证资源，对智能建造关键技术发展与应用水平进行客观评估。阶段性开展国内外发展比对分析，对不足之处进行科学指引和及时调整。

建立规范有序的市场环境，构建公平竞争的商业市场体系，完善相关法律法规，加大知识产权的宣传和保护力度；发挥行业协会在行业自律和规范市场秩序中的积极作用，协助加强反垄断、反倾销工作，制止不正当竞争，加强知识产权的宣传和保护力度。

（2）企业层面

紧扣市场需求，深化市场调研并积极布局，围绕BIM与数字设计、智能工地、无人施工系统、工程大数据平台等具体方向，坚持以应用为主导开展技术研发，着力解决行业痛点、难点问题。完善市场反馈机制，不断升级产品功能、性能与基础服务，打造符合市场需求、面向行业未来的优质产品与服务，逐步积累并壮大客户群体。

加大研发投入，建立差异化发展模式。强化研发设备、人员等生产要素管理，确保资源集中归档，提高产品质量。中小型厂商宜专注于细分领域的专项技术，做专做深，切忌追求大而全；大型厂商可提出为各细分行业提供智能建造的整体解决方案，完善企业之间互联协同的综合解决方案，实现与中小型厂商的错位发展、共同成长。

技术应用单位应与技术研发单位（如硬件厂商、工业自动化厂商等）开展产业链协同合作，建立智能建造合作生态。发挥骨干研发单位的技术优势、应用单位的需求牵引效应，以实际应用驱动技术落地。通过深度合作，形成资源互补、价值共创局面，搭建面向工程全寿命周期的整体解决方案及协作流程，提升体系化发展能力。

（3）高校及科研机构层面

充分发挥办学特长，结合院校优势学科，探索符合智能建造创新发展的校企协同育人模式。通过高校科研基地、院企培养计划、新兴学科培养等举措，重点加强智能建造专业等新工科专业建设，实施建筑土木工程类专业的教学改革，培养精通工程管理、工程技术、信息技术的复合型人才。发挥高校、科研院所在基础研究方面的优势，支持科技人才开展独立性、原创性研究。注重科研成果的创新性、系列性、系统性和完整性，坚持科研工作源于工程、服务工程、指导工程、引领工程；聚焦工程软件、工程物联网、工程机械、工程大数据等底层技术问题，逐步实现技术突破。

参见：陈珂，丁烈云. 我国智能建造关键领域技术发展的战略思考［J］. 中国工程科学，2021，23（04）：64-70。

5.2.3　智能建造推动建筑业产业变革

丁烈云认为，智能建造不仅仅是工程建造技术的变革创新，更将从以下几个方面重塑建筑业：

（1）产品形态：从实物产品到"实物＋数字"产品。传统建筑生产过程是围绕直接形成实物建筑产品展开的，设计单位提供二维平面设计图纸，施工单位根据图纸来施工，得到实物产品。建筑产品是三维的，具有较高的复杂性和不确定性，依据二维图纸的设计、施工过程不可避免存在错漏碰缺，造成建筑品质缺陷和资源浪费等问题。未来的建筑产品必将从单一实物产品发展为实物产品加数字产品，甚至是加智能产品。借助"数字孪生"技术，实物产品与数字产品有机融合，形成"实物+数字"复合产品形态，通过与人、环境之间动态交互与自适应调整，实现以人为本、绿色可持续的目标。类似于工业产品制造过程中的"虚拟样机"，数字建筑产品将允许人们在计算机虚拟空间里对建筑性能、施工过程等进行模拟、仿真、优化和反复试错，通过"先试后建"获得高品质的建筑产品。"数字孪生"中数字产品与实物产品一虚一实、一一对应。数字产品形成的虚拟"数字工地"作为后台，可以为前台的实体工地施工过程提供指导。数字产品与实物产品还可以是"一对多"的关系，即数字建筑产品形成的数字资源可复制应用到其他建筑产品，实现数据资源的增值服务。

（2）生产方式：从工程施工到"制造+建造"。传统的建筑施工方式是个性化的，每个施工工地都不一样，所生产的建筑产品也都各不相同，可以看作是单个产品定制生产的方式。这种方式在生产效率、资源利用和节能环保等方面都存在明显的瓶颈。提升建筑行业生产效率、实现建筑行业集约化发展、借鉴工业化发展路径已经成为共识。实现规模化生产与满足个性化需求相统一的大规模定制，是人类生产方式进化的方向。实行建筑工业化的关键是要在工业化大批量、规模化生产条件下，提供满足市场需求的个性化建筑产品。以装配式建筑为例，建筑部品部件将在工厂化条件下批量化生产，不仅可以有效降低成本，还可以提高质量。构件运送到施工现场再拼装成不同功能的建筑产品，以满足市场对建筑产品个性化的要求。这种建造方式与定制化的传统建筑施工有很大不同，从建筑模块化体系、建筑构件柔性生产线到构件装配，都不再是单纯的施工过程。而是制造与建造相结合，实现一体化、自动化、智能化的"制造+建造"。

（3）经营理念：从产品建造到服务建造。随着产业边界的相互融合，会催生出新的业态和服务内容。一方面，以数字技术为支撑，工程建设领域的企业将从单纯的生产性建造活动拓展为提供更多的增值服务，类似于制造业里的制造服务化以及软件行业所推行的SaaS模式（"软件即服务"模式）。另一方面，也会使得更多的技术、知识性服务价值链融合到工程建造过程中。技术、知识型服务将在工程建造活动中提供越来越重要的价值，进而形成工程建造服务网络，推动工程建造向服务化方向转型。建设企业不仅需要提供安全、绿色、智能的实物产品，还应当着眼于面向未来的运营和使用，提供各种各样的服务，保证建设目标的实现和用户的舒适体验，从而拓展建设企业的经营模式和范围。智能建筑、绿色建筑和智能家居等都是典型的应用场景，如面向医养结合的智能住宅，可以通过优化建筑功能设计、增加智能传感设备更好地满足人们对健康生活和家庭养老，尤其是独居老人的需求。

（4）市场形态：从产品交易到平台经济。当今世界经济发展的最大趋势就是从产品经济走向平台经济，利用各种各样的平台实现资源的共享和增值。建筑行业也已经出现工程信息资源平台、工程外包项目聚合平台、综合众包服务平台等各类工程资源组织与配置服务平台。智能建造将不断拓展、丰富工程建造价值链，越来越多的工程建造参与主体将通过信息网络连接起来。在以"迈特卡夫定律"为特征的网络效应驱使下，工程建造价值链将不断重构、优化，催生出工程建造平台经济形态，大幅降低市场交易成本，改变工程建造市场资源配置方式，丰富工程建造的产业生态，实现工程建造的持续增值。

（5）行业管理：从管理到治理。信息社会条件下，建筑行业的管理模式也将从"管理"转向"治理"。智能建造将以开放的工程大数据平台为核心，推动工程行业管理理念从"单向监管"向"共生治理"转变，管理体系从"封闭碎片化"向"开放整体性"发展，管理机制从"事件驱动"向"主动服务"升级，治理能力从以"经验决策"为主向以"数据驱动"为主提升。2019年政府工作报告中，李克强总理明确提出要改善我国的营商环境，其中一项重要任务就是将建设项目的平均报建手续减少到120天。实现这一目标的重要支撑就是互联网平台，把后台串联式的项目审批变成平台式的协同审批，实现"让群众少跑路，让信息多跑腿"。从管理到治理，行业管理从指导思想、技术手段和实施模式等方面都将发生深刻的变化。

参见：丁烈云. 智能建造推动建筑产业变革［J］. 中国建设报，2019：008。

5.2.4　建筑企业践行新型建造方式的策略研究

毛志兵等从关键技术和应用情况深入分析了建筑企业新型建造方式应用效果以及存在的问题，提出了建筑企业践行新型建造方式的建议措施。

5.2.4.1　建筑企业践行新型建造方式存在的问题分析

（1）政策机制方面。国家关于新型建造方式的政策制度尚不健全，就如何推进新型建造方式广泛应用尚未有明确指导意见，在诸多关键技术、应用场景、产业研究方面尚处于空白。建筑企业新型建造方式推广应用缺乏统筹安排，仅少数存在于零星的项目实践过程中，缺乏系统的总结推广。大部分建筑企业新型建造方式资金投入和人才保障力度不够，未建立专项推进方案，对新型建造方式的关键技术和发展潜力认识不足。

（2）智慧建造方面。软硬件"卡脖子"问题突出，建筑企业自主研发的软硬件较少，没有形成应用规模，智慧建造基础软件研发和投入方面严重不足，核心软件依赖国外。智慧建造标准和应用体系尚需完善，大部分建筑企业缺少对智慧建造关键技术、应用方案、应用模式、应用系统和应用环境等方面的系统性研究和集成应用能力。项目数据孤岛难以打破，建筑工程项目数据标准不统一，彼此无法互联互通，造成资源的巨大浪费，数据资产未能有效开发利用。围绕智慧建造的产业应用还不成熟，数字产业发展规划、实施路径、经营模式还未建立，存在大量流失的"隐形"数据资产。

（3）工业化建造方面。围绕工业化生产方式的产业链不成熟，同质化现象趋于严重，产业链（地产、设计、施工、专业公司）上下游间协同不够，资源整合不充分。由于长期割裂的行业管理模式，设计、施工、和工厂化生产完全割裂，设计机制无法协同施工建造工艺、技术和材料选择。装配式建筑装配率较低，工厂生产和实际施工"两张皮"，装配式关键技术不够成熟。产业技术工人队伍不健全，掌握BIM、信息系统、数字化和智能化设备的产业工人和基层技术人员缺乏，产业技术工人核心技术能力不强。

5.2.4.2 建筑企业践行新型建造方式的策略建议

（1）建立新型建造方式应用推广机制。营造新型建造方式发展环境，提出详细目标计划和保障举措。建立新型建造方式体制机制，推进设计施工一体化、全过程工程咨询，优化专业类别结构和布局，探索工程项目企业标准化管理模式，推动工程项目管理向精细化管理转型，推行项目目标责任管理、项目策划、集中采购，推动设计施工采购的深度交叉，强化协同合作。建立健全科学、实用、前瞻性强的新型建造方式标准和应用实施体系，强化新型建造方式下建筑产品理念，形成完备的建筑商品说明书，完善建筑效果后评估等机制，真正把建筑产品生命周期拉通。保障新型建造方式资源投入，加大新型建造方式关键技术的科技攻关，引导科创技术迭代更新，培育和打造国家级、世界级科技创新成果。打造新型建造方式创新研究平台、产业集成平台、成果应用推广平台，构建"平台+服务"发展模式，构建基础前沿技术、集成示范和产业化全链条的企业顶级综合性科研平台。加快新型建造方式人才培育，培养一批行业专家。

（2）加强产业协同和应用推广。打造产业服务平台，有条件建立涵盖科研、设计、加工、施工、运营等全产业链融合一体的"新型建造服务平台"。加强科技创新成果应用，推进不同类型项目试点应用，集中评估应用效果，逐步建立集设计-试点-应用-推广于一体的新型建造落地机制。推进全产业链协同，加快发展现代产业体系，推动产业基础高级化和全产业链优化升级。加强系统化集成设计，推行新型建造工业化项目建筑师负责制。塑强以工程总承包为核心的建造体系，提高供应链协同水平和全产业链资源配置效率，全面形成绿色建造核心能力。抢抓新兴产业发展机遇，关注超低能耗建筑和近零能耗建筑、新型建材等新兴产业，率先布局，抢抓市场机遇。

（3）大力推动数字化转型。建筑企业应加大对信息化硬件软件的研发投入力度，对智慧建造"卡脖子"技术进行研发和攻关。对涉及主要业务和数据集成的系统以自主开发为主，探索研究BIM与CIM技术融合及数字孪生技术。推动工程项目智慧建造应用，综合运用BIM、物联网、移动通信、云计算、大数据、人工智能等信息技术，与施工技术深度融合与集成，提高施工现场的生产效率、管理效率和决策能力。加快建筑机器人等智能装备的研究与应用，推动智能建造与新型建筑工业化协同发展。综合采用先进传感、测绘、机器视觉、VR、BIM数据共享、机电一体化及智能控制等技术，实现工厂生产、现场施工的自动化、智能化、无人化和信息化升级。大力开拓智慧建造新产业，实现智慧建筑、智慧园区和智慧城市等业态的设计、施工、运营、运维等全生命期数字化、智慧化管理和持续迭代升级。按照"平台+生态"的建设思路，制定统一大数据标准，建立可存、可取、可用的工程项目大数据系统，实现数据的互联互通。

（4）创新建筑工业化产业体系。打造建筑工业化全专业产品体系，实现由"服务商"到"产品+服务"的升级。创新"伙伴产业链模式"，完善具有特色差异化产品及建造模式，创新产业链合作模式，形成长期稳定的企业协同创新链条。围绕装配式建筑提升产业链资源整合能力，创新"伙伴产业链模式"，强调构件生产、设计、施工、验收等全环节配合与协作。在装配式建筑的基础上，基于标准化技术平台将设计、生产、施工、采购、物流等全部环节整合，形成多个项目间可资源协同的经营模式，实现规模化效益。加快产业工人培育，重点培育掌握BIM、信息系统、数字化和智能化设备及专业技术方面的产业技术工人和基层技术人员。构建体系完善、组织规范、客观公正、业内认可的技能人才评价模式。完善行业劳务用工信息服务平台，实现建筑工人精细化和全职业周期管理。

参见：毛志兵，李云贵，黄凯. 建筑企业践行新型建造方式的策略研究［J］. 施工企业管理，2021，（11）：92-96。

5.3　城市更新

5.3.1　绿色城市更新

北京大学教授、中国城市规划学会城乡规划实施学术委员会副主任委员林坚等总结了我国绿色城市更新的既往实践，分析了我国绿色城市更新面临的主要挑战，并提出了若干政策建议。

5.3.1.1　我国绿色城市更新的既往实践

（1）城市绿色微更新。《北京城市总体规划（2016年—2035年）》要求"老城不能再拆""建成区留白增绿"，城市绿色微更新相应提出，在部分大城市得以推行。城市绿色微更新是通过引进先进的生态营造技术，采用社区农业和家庭园艺等手段，绿化城市的"碎片化"空间，是一种"点"式更新。它强调提升小微空间的功能综合性，提高空间改造的公众参与度，从而修复城市的"点"状空间，达到修补城市肌理的效果。

（2）基础设施绿色更新。我国老旧城区的基础设施建设存在设施数量不足、建设标准低、利用管理粗放等问题，亟待进行更新。2018年10月，国务院办公厅发布《关于保持基础设施领域补短板力度的指导意见》，明确："要保持基础设施领域补短板力度，进一步完善基础设施和公共服务，提升基础设施供给质量"。城市基础设施的绿色更新不仅包括对市政公用工程设施和公共生活服务设施的更新，更强调对基础设施的绿色化改造。为此，我国目前普遍实施以建设海绵城市为目标的水生态基础设施更新以及城市地下综合管廊建设，从而建立起沟通各类基础设施的绿色网络，有效改善城市整体的生态环境和安全保障能力。

（3）低碳社区更新。社区作为城市人口的集聚场所，是城市碳排放的主要来源。据统计，我国城市总建筑能耗的50%以上均源自社区内的居住建筑。因此，低碳社区更新成为破解能源短缺及能耗过高问题的重要抓手。2014年3月，国家发改委发布《关于开展低碳社区试点工作的通知》，提出在全国开展1000个低碳社区试点的目标，明确低碳社区试点建设的主要内容包括：以低碳理念统领社区建设全过程、培育低碳文化和低碳生活方式、探索推行低碳化运营管理模式、推广节能建筑和绿色建筑、建设高效低碳的基础设施以及营造优美宜居的社区环境6个方面。基于此，北京市发布《低碳社区评价技术导则》，并明确了低碳社区的基本概念。

5.3.1.2　我国绿色城市更新的主要挑战

（1）绿色理念下的整体统筹不足。一直以来，针对绿色城市更新，我国缺少整体性的空间规划和全局性的战略引导，致使实施中产生较多的资源消耗与利益博弈，城市景观破碎化、生态效益低下等问题未能得到根本解决。

（2）基础设施绿色化改造不充分。在供给侧改革的背景下，基础设施建设作为重要经济领域之一，已得到普遍重视。但是，当前绝大多数城市的主要着眼点为扩大有效供给和调整经济结构，主要侧重交通基础设施的升级提速，而非对交通运输、邮电通信、能源供给等各类基础设施的绿色化改造。根本上，我国城市基础设施绿色更新的困境在于资金不足，尚未建立起政府财政投入为主、社会资本参与为辅的多元化投融资机制，从而导致各方对基础设施绿色更新的动力不足。

（3）低碳社区更新的体系不完备。我国低碳社区更新已从理念引入发展至技术选择阶段，更新目标也在节能减排的基础上拓展为对绿色、智能、可持续的追求。但总体而言，我国的低碳社区建设仍处于试点探索阶段，当前低碳社区的更新理念仍停留在绿色环保层面，忽视了将社区作为单个复杂系统进行多层次、成体系的综合改善；并且，政府在低碳社区更新方面存在部分职能缺失的问题，包括政策和法律法规不完善、低碳社区建设的评估和激励机制缺乏、低碳技术研发的投入不足、低碳经济宣传不到位；还有，在低碳社区更新中，社区居民普遍缺乏对绿色低碳的认知和关注，如何真正调动居民的积极性是社区更新由"被动"变"主动"的关键所在。

5.3.1.3　若干政策建议

（1）绿色城市更新规划先行。在开展绿色城市更新时，应确保规划的统筹引领作用，注重以"点"带"面"、以"线"带"面"、以"小面"带"大面"，制定全方位、多层次的战略布局。做到城市政府负责编制绿色城市更新规划，与国土空间规划做好有效衔接；拓展城市更新范围，不但关注已划入传统更新范围内的用地，还要关注直接影响城市品质提升、生态价值提高的各类"线"性空间；由问题导向式再开发转向目标导向式更新，由资金平衡式再开发转向环境友好型更新，由单"点"再开发转向"点""线""面"协同更新。

（2）建设绿色基础设施网络。首先，建立健全基础设施绿色更新的政策法规体系，完善相应工作的规划管理与建设实施机制；其次，对城市已建成的基础设施及其周边用地进行充分的绿色化改造，如在道路及其周边区域进行绿化更新，并与河流水系廊道相连，打造层次分明的一体化蓝绿生态网络体系。此外，建立交通运输、邮电通信、能源供给等各类基础设施网络的绿色评价体系，定期监测并评价城市生态环境状况，将评价结果作为绿色城市更新规划修编决策前及实施后评估的重要依据。

（3）探索绿色零碳社区更新。在大力推进绿色低碳社区更新建设的同时，积极探索绿色零碳社区更新，主要内容包括：一是更新目标。既要实现碳减排目标，提升社区环境友好程度以及居民生活质量满意度；还应探索城市与社区等不同尺度下的绿色更新机制及相互间影响，为自然资源、交通运输、建设管理等各部门设立有关更新工作的目标提供科学依据与理论参考。二是规划设计。提出适应不同资源环境禀赋及发展诉求的绿色零碳社区的建设思路与方法。如在太阳能、风能、地热资源丰富的地区，应重点考虑新资源开发与利用；在水资源匮乏的地区，有必要设计水资源循环供给系统等。三是技术方法，重点探索建立功能复合的新型社区，减少对外部的依赖，促进社区内部的可持续发展；推广建筑绿色更新，制定绿色建筑标准；倡导低碳交通，营造绿色出行的友好环境；充分利用新能源和可再生能源，降低传统能源消耗；加强水资源利用，如建造透水铺装、雨水花园、景观蓄水池等；实施垃圾分类回收利用，设立社区旧物交换站等。

（4）创新绿色城市更新机制。绿色城市更新的工作离不开制度创新、制度建设，应在以下方面发力：一是探索增存挂钩"绿色折抵"机制，二是探索绿色全生命周期管理制度，三是探索多元化投融资机制。

参见：林坚，叶子君. 绿色城市更新：新时代城市发展的重要方向［J］. 城市规划，2019，43（11）：9-12。

5.3.2　新型城镇化高质量发展的规律和发展方向

国际欧亚科学院院士、中国科学院地理科学与资源研究所区域与城市规划中心主任方创琳认为，推进新型城镇化高质量发展是国家实现基本现代化的必由之路，不仅决定着中国城镇化发展的未来，而且决定着世界城镇化的前景，影响着世界城市化的发展质量。高质量推动新型城镇化发展，是对中国经济高质量发展的重要支撑，也是当前和今后一个时期中国新型城镇化发展的根本指针。过去70年中国传统城镇化发展成功解决了"快不快"的问题,新时代背景下的新型城镇化突出强调高质量发展,根本在于解决城镇化质量"高不高"、城乡居民"满意不满意"等关键问题,走低资源消耗、低环境污染、低碳排放、高综合效应的集约型发展道路。新型城镇化高质量发展的内涵可以概括为高质量的城市建设、高质量的基础设施、高质量的公共服务、高质量的人居环境、高质量的城市管理和高质量的市民化的有机统一。

新型城镇化高质量发展的方向主要包括:

（1）增强新型城镇化高质量发展的整体协同性,提高城市群发展质量。

（2）推动产城融合发展及城镇基本公共服务均等化,提升城市发展质量。

（3）推动城乡深度融合发展,加快新型城镇化高质量发展中的乡村振兴。

（4）因地制宜地确定不同类型城镇化高质量发展区的主体功能。

（5）创新体制机制,将高质量发展贯穿到新型城镇化试点的全过程始终。

（6）规范建设特色小镇,为新型城镇化高质量发展奠定坚实基石。

（7）把新型城镇化高质量发展与区域资源环境承载力有机结合起来。

参见:方创琳. 中国新型城镇化高质量发展的规律性与重点方向［J］. 地理研究,2019,38（01）:13-22。

5.3.3　公共健康与安全视角下的老旧小区改造

东南大学建筑学院教授、中国城市规划学会城市更新学术委员会主任委员阳建强分析了老旧小区在公共卫生健康和安全方面存在的问题与隐患,并提出了改造规划建议。

5.3.3.1　老旧小区在公共卫生健康与安全方面存在的问题与隐患

老旧小区一般建设于20世纪60～90年代,由于长期缺乏日常维护和更新,加之当时建设标准普遍偏低,在公共卫生健康与安全方面,存在诸多问题与隐患。包括以下几个方面:

（1）建筑老化严重,生活条件和居住环境低下。

（2）市政基础设施落后,城市生命线存在危险。

（3）生活服务设施难以保障,公共活动空间不足。

（4）人口构成复杂,存在较为严重的老龄化现象。

5.3.3.2 老旧小区的改造规划建议

（1）充分认识公共健康安全的重要性。环境权和生命健康权已成为人类所共有的最基本人权，创造一个安全健康的居住环境是城市规划工作者的首要任务，也是人们保持生理健康和心理健康的最基本条件。因此，老旧小区改造应坚持卫生性原则、安全性原则、舒适性原则、多样化原则和生态型原则，根除原有不安全、不卫生和不健康的居住环境，综合考虑日照、采光、通风、防灾、配建设施及管理要求，不断提升居住的物理环境和舒适程度，改善居住区的微环境气候和良好的居住生活环境，创造安全、卫生、健康、舒适和优美的居住生活环境。

（2）加强公共健康安全的基础设施建设。按照健康性需求和安全性需求，保证维持人们正常生活的供水、供电、供气、电信、供暖、排水、街道房屋管理、垃圾清理等基础设施建设保障，设置有效的灾害应急预警和响应系统，加强安全性和突发事件的应急服务，以及食品卫生监督、疾病预防、污染行业等医疗保健管理。

（3）提高旧住宅的健康安全标准与性能。针对老旧小区住宅设计标准低、居住拥挤、设施破旧等问题，需要按照健康住宅对空气环境、湿热环境、声环境、光环境和水环境等物理环境标准要求，通过对旧住宅的改造设计，有效引入自然通风系统，确保住宅良好通风，防止室内空气污染对人体健康的损害；在室内尽量采用自然采光，防止光污染；注意在安全的饮用水供应、卫生的排污处理、固体废物处理、地表水的排泄、结构的安全性以及个人和家庭内部卫生等方面，提高住宅的健康性能，以能够使人们免受流行病和病毒的感染，保障个人和家庭的安全。

（4）加强老旧小区的社区自治与管理。老旧小区存在人口老龄化、人口贫困化和居民构成复杂等问题，往往没有专门的公共安全应急管理部门，居民自身的保护意识与能力十分有限，以及老旧小区的公共健康安全保障措施、标准以及法律法规不完善。因此，急需将保障居住环境公共安全与健康的基本要素纳入老旧小区改造的规划之中，积极推进针对老旧小区公共安全健康的改造规划标准制定。与此同时，以老旧小区自身需求为推动力，以小区居民为主要参与者，以公众参与、社区自治和多方合作为基础，充分发挥社区的自组织功能，加强与改进老旧小区的公共健康安全管理机构建设，在老旧小区内部社区组织的协调运作下整合资源，加强社区参与、培育互助与自治精神，增强社区成员凝聚力，提高老旧小区社区自治与管理能力。

参见：阳建强. 公共健康与安全视角下的老旧小区改造［J］. 北京规划建设，2020（02）：36-39。

5.4 健康建筑与健康社区

5.4.1 健康社区发展现状与发展建议

中国城市科学研究会绿色建筑研究中心主任、中国建筑科学研究院有限公司科技发展研究院高级工程师孟冲等总结了我国健康社区的研究和发展现状，提出了应对挑战的发展建议。

5.4.1.1 健康社区发展现状

健康社区是多项健康环境营造技术的创新性有机融合，从文献调研结果来看，我国健康社区研究热点以健康和社区为中心，围绕空间环境质量对社区居民健康的影响展开。主要内容包括：

（1）健康社区规划设计。如生态社区、社区公园设计、健康社区规划设计理念等。

（2）社区适老化。包括社区养老服务、社区老年人健康保障设施等。

（3）居民健康影响因素研究。如$PM_{2.5}$、健康风险评价等。

"十三五"期间，研究人员从健康社区涉及的各个方面开展了大量专项科研工作，涉及建筑通风与室内空气品质、建材污染物散发、健康照明与光环境提升、健康化改造、运动健康、适老等内容。除此之外，由住房城乡建设部、卫健委、残联、体育总局等部门支持的多项课题也为健康社区的理论完善升级奠定了重要基础。

5.4.1.2 健康社区发展建议

当前我国健康中国战略持续深化推进，健康社区行业发展迎来了前所未有的机遇与挑战。为应对这些挑战，提出如下四个方面的发展建议：

（1）深化基础理论研究。人的健康会受到多种外在因素的影响，如室内空气污染物、噪声、不卫生的饮食、不良的睡眠等，都会给人的身心健康带来不同程度的危害，长期来看还会形成一定的危害累积。因此建立社区与建筑环境参数对人体健康的短期作用关系及长期累积效应的基础理论，将成为下一步研究的一项重点内容。

（2）攻克共性关键技术。保障与促进人体健康是健康社区的核心目标，如何敏锐感知、主动化解环境中的危害因素具有重要的研究价值。因此，研发社区与建筑环境健康影响因素的识别、采集、诊断、修复与干预关键技术，建立兼具适用性与引领性的技术体系将成为下一步科研攻关的一项重点内容。

（3）加速科技成果转化。理论研究作为基础支撑，转化到实际工程中方可实现造福于民的目的。因此建立规范和标准体系，研发关键技术以及产品和设备，形成涵盖研发生产、规划设计、施工安装、运行维护的产业化全链条，推进研发成果的规模化应用至关重要。

（4）推进示范工程建设。充分发挥示范工程的示范引领作用，利用研发的技术、生产的产品和设备，建设具有可推广、可复制的具有显著示范效应的示范工程，为大范围推广奠定基础。

参见：孟冲，盖轶静，赵乃妮，陈乐端. 我国健康社区的发展现状与展望［J］. 中外建筑，2021（08）：27-29。

5.4.2　健康建筑的发展与评价认证

中国建筑科学研究院副院长、教授级高级工程师王清勤等梳理了健康建筑的发展情况，提出了健康建筑的评价认证的相关构想。

（1）健康建筑始于人们对居住健康的重视和关注。十九大报告指出"我国社会主要矛盾已经转化为人民日益增长的美好生活需要和不平衡不充分的发展之间的矛盾"。随着经济水平发展，人们越来越注重生活质量和向往美好的生活，而由建筑带来的不健康因素日益凸显，如建筑室内空气污染，环境舒适度差，适老性差，交流与运动场地不足等，同时雾霾天气，饮用水安全，食品安全等问题严重影响了人们的生活，甚至威胁人们的健康安全。其实，很多组织和国家在19世纪80年代就已经逐渐重视住宅建筑中的健康因素，如世界卫生组织（WHO）提出"健康住宅15条标准"；美国设立国家健康住宅中心并制订"健康之家"建设计划来指导住宅建设；法国采取立法和政策支持等措施发展健康住宅；加拿大为满足健康和节能要求的住宅颁发"SuperE"认证证书；日本出版《健康住宅宣言》书籍来指导住宅建设与开发等。

（2）健康建筑是绿色建筑的深层次发展。我国近10年在绿色建筑领域中的发展成效显著，绿色建筑政策有力，绿色建筑数量和面积逐年上升，标准体系日益完善，特别是江苏、浙江和贵州等地通过立法的方式强制绿色建筑的发展，绿色建筑由推荐性、引领性、示范性向强制性方向转变。绿色建筑的目的是在建筑全寿命期内最大限度地节约资源，保护环境，减少污染，从而为人们提供健康、适用、高效且与自然和谐共生的使用空间，但其主要侧重于建筑与环境间的关系，对健康方面的要求并不全面。要想实现绿色建筑为人们提供健康使用空间这一目的，必然需要在健康方面进行更深层次的研究。

（3）健康建筑的评价与认证是鼓励建造健康建筑，规范健康建筑建设的重要手段，也是具有激励性质，以市场为导向的促进健康建筑行业可持续发展的有效途径，最终目的是通过评价和认证确保建筑的健康性能。为规范健康建筑的评价，中国城市科学研究会（以下简称城科会）制定了《健康建筑评价管理办法》，指出健康建筑的评价是依据中国建筑学会标准《健康建筑评价标准》T/ASC 02—2016对申请开展评价的建筑的等级进行评定的活动。健康建筑的评价分为设计评价和运行评价两个阶段，申报的项目首先应达到绿色建筑的要求，并要求建筑应全装修设计。城科会组织健康建筑的评价工作，评价包括形式初查、技术初查、专家评审3个环节，其中通过现场会议评价的方式进行专家评审，且在评价前还需进行现场核验。为保证健康建筑评价的科学性、公开性和公平公正性，项目评价专家由国内建筑、医学等相关领域具有扎实专业基础和丰富工作经验的知名专家组成，以申报材料为依据，对照标准逐条核实、测算申报项目各项数据，评估各项技术方案的科学性、合理性，综合平衡论证，从而得出最终的评价结论；同时，城科会公示、公布通过评价的项目，并为其颁发证书、标牌，建立评价档案，以接受行业社会监督。

参见：王清勤，李国柱，孟冲，刘茂林，何莉莎，盖轶静. 健康建筑的发展背景、标准、评价及发展平台［J］. 建筑技术，2018，49（01）：5-8。

5.5 绿色交通工程

5.5.1 绿色交通指标体系

为指导建立城市绿色交通系统，评估现有城市交通系统并加以绿色化改进，中国市政工程华北设计研究总院有限公司总工程师朱晓东等建立了绿色交通指标体系，包含交通工程指标体系和道路工程指标体系。其中，绿色交通工程的定义主要偏重绿色市政基础设施的规划和管理过程中对生活环境质量和环境保护的重视，包括促进人们在短距离出行中选择自行车和步行，推动公交优先发展的出行模式，保护环境、节约能源，建立以公共交通为主导的城市综合交通系统等。绿色城市道路基于道路工程本身，将可持续发展理念运用到道路的设计、施工、运营过程的各个阶段，在城市道路的全寿命周期内，能够最大限度地节约资源（节能、节地、节水、节材）、保护环境和减少污染，并能为人们提供便捷、高效、舒适、公平的出行和与自然和谐共生的道路。

5.5.1.1　交通工程指标体系的构成

（1）绿色交通出行率。通过各种绿色交通方式出行的总量与区域交通出行总量的比值。绿色交通出行方式包括步行交通、自行车交通、公共交通等方式。

（2）交通管理设施规范设置率。按照相关规范设置的标志、标线、信号灯、行人过街设施、中央分隔带设施等交通管理设施占交通管理设施设置总量的比例。

（3）城市道路网密度。城市道路网密度建成区内道路长度与建成区面积的比值（指道路铺装的宽度3.5m以上的城市道路）。

（4）人均道路面积。市区拥有的道路面积与市区人口的比值。

（5）公共交通系统完善等级。研究区域内应建立相对独立、完整的公共交通系统，并采取有效管理措施的完善程度。

（6）慢行系统完善等级。根据城市特点，按照有关规范的要求建设步行道系统、非机动车道系统和无障碍通行系统，综合考虑连续性、舒适性和安全性，加强系统的规范化管理的完善程度。

（7）平均交通噪声。城市交通噪声主要来源于两部分：一是机动车辆在道路上行驶，产生动力噪声及轮胎噪声；二是非机动车在行驶过程中的刹车声。该指标考察交通噪声对周边环境损害的严重程度。

（8）汽车尾气污染。由汽车排放的废气造成的环境污染，是衡量道路上行驶的车辆尾气排放量对环境造成影响的指标。

（9）交通出行成本。用货币来衡量出行者在整个出行过程中消耗的时间，不同的出行方式其出行成本系数不同。

（10）智慧交通系统。以交通信息中心为核心，连接城市公共汽车系统、城市出租车系统、城市电子收费系统、城市道路信息管理系统、城市交通信号系统、停车管理系统等的综合性协同运作，让人、车、路和交通系统融为一体，为出行车和监管部门提供实时交通信息。

5.5.1.2 道路工程指标体系的构成

（1）长寿命路面。城市道路尤其是主干路和快速路，路面设计寿命超过规范规定路面设计基准期，使用寿命长，养护费用低，对交通影响小，在全寿命周期内经济社会效益显著。

（2）多功能路面。指路面功能的提升，包括透水路面、降噪路面、彩色路面、降温路面。

（3）近远期结合设计。道路设计应满足远期交通功能需要，使近期工程成为远期工程的组成部分，并应预留管线位置，控制道路用地，给远期实施留有余地。

（4）可再生能源利用率。太阳能、风能、水能、生物质能、海洋能、潮汐能及地热能等能源替代传统能源的使用比例。

（5）行驶质量指数。主要是对市政道路的路面行驶质量进行评价。行驶质量指数越高，汽车轮胎磨损越低，汽车尾气排放量也越低。

（6）旧路面材料再生利用率。在项目范围内继续利用或再利用旧路面材料的比例。旧路面材料指项目范围内用于现有路面结构（包括面层和基层）所有材料，包括行车道和路肩。

（7）温拌沥青使用率。温拌沥青路面面积占沥青路面总面积的比例。

（8）道路绿化覆盖率。道路红线范围内绿化覆盖面积之和与道路总面积的比例。绿化覆盖面积包括乔木、灌木、草坪等所有植被的垂直投影，乔木树冠下重叠的灌木和草本植物不能重复计算。绿化覆盖率是衡量城市园林绿化、生态环境的重要指标。

（9）植物乡土性。乡土植物是指经过长期的生物演变，对本区域具有高度适应性的植物。乡土植物具有适应性强、物种资源丰富、能够抵御外来物种入侵以及保护生态安全等功能。

（10）施工噪声。指施工过程中产生的噪声对周边环境的损害的严重程度。

（11）全寿命周期成本降低。对比绿色道路和传统道路在建设、养护、维修过程中的经济成本。

（12）智慧设施与交互。借助物联网、大数据、人工智能等新一代信息技术，构建以数据为核心的城市交通信息采集与发布的智慧载体，实行道路服务品质化、管理科学化和运行高效化，有效提高出行体验。

参见：朱晓东，薛丹璇，高佳宁，罗瑞琪. 绿色交通指标体系研究［J］. 城市道桥与防洪，2019（10）：156-160，20-21。

5.5.2 绿色铁路工程

中南大学教授、原铁道部副部长、中国工程院院士孙永福等认为，从路网规模来看，我国是名副其实的铁路大国，但还不是铁路强国。尽管我国以高速铁路、重载铁路、高原铁路为代表的铁路建设技术处于世界领先水平，但在综合交通廊道建设、铁路运输服务等方面仍有待优化提升。推进绿色铁路工程建设是进一步保持我国在世界铁路建设领域的领先状态，引领未来发展方向、实现可持续发展的必要路径。从现有文献、政策导向及工程实践来看，绿色铁路工程的价值意义没有得到充分挖掘，存在内涵认知局限、权威标准缺位、管理机制薄弱等问题，致使绿色铁路工程实践面临阻滞、低效、流于表面等困境。

在全面倡导生态文明建设、强调高质量发展的时代背景下，推进绿色铁路工程建设，是促进可持续发展、提升我国铁路行业国际竞争力的重要举措。

绿色铁路工程是指以绿色发展理念为主导的铁路工程建设活动及其成果的总称，绿色铁路工程以"工程建设与环境保护和谐共进"为中心思想，以"工程实体绿色化"为目的促进铁路工程规划设计的优化，以"工程建造绿色化"为根基促进铁路工程建设的全面转型升级，从基础设施方面为绿色铁路筑基。从本质上来说，绿色铁路工程是以铁路建设环境保护为基础的全面深化，系统体现提升人民生活质量的愿望及要求，同时也表现为当前时代对"绿色"的需求已从边缘转向核心地位。

得益于我国"五年规划"的政策制定模式，绿色铁路工程的法规政策具有较为清晰的阶段性，大致以2个"五年计划"为时间尺度，分为4个阶段，包括制度筑基阶段（1980~1990）、被动适应阶段（1991~2000）、思想转型阶段（2001~2010）和深化发展阶段（2011至今）。

总体而言，绿色铁路工程具有主动、高效、系统、以人为本的环境友好特征，是铁路工程实现可持续的发展方向。当前，绿色铁路工程仍存在一定的局限性，并由此带来诸多实施困难，主要表现在以下3个方面：

（1）理念与措施脱节。绿色理念与要求已广泛渗透到铁路工程的各个环节，但相关绿色技术、工艺措施尚有缺口，难以配套，力度不大，致使绿色铁路工程的目标流于表象。

（2）成本与效益失衡。绿色目标带来材料、装备、工艺等更新需求，致使措施费、采购等工程成本激增；与此同时，由于工程产品的"定制化"特点，以绿色为目的开发的专用性新技术或装备缺乏市场，难以产生持续效益，无法激励工程企业积极性。

（3）市场失灵缺乏应对。由于外部性影响，绿色铁路工程实施中存在市场失灵现象，需要政府力量介入及引导。政府引导的重要工具是评价机制，但当前缺乏权威有效的评价标准以及奖评体系，不能有效应对绿色铁路工程的市场失灵情况。

参见：孙永福，唐娟娟，王孟钧，牛丰，邱琦. 绿色铁路工程的内涵探析与研究展望［J］. 铁道科学与工程学报，2021，18（01）：1-11。

5.6 新型智慧城市与智慧水利工程

5.6.1 新型智慧城市的发展趋势、短板与政策建议

国家信息中心信息化和产业发展部唐斯斯等总结了新型智慧城市近年来呈现出的趋势特征，总结了我国新型智慧城市建设的短板和不足，提出了推进我国新型智慧城市建设的政策建议。

5.6.1.1 新型智慧城市近年来呈现出的趋势特征

（1）发展阶段由准备期向起步期和成长期转变。按照《新型智慧城市评价指标》得分情况，可将我国新型智慧城市发展程度划分为准备期、起步期、成长期和成熟期四个阶段。当前，大量城市已经从新型智慧城市建设的准备期向起步期和成长期过渡。

（2）服务效果由尽力而为向无微不至转变。各部门各地方在开展新型智慧城市建设过程中，紧紧围绕政府治理和公共服务的改革需要，以最大程度利企便民，让企业和群众少跑腿、好办事、不添堵为建设的出发点和落脚点，以"互联网+政务服务"为抓手，聚焦解决人民群众最关注的热点难点焦点问题，通过政府角色转变、服务方式优化，让企业和群众到政府办事像"网购"一样方便，人民群众的满意度大幅提升。

（3）治理模式由单向管理向双向互动转变。新型智慧城市建设改变了城市治理的技术环境及条件，从"依靠群众、专群结合"的"雪亮工程"，到"联防联控、群防群控"的社区网格化管理，从"人人参与、自觉维护"的数字城市管理，到"群众监督、人人有责"的生态环境整治，新型智慧城市在解决城市治理问题的同时，深刻改变着城市的治理理念，推动城市治理模式从单向管理转向双向互动，从单纯的政府监管向更加注重社会协同治理转变。

（4）数据资源由条线为主向条块结合转变。新型智慧城市建设的核心是要推进技术融合、业务融合、数据融合，实现跨层级、跨地域、跨系统、跨部门、跨业务的协同管理和服务。其中，数据资源的融合共享和开发利用是关键，大数据将驱动智慧城市变革。围绕消除"数据烟囱"，我国先后通过"抓统筹、出办法、建平台、打基础、促应用"等方式，积极推动跨层级、跨部门政务数据共享。

（5）数字科技由单项应用向集成融合转变。当前，以物联网、云计算、大数据、人工智能、区块链等为代表的新一代信息技术不断成熟，加速在新型智慧城市建设过程中的广泛渗透应用，催生了数字化、网络化、信息化、智慧化的公共服务新模式和城市治理新理念。数字科技在新型智慧城市的交叉融合与推广应用，改变了传统以互联网为主的单项应用局面，推动新型智慧城市加速发展。

（6）建管模式由政府主导向多元合作转变。当前，我国智慧城市建设进入快速发展期，庞大的资金需求为传统政府主导的智慧城市建设模式带来了严峻考验。为充分发挥社会企业专业力量强、资金存量多、人才储备足等优势，国家新型智慧城市评价鼓励政府和社会资本合作开展智慧城市建设和第三方运营，推动新型智慧城市建设逐步从政府主导单一模式向社会共同参与、联合建设运营的多元化模式转变。

5.6.1.2　我国新型智慧城市建设的短板和不足

（1）新型智慧城市顶层设计亟待加强。智慧城市是一个要素复杂、应用多样、相互作用、不断演化的综合性复杂巨系统，要进行整体规划设计。虽然地方对于新型智慧城市建设有足够的自主权和能动性，也取得了一定的实践经验与成效，但是国家、省级等层面亟须强化一体化设计，引导城市因地制宜做好规划衔接，避免不科学、盲目谋划而造成资源浪费。在法律法规上，目前数据资源的所有权、管理权、使用权、定价机制等没有明确规定，部门政务数据的权责利益边界模糊，制约了数据资源的流动、共享和开放。同时，随着数字经济新技术、新应用、新场景、新业态的发展，跨层级、跨地域、跨行业、跨业务的数据共享需求与日俱增，亟待制定统一的规则框架，完善涵盖技术、管理、监督、安全等方面的标准体系。

（2）城市数据融合和协调联动不足。地方城市结合新型智慧城市建设，在公共管理和服务的线上化方面做了很多工作，但治理联动不足的问题仍普遍存在。一方面因为机制不健全、技术标准和路径不统一、管理边界不明确等，使得线上与线下管理存在"衔接缝隙"，产生服务真空区，例如线上领取验证码但线下仍要排队的现象。另一方面由于部门数据、行业数据等城市数据融合不足问题，导致协同治理能力难以提升。

（3）城乡发展和区域不均衡较为明显。一是目前各地纷纷优先推进城市主城区的智慧化，一定程度缓解了城市交通、教育、就业、医疗等公共服务质量不高等问题，但向农村地区延伸有限，数字乡村建设相对滞后。二是新型智慧城市区域发展仍不均衡。

（4）尚未形成新型智慧城市共建生态。一是社会资本参与智慧城市建设不足。二是智慧城市领域PPP模式还不成熟。智慧城市建设PPP项目往往缺少明确的收益时间、收益标准和验收标准，企业的收益存在不明确性，风险较大，积极性不高。

5.6.1.3 推进我国新型智慧城市建设的政策建议

（1）强化智慧城市顶层设计。一是尽快出台国家层面的新型智慧城市总体规划或建设指导意见，阐明我国新型智慧城市的推进思路、发展目标、重点任务和保障措施等，为今后一段时间里我国新型智慧城市建设发展指明方向、描绘蓝图，并提供更加具有操作性的建设指导。二是进一步加强国家和省市县各层面的体制机制建设，搭建上下联动、横向畅通的智慧城市组织推进机制，各地建设跨部门协调机构，协同推进新型智慧城市相关工作。三是强化评价监测引导。

（2）完善新型数字基础设施。一是推动信息网络逐步向人与人、人与物、物与物共享的泛在网方向演进，促进信息网络智能化、泛在化和服务化，促进通信移动化和移动通信宽带化，推动计算、软件、数据、连接无处不在。推动5G（第五代移动通信网络）、NB-IoT（窄带物联网）等下一代网络技术不断演进，促进高速宽带无线通信全覆盖。二是加快推进基础设施的智能化，大力发展智慧管网、智慧水务，推动智慧灯杆、智慧井盖等应用，促进市政设施智慧化，加速建立城市部件物联网感知体系，提高城市数字化水平。

（3）推进公共服务公平普惠。一是充分利用互联网、云计算、大数据、人工智能等新一代信息技术，建立跨部门跨地区业务协同、共建共享的公共服务信息体系，探索创新发展教育、就业、社保、养老、医疗和文化的服务模式，提供便捷化、一体化、主动化的公共服务。二是从社会发展全局出发加强顶层设计，构建以东促西、以城带乡、以强扶弱的新格局，为解决发展不平衡问题提供契机和动力。缩小城乡数字鸿沟，鼓励农村贫困地区利用信息技术补齐发展短板；缩小不同人群数字鸿沟，鼓励相关企业积极投入信息无障碍产业链，补齐服务缺失短板。

（4）深化城市数据融合应用。一是着力推进城市数据汇聚，构建高效智能的城市中枢和透明政府。推动各级政府开展以数据为核心的城市大脑建设，实现城市各类数据集中融合汇聚和综合智能分析，建立健全数据辅助决策的机制，推动形成"用数据说话、用数据决策、用数据管理、用数据创新"的政府决策新方式，同时提高政府对风险因素的感知、预测、防范能力。对于类似医疗资源、防疫物资等应急处置数据资源，要制定专项政策强制采集汇聚，提升我国整体应急能力。二是完善社会信用体系建设，并加快推动政务数据上链，构建"可信中国"，让所有政务数据可追溯、不可篡改，提高政府公信力，打造民众可信赖的透明政府。

（5）优化新型智慧城市生态。一是通过政府引导，鼓励政企合作、多方参与，创新智慧城市建设运营模式，实现智慧城市建设项目的可持续健康运营，着力提高民众体验的满意度。同时，通过体制机制创新，形成数据治理、数据开发的数据安全利用机制，释放城市数据要素活力。二是发展新型智慧城市群。面向数据跨地域协同的实际需求，结合我国城市群（带）发展和城乡一体化发展的战略规划，率先推动在长三角、大湾区等区域建设特色鲜明的智慧城市群（带），实现邻近区域的数据打通和业务协同，促进城乡数据公共服务的均等普惠，将若干中心城市的先进治理能力扩展到整个区域，实现大区域范围内的综合治理和应急处置能力整体提升。三是推动国际交流合作。推动我国新型智慧城市产品和理念在国外的推广实施，积极培育当地的数字经济市场，在国际舞台上积极推广我国新型智慧城市建设成效，提升我国相关产业的全球竞争力。

参见：唐斯斯，张延强，单志广，王威，张雅琪. 我国新型智慧城市发展现状、形势与政策建议［J］. 电子政务，2020（04）：70-80。

5.6.2　智慧水利工程的发展现状、问题与对策

中国工程院院士、英国皇家工程院外籍院士张建云等总结了我国智慧水利工程的发展现状，剖析了当前我国的智慧水利工程存在的问题，提出了加强我国智慧水利工程建设的若干建议。

5.6.2.1　我国智慧水利工程的发展现状

2017年5月水利部正式印发《关于推进水利大数据发展的指导意见》，该指导意见是水利部深入贯彻党中央提出的国家大数据战略、国务院《促进大数据发展行动纲要》等系列决策部署的重要举措，旨在水利行业推进数据资源共享开放，促进水利大数据发展与创新应用。2019年水利部《加快推进智慧水利指导意见》指出全方位推

进智慧水利建设是加快推进新时代水利现代化的重要举措。把智慧水利建设作为推进水利现代化的着力点和突破口,加快推进智慧水利建设,大幅提升水利现代化水平。经过近20年的水利信息化建设,水利综合信息采集体系初步形成,网络通信保障能力明显提高,新一代水利卫星通信网的卫星小站得到扩充,初步建成了水利部基础设施云,并搭建了"异地三中心"的水利数据灾备总体布局。有关流域机构信息部门对云计算、大数据应用进行了初步探索,实现了围绕突发事件对水情、工情和位置等信息的自动定位和展现。有关研究院所利用物联网等技术开展了水文水资源、防汛抗旱、气候变化影响、水利信息化、水环境保护与治理等方面的科研工作。地方水利部门加强水文、水环境、水灾害等方面的自动智慧化监测,研究开发和实践应用水文预报预警、调度决策、日常业务管理等系统,显著提升了业务工作能力和水平。

5.6.2.2　我国智慧水利工程存在的问题

(1)全面感知不够,目前,各类水利设施的监测远未做到全面感知。例如,水库安全监测方面,多数中型水库和几乎所有小型水库都没有实时安全监测设施,大部分小型水库甚至没有水情监测报汛设备,且感知技术手段也存在较大差距,自动化程度不高。

(2)信息全面互联差距大。网络覆盖面小,县级水利部门尚未实现全面连接水利业务网;而且网络通道窄,受限于信息基础设施,基层水利数据无法及时传输;上下左右联通不畅,集中体现在工程控制系统隔离在各个工程管理单位,不同工程的业务系统信息共享和业务协同困难。

(3)共享不足。在水利行业内部,各专业部门之间的信息共享不足;在行业外部,与环保、交通、国土等部门的相关数据还不能做到数据实时共享。

(4)智能应用不够。对于新一代信息技术的应用,水利行业总体上还处于初级阶段。大数据、人工智能、虚拟现实等技术尚未得到广泛应用、智慧功能尚未得到充分显现。

5.6.2.3　加强我国智慧水利工程的相关建议

(1)加强信息源及信息系统基础设施建设。构建立体监测体系,以地面站网为基础,以水循环为线索,以新装备、新产品、新途径为牵引,实现水安全、水资源、水环境、水生态、水管理等信息的立体高效监测。例如,基于天基手段,实现对降水(GPM-IMERG)、土壤含水量(SMAP,Soil Moisture Active and Passive)和地表水水面和水位(SWOT,Surface Water and Ocean Topography)

等重要水文气象要素进行实时观测。信息化是智慧水利发展的短板之一，而信息系统是智慧水利的重要支撑。当前和今后一段时期的工作重点是要完善网络环境，提升网络安全态势感知和应急处置能力；加强信息系统基础设施建设，保障水利大数据、信息汇集以及信息系统的运行，为智慧水利的发展保驾护航；要加快水利云平台建设，提升水利在线网络储存能力和计算分析能力，支持海量数据管理并提供公共服务支撑功能，减少托管和维护工作成本。

（2）加强知识体系建设。一是中国水模型研制。水文模型是用数学语言或物理模型对水文自然系统进行解释或比拟，并在一定的条件下对水文变量的变化进行模拟和预测预报。水文模型是研究流域水文循环机理、水文预报以及水资源评价等领域的重要工具。水文模型的研究与发展主要经历了经验性模型（降水径流关系）、黑箱模型或概念性水文模型到分布式且具有物理基础的确定性水文模型等阶段。而由变化环境所导致的"水文一致性"的丧失，动摇了传统的水资源分析理论方法的科学基础，新一代灵活应用于变化环境下的水文水资源预报模型的研制则为重中之重。构建全国尺度的中国水模型，科学预测未来中国水资源情势不仅是新时期水资源精细化管理的必然需求，也是生态文明社会建设的重要支撑。一方面开展国家层面水资源实时调度，需要精准预测中国短期水文情势，为水资源的时间调蓄和空间调度提供基础数据；另一方面根据"空间均衡"的水资源治理方针，实施未来的水资源规划与配置，也对未来长期水资源变化情势预测提出了更高的要求。因此，开展中国水模型的研发工作，在全国层面上科学预测未来不同时空尺度的水资源情势，可为更好地落实新时期治水方针提供重要的技术支撑。二是人工智能方法研究。人工智能算法对于智慧水利知识的生成以及智慧水利的应用具有重要的支撑作用。水利大数据的大样本，利用不断的学习和训练过程，保证智慧水利模拟和预测的准确性。近年来，欧美等国家的学者将传统水文学和人工智能相结合，诞生了一门新的学科——水信息学。随着科技的进步，数据量的增长、智能算法的发展和水文学科的进一步完善，深度学习等数据挖掘技术将会更多地应用于水文领域。

（3）加强智慧业务核心系统建设。为进一步全面落实和支持"水利工程补短板、水利行业强监管"的水利工作主基调，当前和今后一段时期需要集中精力建设4个系统的智慧业务体系，即流域水模拟和预测预报系统，水工程安全分析和科学调度系统，水行政管理智能系统和水信息服务智能系统。

参见：张建云，刘九夫，金君良. 关于智慧水利的认识与思考［J］. 水利水运工程学报，2019（06）：1-7。

6.1 工程建设相关政策、文件汇编

6.1.1 中共中央、国务院发布的相关政策、文件

2020年中共中央、国务院发布的与土木工程建设相关的政策、文件如表6-1所示。

2020年中共中央、国务院发布的与土木工程建设相关政策、文件　　　表6-1

发布日期	政策与文件名称	文号	发文部门
3月12日	关于授权和委托用地审批权的决定	国发〔2020〕4号	国务院
3月30日	关于构建更加完善的要素市场化配置体制机制的意见	—	中共中央、国务院
5月11日	关于新时代加快完善社会主义市场经济体制的意见	—	中共中央、国务院
7月10日	关于全面推进城镇老旧小区改造工作的指导意见	国办发〔2020〕23号	国务院办公厅
9月10日	关于坚决制止耕地"非农化"行为的通知	国办发明电〔2020〕24号	国务院办公厅
9月16日	转发国家发展改革委关于促进特色小镇规范健康发展意见的通知	国办发〔2020〕33号	国务院办公厅
9月30日	关于加强全民健身场地设施建设发展群众体育的意见	国办发〔2020〕36号	国务院办公厅
10月29日	关于制定国民经济和社会发展第十四个五年规划和二〇三五年远景目标的建议	—	中共中央
12月7日	转发国家发展改革委等单位关于推动都市圈市域（郊）铁路加快发展意见的通知	国办函〔2020〕116号	国务院办公厅
	关于进一步完善失信约束制度构建诚信建设长效机制的指导意见	国办发〔2020〕49号	国务院办公厅

6.1.2 国家发展改革委等部门发布的相关政策、文件

2020年国家发展改革委等部门发布的与土木工程建设相关的政策、文件如表6-2所示。

发布日期	政策与文件名称	文号	发文部门
3月25日	关于印发《关于促进砂石行业健康有序发展的指导意见》的通知	发改价格〔2020〕473号	国家发展改革委、工业和信息化部、公安部等15部门
3月31日	关于印发《排水设施建设中央预算内投资专项管理暂行办法》的通知	发改投资规〔2020〕528号	国家发展改革委
4月3日	关于印发《2020年新型城镇化建设和城乡融合发展重点任务》的通知	发改规划〔2020〕532号	国家发展改革委
4月10日	关于促进枢纽机场联通轨道交通的意见	发改基础〔2020〕576号	国家发展改革委
5月29日	关于加快开展县城城镇化补短板强弱项工作的通知	发改规划〔2020〕831号	国家发展改革委
6月28日	关于支持民营企业参与交通基础设施建设发展的实施意见	发改基础〔2020〕1008号	国家发展改革委、财政部、住房城乡建设部等12部门
7月6日	关于印发《中西部地区铁路项目中央预算内投资管理暂行办法（修订版）》的通知	发改基础规〔2020〕1079号	国家发展改革委
7月7日	关于做好县城城镇化公共停车场和公路客运站补短板强弱项工作的通知	发改办基础〔2020〕522号	国家发展改革委办公厅
7月9日	关于加快落实新型城镇化建设补短板强弱项工作，有序推进县城智慧化改造的通知	发改办高技〔2020〕530号	国家发展改革委办公厅
7月10日	关于印发《西部大开发重点项目前期工作专项中央预算内投资管理办法》的通知	发改地区规〔2020〕1133号	国家发展改革委
7月28日	关于印发《城镇生活污水处理设施补短板强弱项实施方案》的通知	发改环资〔2020〕1234号	国家发展改革委、住房城乡建设部
8月11日	关于印发《县城新型城镇化建设专项企业债券发行指引》的通知	发改办财金规〔2020〕613号	国家发展改革委办公厅
9月17日	关于印发《固定资产投资项目代码管理规范》的通知	发改投资〔2020〕1439号	国家发展改革委、工业和信息化部、安全部等18部门
9月11日	承装（修、试）电力设施许可证管理办法	国家发展改革委令第36号	国家发展改革委
9月22日	关于进一步规范招标投标过程中企业经营资质资格审查工作的通知	发改办法规〔2020〕727号	国家发展改革委办公厅、市场监管总局办公厅

发布日期	政策与文件名称	文号	发文部门
10月19日	关于进一步做好《必须招标的工程项目规定》和《必须招标的基础设施和公用事业项目范围规定》实施工作的通知	发改办法规〔2020〕770号	国家发展改革委办公厅
11月3日	关于在农业农村基础设施建设领域积极推广以工代赈方式的意见	发改振兴〔2020〕1675号	国家发展改革委、中央农办、财政部等9部门

6.1.3 住房城乡建设部等部门发布的相关政策、文件

2020年住房城乡建设部等部门发布的与土木工程建设相关的政策、文件如表6-3所示。

2020年住房城乡建设部等部门发布的与土木工程建设相关的政策、文件　　表6-3

发布日期	政策与文件名称	文号	发文部门
1月3日	关于开展人行道净化和自行车专用道建设工作的意见	建城〔2020〕3号	住房城乡建设部
1月16日	关于修改建筑业企业资质管理规定和资质标准实施意见的通知	建市规〔2020〕1号	住房城乡建设部
2月19日	关于修改《工程造价咨询企业管理办法》《注册造价工程师管理办法》的决定	住房城乡建设部令第50号	住房城乡建设部
2月28日	关于印发《监理工程师职业资格制度规定》《监理工程师职业资格考试实施办法》的通知	建人规〔2020〕3号	住房城乡建设部、交通运输部、水利部、人力资源社会保障部
3月18日	关于印发《造价工程师注册证书、执业印章编码规则及样式》的通知	建办标〔2020〕10号	住房城乡建设部办公厅、交通运输部办公厅、水利部办公厅
4月1日	建设工程消防设计审查验收管理暂行规定	住房城乡建设部令第51号	住房城乡建设部
4月9日	关于落实新冠肺炎疫情防控期间暂缓缴存农民工工资保证金政策等有关事项的通知	人社厅发〔2020〕40号	人力资源社会保障部办公厅、住房城乡建设部办公厅
4月21日	关于实行工程造价咨询甲级资质审批告知承诺制的通知	建办标〔2020〕18号	住房城乡建设部办公厅

发布日期	政策与文件名称	文号	发文部门
4月27日	关于进一步加强城市与建筑风貌管理的通知	建科[2020]38号	住房城乡建设部、国家发展改革委
4月28日	关于取得内地勘察设计注册工程师、注册监理工程师资格的香港、澳门专业人士注册执业有关事项的通知	建办市[2020]19号	住房城乡建设部办公厅
5月8日	关于推进建筑垃圾减量化的指导意见	建质[2020]46号	住房城乡建设部
5月8日	关于印发《施工现场建筑垃圾减量化指导手册（试行）》的通知	建办质[2020]20号	住房城乡建设部办公厅
5月11日	关于印发《工程建设项目审批管理系统管理暂行办法》的通知	建办[2020]47号	住房城乡建设部
6月11日	关于全面推行建筑工程施工许可证电子证照的通知	建办市[2020]25号	住房城乡建设部办公厅
7月3日	关于推动智能建造与建筑工业化协同发展的指导意见	建市[2020]60号	住房城乡建设部、国家发展改革委、科技部等13部门
7月15日	关于印发绿色建筑创建行动方案的通知	建标[2020]65号	住房城乡建设部、国家发展改革委、教育部等7部门
7月22日	关于印发绿色社区创建行动方案的通知	建城[2020]68号	住房城乡建设部、国家发展改革委、民政部等6部门
7月24日	关于印发工程造价改革工作方案的通知	建办标[2020]38号	住房城乡建设部办公厅
8月18日	关于开展城市居住社区建设补短板行动的意见	建科规[2020]7号	住房城乡建设部、教育部、工业和信息化部等13部门
8月28日	关于加快新型建筑工业化发展的若干意见	建标规[2020]8号	住房城乡建设部、教育部、科技部等9部门
9月11日	关于落实建设单位工程质量首要责任的通知	建质规[2020]9号	住房城乡建设部
11月24日	关于全面推进城市社区足球场地设施建设的意见	建科[2020]95号	住房城乡建设部、体育总局
11月30日	关于印发《建设工程企业资质管理制度改革方案》的通知	建市[2020]94号	住房城乡建设部
12月18日	关于加快培育新时代建筑产业工人队伍的指导意见	建市[2020]105号	住房城乡建设部、国家发展改革委、教育部等12部门
12月30日	关于加强城市地下市政基础设施建设的指导意见	建城[2020]111号	住房城乡建设部

6.1.4 交通运输部发布的相关政策、文件

2020年交通运输部发布的与土木工程建设相关的政策、文件如表6-4所示。

2020年交通运输部发布的与土木工程建设相关的政策、文件　　　表6-4

发布日期	政策与文件名称	文号	发文部门
4月29日	关于做好公路养护工程招标投标工作进一步推动优化营商环境政策落实的通知	交公路规［2020］4号	交通运输部
5月18日	关于公路水运工程建设领域保障农民工工资支付的意见	交公路规［2020］5号	交通运输部
5月27日	关于印发《公路工程建设标准管理办法》的通知	交公路规［2020］8号	交通运输部
8月3日	关于推动交通运输领域新型基础设施建设的指导意见	交规划发［2020］75号	交通运输部
9月25日	关于印发《水运工程建设标准管理办法》的通知	交水规［2020］12号	交通运输部
12月25日	关于进一步提升公路桥梁安全耐久水平的意见	交公路发［2020］127号	交通运输部

6.1.5 水利部等部门发布的相关政策、文件

2020年水利部等部门发布的与土木工程建设相关的政策、文件如表6-5所示。

2020年水利部等部门发布的与土木工程建设相关的政策、文件　　　表6-5

发布日期	政策与文件名称	文号	发文部门
3月4日	关于印发《水利工程勘测设计失误问责办法（试行）》的通知	水总［2020］33号	水利部
3月10日	关于认真落实分区分级精准防控策略做好重大水利工程前期工作的指导意见	办规计［2020］36号	水利部办公厅
3月11日	关于精简优化水土保持方案审批服务推进生产建设项目复工复产的通知	办水保［2020］38号	水利部办公厅
3月16日	关于做好2020年在建水利工程安全度汛工作的通知	水建设［2020］36号	水利部
3月26日	关于开展"十四五"大型灌区续建配套与现代化改造实施方案编制工作的通知	办农水［2020］56号	水利部办公厅、国家发展改革委办公厅
4月29日	关于开展大型灌区续建配套与节水改造项目实施效果评估工作的通知	办农水函［2020］281号	水利部办公厅

发布日期	政策与文件名称	文号	发文部门
5月4日	关于深入推进市县级水利行业节水机关建设工作的通知	办节约〔2020〕95号	水利部办公厅
5月5日	关于加快重大水利工程建设的通知	水建设〔2020〕75号	水利部
6月9日	关于开展2020年度生产建设项目水土保持监督管理督查的通知	办水保函〔2020〕403号	水利部办公厅
7月6日	关于开展2020年生产建设项目水土保持遥感监管工作的通知	办水保函〔2020〕487号	水利部办公厅
7月29日	关于实施生产建设项目水土保持信用监管"两单"制度的通知	办水保〔2020〕157号	水利部办公厅
7月29日	关于印发生产建设项目水土保持问题分类和责任追究标准的通知	办水保函〔2020〕564号	水利部办公厅
7月31日	关于做好生产建设项目水土保持承诺制管理的通知	办水保〔2020〕160号	水利部办公厅
7月31日	关于进一步加强生产建设项目水土保持监测工作的通知	办水保〔2020〕161号	水利部办公厅
8月4日	关于开展黄河流域生产建设项目水土保持专项整治行动的通知	水保〔2020〕160号	水利部
8月12日	关于印发水利建设投资统计调查制度的通知	办规计〔2020〕171号	水利部办公厅
8月14日	关于进一步做好水利建设市场信用体系建设有关工作的通知	办建设函〔2020〕604号	水利部办公厅
8月18日	关于进一步加强河湖管理范围内建设项目管理的通知	办河湖〔2020〕177号	水利部办公厅
9月10日	关于印发水利工程启闭机事中事后监管工作实施方案的通知	办建设函〔2020〕648号	水利部办公厅
9月30日	关于加强长江干流河道疏浚砂综合利用管理工作的指导意见	水河湖〔2020〕205号	水利部、交通运输部
11月5日	关于进一步优化开发区内生产建设项目水土保持管理工作的意见	办水保〔2020〕235号	水利部办公厅
11月23日	关于做好2020年度水利建设领域根治欠薪冬季专项行动的通知	办建设函〔2020〕991号	水利部办公厅
11月27日	关于印发水利工程建设项目法人管理指导意见的通知	水建设〔2020〕258号	水利部
12月15日	关于印发穿跨邻接南水北调中线干线工程项目管理和监督检查办法（试行）的通知	办南调〔2020〕259号	水利部办公厅
12月23日	关于印发《水利工程设计变更管理暂行办法》的通知	水规计〔2020〕283号	水利部

6.2 土木工程建设发展大事记

6.2.1 土木工程建设领域重要奖励

2020年1月10日，中共中央、国务院在北京隆重举行国家科学技术奖励大会，习近平总书记向两位2019年度国家最高科学技术奖获得者颁发奖章、证书，随后，习近平等党和国家领导人同两位最高奖获得者一道，为获得国家自然科学奖、国家技术发明奖、国家科学技术进步奖和中华人民共和国国际科学技术合作奖的代表颁发证书。其中，由中国土木工程学会提名，清华大学的韩林海等共同完成的"基于全寿命周期的钢管混凝土结构损伤机理与分析理论"获国家自然科学奖二等奖；由江苏省提名，东南大学的龚维明等共同完成的"深基础自平衡法承载力测试成套技术开发及应用"获国家技术发明奖二等奖；由水利部提名，中国长江三峡集团有限公司等共同完成的"长江三峡枢纽工程"获国家科技进步奖特等奖；由中国钢结构协会提名，重庆大学等共同开发完成的"高层钢—混凝土混合结构的理论、技术与工程应用"获国家科技进步奖一等奖；东南大学等完成的"现代混凝土开裂风险评估与收缩裂缝控制关键技术"、北京东方雨虹防水技术股份有限公司等完成的"地下空间防水防护用高性能多材多层高分子卷材成套技术及工程应用"、清华大学等完成的"绿色公共建筑环境与节能设计关键技术研究及应用"、北京市建筑设计研究院有限公司等完成的"跨度结构技术创新与工程应用"、东南大学等完成的"混凝土结构非接触式检测评估与高效加固修复关键技术"、中铁第一勘察设计院集团有限公司等完成的"长大深埋挤压性围岩铁路隧道设计施工关键技术及应用"、山东大学等完成的"黄河中下游地区粉土路基建造支撑技术及工程应用"、重庆交通大学等完成的"公路桥梁检测新技术研发与应用"和中国铁道科学研究院集团有限公司等完成的"高速铁路高性能混凝土成套技术与工程应用"获国家科技进步奖二等奖。

2021年2月25日，中国建筑业协会公布了2020～2021年度第一批中国建设工程鲁班奖（国家优质工程）入选名单，北京新机场工程等126项工程入选。中国建设工程鲁班奖（国家优质工程）是中国建设工程质量的最高奖，工程质量达到国内领先水平。鲁班奖评选工程分为住宅工程、公共建筑工程、工业交通水利工程、市政园林工程4个类别。最初每年颁奖一次，自2010～2011年度开始，鲁班奖每年评审一次，两年颁奖一次，每次获奖工程不超过200项。为鼓励获奖单位，树立争创工程建设精品的优秀典型，住房城乡建设部对获奖工程的承建单位和参建单位给予通报表彰。

2021年4月，住房城乡建设部发布了2020年度全国绿色建筑创新奖评选获奖名单，北京大兴国际机场旅客航站楼及停车楼工程等16个项目获一等奖，2019年中国北京世界园艺博览会国际馆等20个项目获二等奖，北京丰科万达广场购物中心等25个项目获三等奖。全国绿色建筑创新奖共设一等奖、二等奖、三等奖3个等级，每两年评选一次。奖励对象为在住房城乡建设领域节约资源、保护环境，对推进绿色建筑发展具有创新性和明显示范作用的工程项目，以及在绿色建筑技术研究开发和推广应用方面作出重要贡献的单位和个人。本次共有133个项目参选，61个项目获奖，获奖项目不仅地域分布广泛，而且类型丰富，具有很强的代表性。

2020年9月22日，中国土木工程学会2020年学术年会暨第十七届中国土木工程詹天佑奖颁奖大会在北京隆重召开，行业领军人物齐聚一堂，表彰31项中国土木工程詹天佑奖获奖工程，并围绕"新基建与土木工程科学发展"主题进行交流研讨。第十七届获奖工程中包括建筑工程9项，桥梁工程、铁道工程、隧道工程各3项，公路工程2项，水利水电工程1项，水运工程2项，轨道交通工程3项，市政工程4项，住宅小区工程1项。

6.2.2　土木工程建设领域重要政策、文件

2020年5月，住房城乡建设部印发了《关于推进建筑垃圾减量化的指导意见》（建市［2020］46号），并且下发通知，要求各部门贯彻落实。文件包括许多重要内容。建筑垃圾减量化工作的基本原则：统筹规划，源头减量；因地制宜，系统推进；创新驱动，精细管理。推进建筑垃圾减量化的工作目标：2020年年底，各地区建筑垃圾减量化工作机制初步建立；2025年年底，各地区建筑垃圾减量化工作机制进一步完善，实现新建建筑施工现场建筑垃圾（不包括工程渣土、工程泥浆）排放量每万平方米不高于300t，装配式建筑施工现场建筑垃圾（不包括工程渣土、工程泥浆）排放量每万平方米不高于200t。推进建筑垃圾减量化的主要措施：开展绿色策划、实施绿色设计和推广绿色施工，加强统筹管理、积极引导支持、完善标准体系、加

强督促指导和加大宣传力度。

2020年6月28日，国家发展改革委、财政部、住房城乡建设部、交通运输部、人民银行、市场监管总局、银保监会、证监会、能源局、国家铁路局、中国民航局、中国国家铁路集团有限公司联合印发了《关于支持民营企业参与交通基础设施建设发展的实施意见》（发改基础〔2020〕1008号），并且下发通知，要求各部门贯彻落实。文件提出要进一步激发民营企业活力和创造力，加快推进交通基础设施高质量发展，支持民营企业参与交通基础设施建设发展。要破除市场准入壁垒，维护公平竞争秩序；要创新完善体制机制，营造良好政策环境；要塑造新型商业模式，拓展企业参与领域；要减轻企业实际负担，保障企业合法收入；要强化资源要素支持，解决企业实际困难；要畅通信息获取渠道，强化有效沟通交流；要切实转变思想观念，加强宣传推广评估。

2020年7月，住房城乡建设部、国家发展改革委、教育部、工业和信息化部、人民银行、国管局和银保监会联合印发了《绿色建筑创建行动方案》（建标〔2020〕65号），并且下发通知，要求各部门贯彻落实。文件指出，到2022年，当年城镇新建建筑中绿色建筑面积占比达到70%，星级绿色建筑持续增加，既有建筑能效水平不断提高，住宅健康性能不断完善，装配化建造方式占比稳步提升，绿色建材应用进一步扩大，绿色住宅使用者监督全面推广，人民群众积极参与绿色建筑创建活动，形成崇尚绿色生活的社会氛围。文件提出绿色建筑创建行动的八项重点任务：推动新建建筑全面实施绿色设计；完善星级绿色建筑标识制度；提升建筑能效水效水平；提高住宅健康性能；推广装配化建造方式；推动绿色建材应用；加强技术研发推广；建立绿色住宅使用者监督机制。

2020年7月，住房城乡建设部、国家发展改革委、科技部、工业和信息化部、人力资源社会保障部、生态环境部、交通运输部、水利部、税务总局、市场监管总局、银保监会、国家铁路局和中国民航局联合印发了《关于推动智能建造与建筑工业化协同发展的指导意见》（建市〔2020〕60号），并且下发通知，要求各部门贯彻落实。文件明确了推动智能建造与建筑工业化协同发展的指导思想，并提出了以下基本原则：市场主导，政府引导；立足当前，着眼长远；跨界融合，协同创新；节能环保，绿色发展；自主研发，开放合作。文件强调了推动智能建造与建筑工业化协同发展的七项重点任务：加快建筑工业化升级；加强技术创新；提升信息化水平；培育产业体系；积极推行绿色建造；开放拓展应用场景；创新行业监管与服务模式。文件提出了推动智能建造与建筑工业化协同发展的目标：

到2025年，我国智能建造与建筑工业化协同发展的政策体系和产业体系基本建立，打造"中国建造"升级版；到2035年，我国智能建造与建筑工业化协同发展取得显著进展，"中国建造"核心竞争力世界领先，建筑工业化全面实现，迈入智能建造世界强国行列。

2020年7月，国务院办公厅印发了《关于全面推进城镇老旧小区改造工作的指导意见》（国办发〔2020〕23号），并且下发通知，要求各部门贯彻落实。文件提出以下基本原则：坚持以人为本，把握改造重点；坚持因地制宜，做到精准施策；坚持居民自愿，调动各方参与；坚持保护优先，注重历史传承；坚持建管并重，加强长效管理。文件明确了城镇老旧小区改造的工作目标：2020年新开工改造城镇老旧小区3.9万个，涉及居民近700万户；到2022年，基本形成城镇老旧小区改造制度框架、政策体系和工作机制；到"十四五"期末，结合各地实际，力争基本完成2000年年底前建成的需改造城镇老旧小区改造任务。文件明确了城镇老旧小区改造任务：改造对象重点为2000年年底前建成的老旧小区；改造内容可分为基础类、完善类、提升类3类；各地因地制宜确定改造内容清单、标准和支持政策。文件提出要建立健全组织实施机制，包括建立统筹协调机制，健全动员居民参与机制，建立改造项目推进机制和完善小区长效管理机制。文件提出要建立改造资金政府与居民、社会力量合理共担机制，包括合理落实居民出资责任，加大政府支持力度，持续提升金融服务力度和质效，推动社会力量参与和落实税费减免政策。文件提出要完善配套政策，包括加快改造项目审批，完善适应改造需要的标准体系，建立存量资源整合利用机制和明确土地支持政策。文件提出强化组织保障，包括明确部门职责，落实地方责任和做好宣传引导。

2020年7月，住房城乡建设部办公厅印发了《工程造价改革工作方案》（建办标〔2020〕38号），并且下发通知，要求各部门贯彻落实。文件明确了工程造价改革的总体思路，并给出了工程造价改革的主要任务，包括改进工程计量和计价规则、完善工程计价依据发布机制、加强工程造价数据积累、强化建设单位造价管控责任和严格施工合同履约管理。文件提出了工程造价改革的组织实施措施，包括强化组织协调、积极宣传引导和做好经验总结。

2020年8月，住房城乡建设部、教育部、科技部、工业和信息化部、自然资源部、生态环境部、人民银行、市场监管总局和银保监会联合印发了《关于加快新型建筑工业化发展的若干意见》（建标规〔2020〕8号），并且下发通知，要求各部门贯彻落实。文件提出，要加强系统化集成设计；推动全产业链协同；促进多专业协同；推进标准化设计；强化设计方案技术论证。要优化构件和部品部件生产：推动构件和部件标准化；完善集成化建筑部品；促进产能供需平衡；推进构件和部品部件认证工作；推广应用绿色建材。要推广精益化施工：大力发展钢结构建筑；推广装配式混凝土建筑；推进建筑全装修；优化施工工艺工法；创新施工组织方式；提高施工质量和效益。要加快信息技术融合发展：大力推广建筑信息模型（BIM）技术；加快应用大数据技术；推广应用物联网技术；推进发展智能建造技术。要创新组织管理模式：大力推行工程总承包；发展全过程工程咨询；完善预制构件监管；探索工程保险制度；建立使用者监督机制。要强化科技支撑：培育科技创新基地；加大科技研发力度；推动科技成果转化。要加快专业人才培育：培育专业技术管理人才；培育技能型产业工人；加大后备人才培养。要开展新型建筑工业化项目评价：制定评价标准；建立评价结果应用机制。要加大政策扶持力度：强化项目落地；加大金融扶持；加大环保政策支持；加强科技推广支持；加大评奖评优政策支持。

2020年8月，交通运输部印发了《关于推动交通运输领域新型基础设施建设的指导意见》（交规划发〔2020〕75号），并且下发通知，要求各部门贯彻落实。文件明确，到2035年，交通运输领域新型基础设施建设取得显著成效。先进信息技术深度赋能交通基础设施，精准感知、精确分析、精细管理和精心服务能力全面提升，成为加快建设交通强国的有力支撑。基础设施建设运营能耗水平有效控制。泛在感知设施、先进传输网络、北斗时空信息服务在交通运输行业深度覆盖，行业数据中心和网络安全体系基本建立，智能列车、自动驾驶汽车、智能船舶等逐步应用。科技创新支撑能力显著提升，前瞻性技术应用水平居世界前列。文件提出几个方面的主要任务：一是打造融合高效的智慧交通基础设施，以交通运输行业为主实施。以智慧公路、智能铁路、智慧航道、智慧港口、智慧民航、智慧邮政、智慧枢纽，以及新材料新能源应用为载体，体现先进信息技术对行业的全方位赋能。二是助力信息基础设施建设，主要是配合相关部门推进先进技术的行业应用，包括5G、北斗系统和遥感卫星、网络安全、数据中心、人工智能（如自动驾驶等）等。三是完善行业创新基础设施，主要是科技研发支撑能力建设，如实验室、基础设施长期性能监测网等。

2020年11月，住房城乡建设部印发了《建设工程企业资质管理制度改革方案》（建市〔2020〕94号），并且下发通知，要求各部门贯彻落实。文件明确了建设工程企业资质管理制度改革的主要内容：精简资质类别，归并等级设置；放宽准入限制，激发企业活力；下放审批权限，方便企业办事；优化审批服务，推行告知承诺制；加强事中事后监管，保障工程质量安全。文件提出了建设工程企业资质管理制度改革的保障措施：完善工程招标投标制度，引导建设单位合理选择企业；完善职业资格管理制度，落实注册人员责任；加强监督指导，确保改革措施落地；健全信用体系，发挥市场机制作用；做好资质标准修订和换证工作，确保平稳过渡；加强政策宣传解读，合理引导公众预期。

2020年12月，住房城乡建设部印发了《关于加强城市地下市政基础设施建设的指导意见》（建城〔2020〕111号），并且下发通知，要求各部门贯彻落实。文件明确了加强城市地下市政基础设施建设的指导思想，并从四个方面提出了工作原则：坚持系统治理；坚持精准施策；坚持依法推进；坚持创新方法。文件提出了加强城市地下市政基础设施建设的目标任务：到2023年年底前，基本完成设施普查，摸清底数，掌握存在的隐患风险点并限期消除，地级及以上城市建立和完善综合管理信息平台；到2025年年底前，基本实现综合管理信息平台全覆盖，城市地下市政基础设施建设协调机制更加健全，城市地下市政基础设施建设效率明显提高，安全隐患及事故明显减少，城市安全韧性显著提升。文件提出，要开展普查，掌握设施实情，进行组织设施普查以及建立和完善综合管理信息平台；要加强统筹，完善协调机制，统筹城市地下空间和市政基础设施建设，建立健全设施建设协调机制；要补齐短板，提升安全韧性，消除设施安全隐患，加大老旧设施改造力度，加强设施体系化建设，推动数字化、智能化建设；要压实责任，加强设施养护，落实设施安全管理要求，完善设施运营养护制度；要完善保障措施，加强组织领导，开展效率评估，并做好宣传引导。

2020年12月，住房城乡建设部、国家发展改革委、教育部、工业和信息化部、人力资源社会保障部、交通运输部、水利部、税务总局、市场监管总局、国家铁路局、中国民航局和中华全国总工会联合印发了《关于加快培育新时代建筑产业工人队伍的指导意见》（建市〔2020〕105号），并且下发通知，要求各部门贯彻落实。文件提出了加快培育新时代建筑产业工人队伍的工作目标：到2025年，符合建筑行业特点的用工方式基本建立，建筑工人权益保障机制基本完善；建筑工人终身职业技能培训、考核评价体系基本健全，中级工以上建筑工人达1000万人以上；到2035年，建筑工人就业高效、流动有序，职业技能培训、考核评价体系完善，建筑工人权益得到有效保障，获得感、幸福感、安全感充分增强，形成一支秉承劳模精神、劳动精神、工匠精神的知识型、技能型、创新型建筑工人大军。文件提出了加快培育新时代建筑产业工人队伍的主要任务：引导现有劳务企业转型发展；大力发展专业作业企业；鼓励建设建筑工人培育基地；加快自有建筑工人队伍建设；完善职业技能培训体系；建立技能导向的激励机制；加快推动信息化管理；健全保障薪酬支付的长效机制；规范建筑行业劳动用工制度；完善社会保险缴费机制；持续改善建筑工人生产生活环境。文件提出了加快培育新时代建筑产业工人队伍的保障措施：加强组织领导；发挥工会组织和社会组织积极作用；加大政策扶持和财税支持力度；大力弘扬劳模精神、劳动精神和工匠精神。

6.2.3 重大工程项目获批立项

2020年1月2日，国家发展改革委批复了西安咸阳国际机场三期扩建工程的可行性研究报告，同意建设该工程。主要建设内容包括机场工程、空管工程和供油工程。项目总投资476.45亿元，其中机场工程投资449.09亿元，空管工程投资18.85亿元，供油工程投资8.51亿元。西部机场集团有限公司、民航西北地区空中交通管理局、中国航空油料有限责任公司分别作为机场工程、空管工程、供油工程的项目法人，负责组织各自项目的实施与管理。

2020年1月9日，国家发展改革委批复了西宁至成都铁路的可行性研究报告，同意建设该工程。新建线路自西宁枢纽海东西站引出，经青海省海东市、黄南藏族自治州，甘肃省甘南藏族自治州，四川省阿坝藏族羌族自治州，与在建成兰铁路成都至黄胜关段黄胜关站接轨后，共线引入成都枢纽。正线全长836.5km，其中新建正线502.5km，利用既有兰新高铁26.3km，利用在建成兰铁路307.7km。全线设站19座（含既有海东西站、在建黄胜关站）。同步建设西宁动车运用所及相关工程。项目总投资814.9亿元，其中工程投资780.7亿元，机车车辆购置费34.2亿元。项目由成兰铁路公司作为业主单位。项目建设工期7.5年。

2020年1月20日，国家发展改革委批复了江苏省徐州市城市轨道交通第二期建设规划（2019～2024年），同意建设该工程。该工程包括3号线二期、4号线一期、5号线一期、6号线一期等4个项目，全长79.3km。项目建成后，形成6条运营线路、全长146km的轨道交通网络，规划期为2019～2024年。近期建设项目总投资为535.9亿元，其中资本金占40%，计214.36亿元。

2020年3月5日，国家发展改革委批复了西宁曹家堡机场三期扩建工程的可行性研究报告，同意建设该工程。主要建设内容包括机场工程、空管工程和供油工程。项目总投资约105.1亿元，其中机场工程投资约97亿元，空管工程约3.2亿元，供油工程约4.9亿元。西部机场集团青海机场有限公司作为机场工程项目法人，民航西北地区空中交通管理局作为空管工程项目法人，中国航空油料有限责任公司作为供油工程项目法人，负责各自项目的组织实施与管理。

2020年3月12日，国家发展改革委批复了大连海事大学海洋运输工程学科实验楼项目的可行性研究报告，同意建设该工程。该工程建设的实验楼用于建设智能船舶开发及应用、高效海运物流系统与运营管理、船舶污染防控与节能、船舶运输安全保障和海底工程等5个技术学科公共平台。项目总用地面积13184m²，总建筑面积29223m²，其中地上建筑面积23133m²，地下建筑面积6090m²。项目总投资14070万元，由国家发展改革委安排中央预算内投资解决。

2020年3月17日，国家发展改革委批复了安徽省合肥市城市轨道交通第三期建设规划（2020～2025年），同意建设该工程。该工程包括2号线东延线、3号线南延线、4号线南延线、6号线一期、7号线一期、8号线一期等6个项目，总里程109.96km，总投资798.08亿元，规划期为2020～2025年。

2020年4月13日，国家发展改革委批复了西安至十堰高速铁路可行性研究报告。主要建设内容包括新建西安至十堰高速铁路起自西安枢纽西安东站，经蓝田、商洛西、山阳、漫川关、郧西站，接入既有十堰东站，正线全长256.7km，全线设7个车站，其中新建车站6个。配套建设西安东动车所、走行线及普速存车场，新建西安东站至西安站联络线，改建既有陇海线1.5km，改建既有田灞联络线2.3km。项目总投资476.8亿元，其中工程投资452.1亿元，动车组购置费24.7亿元。项目资本金占总投资的50%，为238.4亿元。

2020年7月30日，国家发展改革委批复了粤港澳大湾区城际铁路建设规划，同意建设该工程。规划建设13个城际铁路和5个枢纽工程项目，总里程约775km，形成主轴强化、区域覆盖、枢纽衔接的城际铁路网络。其中，2022年前启动深圳机场至大亚湾城际深圳机场至坪山段、广清城际北延线等6个城际铁路项目和广州东站改造工程等3个枢纽工程建设，规划建设里程337km；待相关建设条件落实后，有序推进塘厦至龙岗、常平至龙华等7个城际铁路项目和广州站改造工程等2个枢纽工程实施，规划建设里程438km。近期建设项目总投资约4741亿元，资本金比例50%、计2371亿元，由广东省和项目沿线地方使用财政资金等出资，并按照市场化原则，积极吸引社会资本参与。资本金以外资金通过银行贷款等方式解决。

2020年9月27日，国家发展改革委批复了太子城至锡林浩特铁路可行性研究报告，同意建设该工程。太子城至锡林浩特铁路自崇礼铁路太子城站引出，向北经崇礼、张北、沽源、太仆寺旗、塞北管理区后接入既有黑城子站，利用既有黑城子至正蓝旗铁路、锡多铁路引入锡林浩特站，线路全长392.2km，其中新建线路151.4km，既有线电气化改造240.8km。项目总投资为127.13亿元，其中太子城至崇礼段增加投资1.65亿元由河北省承担。其余投资125.48亿元，资本金比例为70%，计87.84亿元。

2020年10月9日，国家发展改革委批复了山东省济南市城市轨道交通第二期建设规划（2020～2025年），同意建设该工程。该工程建设3号线二期、4号线一期、6号线、7号线一期、8号线一期、9号线一期共6条线路，总里程约159.6km，估算总投资1154.36亿元，规划期为2020～2025年。估算总投资约1154.36亿元。项目建成后，形成8条线路，总里程243.7km城市轨道交通网络。

2020年11月3日，国家发展改革委批复了成都至达州至万州铁路的可行性研究报告，同意建设该工程。项目起自成都枢纽在建成自铁路天府站，利用成自铁路至资阳西站后，新建线路经四川省资阳市、遂宁市、南充市、达州市及重庆市开州区、万州区，接入既有万州北站。线路全长486.4km，其中新建铁路432.4km、利用在建铁路54.0km。全线设13座车站，其中新建7座车站。配套扩建天府动车运用所，改建既有达成铁路15.4km，新建成遂铁路联络线4km等相关工程。项目总投资851亿元，其中工程投资821亿元，动车组购置费30亿元。四川省承担境内车站增加投资22.7亿元，不计入项目股份，其余投资的资本金按50%考虑，为414.2亿元。项目由出资各方共同组建合资公司。建设工期5年。

2020年11月18日，国家发展改革委批复了北京至雄安新区至商丘高速铁路雄安新区至商丘段的可行性研究报告，同意建设该工程。线路起自京雄城际铁路雄安站，经河北省雄安新区、沧州市、衡水市、邢台市，山东省聊城市，河南省濮阳市，山东省济宁市、菏泽市至河南省商丘市，接入商合杭高铁商丘站，正线全长552.5km，全线设14个车站，其中新建车站11个。同步建设本线与石济客专北东、西南联络线18.5km，雄安站至津保铁路天津方向联络线11.9km，雄安动车所增设检查库线、存车线，改建商丘地区相关既有线路。项目总投资827.1亿元，其中工程投资767.1亿元，动车组购置费60亿元。项目资本金占总投资的50%，为413.6亿元。项目由雄安高铁公司负责建设和经营管理，建设工期4年。

2020年12月14日，国家发展改革委批复了宁波市城市轨道交通第三期建设规划（2021～2026年），同意该工程的建设规划。该工程建设6号线一期、7号线、8号线一期、1号线西延、4号线延伸等5个项目，总里程约106.5km，估算总投资875.9亿元。项目建成后，形成共8条线路、总里程278.7km的城市轨道交通网络。规划期为2021～2026年。在规划实施过程中，要按照安全、便捷、高效、绿色、经济的原则，统筹城市功能布局、城市开发进程、建设条件及财力情况，量力而行、有序推进项目建设。

6.2.4 重要会议

6.2.4.1 重要政府会议

2020年4月16日，国务院常务会议召开，指出需要加大城镇老旧小区改造力度，推动惠民生扩内需。会议指出，2020年各地计划改造城镇老旧小区3.9万个。对于改造的重点内容，各地要统筹负责，按照居民意愿，重点改造完善小区配套和市政基础设施，提升社区养老、托育、医疗等公共服务水平。在改造资金方面，应建立政府与居民、社会力量合理共担改造资金的机制，中央财政给予补助，地方政府专项债给予倾斜，鼓励社会资本参与改造运营。会议指出，需要做好疫情防控并提升城市社区治理能力。新冠肺炎疫情发生以来，很多小区都实行了封闭式管理，目前，随着全国大部分地区疫情防控形势转好，各地城镇老旧小区改造正加快开复工。会议指出，改造涉及居民切身利益需全方位统筹。老旧小区改造是自下而上的，涉及被改造小区的每一个居民、每一个家庭，需要全方位统筹协调。下一步开展城镇老旧小区改造，首先应继续发动群众参与共建，通过街道、社区等基层党委政府的入户调查等，全方位协调与居民达成共识。其次，要建立政府与居民、社会力量合理共担改造资金的机制。同时，由于小区改造内容繁杂，涉及较多行业主管部门，统筹协调任务非常重。

2020年5月22日，第十三届全国人民代表大会第三次会议在人民大会堂举行开幕会。国务院总理李克强代表国务院向十三届全国人大三次会议作政府工作报告。报告提出要加强新型基础设施建设，推广老旧小区改造，加强新型城镇化建设。会议指出，"新基建"是数字基础设施，包括发展新一代信息网络，拓展5G应用，建设充电桩，推广新能源汽车，激发新消费需求、助力产业升级。"新基建"代表未来发展方向，符合高质量发展之路，也符合供给侧结构性改革。将来还可以促进社会治理能力和智慧体系现代化。在"新基建"领域便能够充分运用人工智能等新技术，有序推进新型智慧城市建设。会议指出，老旧小区改造，政府不能大包大揽，要下到基层去，多一些调研，多一些意见征询，科学论证，集思广益，具体问题具体分析，强化政策引导，居民积极参与，共住、共建、共享、共治，最终让居民多一些获得感、幸福感。老旧小区改造中，如何做好各方面沟通协调至关重要。应将智能投递设施等纳入城乡公共基础设施相关规划，纳入小区配套建设和老旧小区改造工程。会议指出，要加强新型城镇化建设，大力提升县城公共设施和服务能力。要强化新型基础设施建设、新型城镇化建设和重大工程项目建设三者间的联动协调，形成新基建与传统基建协同发力的格局。要加快培育5G发展新生态。要加快城镇环境卫生设施提质扩能，促进市政公用设施提档升级，加强公共服务设施提标扩面，推进产业配套设施提质增效，同时加强城镇基础设施智能化和城镇管理运营智慧化建设，不断满足城镇居民对美好生活的向往。要完善住房、交通、就业、医疗、养老、入学等配套设施建设，让城镇更加宜居宜业。

2020年12月16~18日，中央经济工作会议在北京举行。会议提出，要实施城市更新行动，推进城镇老旧小区改造。要解决好大城市住房突出问题，规范发展长租房市场。要坚持房子是用来住的、不是用来炒的定位，促进房地产市场平稳健康发展。要高度重视保障性租赁住房建设，加快完善长租房政策，逐步使租购住房在享受公共服务上具有同等权利，规范发展长租房市场。

2020年12月21日，全国住房和城乡建设工作会议在北京召开。会议总结2020年和"十三五"住房和城乡建设工作，分析面临的形势和问题，提出2021年工作总体要求和重点任务。住房城乡建设部党组书记、部长王蒙徽作工作报告。会议指出，2020年，全国住房和城乡建设系统各项工作取得了新的进展和成效：一是举全系统之力抓好疫情防控和复工复产工作；二是稳妥实施房地产长效机制方案；三是住房保障工作扎实推进；四是城市高质量发展迈出新步伐；五是住房和城乡建设领域脱贫攻坚取得决定性成就；六是乡村建设进一步加强；七是建筑业加快转型发展；八是重点领域改革不断深化；九是党的建设全面加强。会议指出，"十三五"时期住房和城乡建设事业发展取得了历史性新成就。会议要求要重点抓好八个方面工作：一是全力实施城市更新行动，推动城市高质量发展；二是稳妥实施房地产长效机制方案，促进房地产市场平稳健康发展；三是大力发展租赁住房，解决好大城市住房突出问题；四是加大城市治理力度，推进韧性城市建设；五是实施乡村建设行动，提升乡村建设水平；六是加快发展"中国建造"，推动建筑产业转型升级；七是持续推进改革创新，加强法规标准体系建设；八是加强党的全面领导，打造高素质干部队伍。

6.2.4.2　重要学术会议

2020年8月22日，中国土木工程学会隧道及地下工程分会等单位主办的穿江越海超大断面盾构隧道建造技术高端论坛在广东汕头召开。中国工程院钱七虎、周福霖、聂建国、杜彦良、钮新强、郑健龙、任辉启、谢先启、李术才等院士以及700多名专家以视频形式参会。9位院士专家在论坛上作了主题报告。

2020年8月24~25日，由哈尔滨工业大学主办、瑞典吕勒奥理工大学承办的2020年建设与房地产管理国际学术研讨会举行。因全球突发新型冠状病毒疫情，本次会议为线上会议。会议主题为"智慧建造与可持续建筑"。本次会议的支持单位为美国土木工程师学会（ASCE）施工分会和中国建筑业协会管理现代化专业委员会，会议论文集被EI检索。

2020年8月25~27日，由中国土木工程学会桥梁及结构工程分会主办的"第二十四届全国桥梁学术会议"在济南召开，原交通部部长黄镇东、中国工程院邓文中（外籍院士）、王景全、陈政清、李术才等院士以及来自全国各地桥梁界的专家学者、企事业精英近500人参加了会议。本次会议的主题是"城市桥梁、美学景观、结构创新"。会议围绕桥梁概念设计与创新、桥梁美学、城市景观桥梁、基于性能的桥梁设计理念、组合结构桥梁、高性能材料的应用等内容，开展交流与研讨。会议论文集共收录论文192篇。会议分为大会报告、分会场讨论等形式。11位院士专家在大会上作了主题报告，79位论文作者进行了论文宣讲。

2020年9月4~5日，由中国土木工程学会轨道交通分会主办的"2020中国城市轨道交通关键技术论坛暨第29届地铁学术交流会"在济南召开。中国工程院院士陈湘生、济南市副市长王京文、中国土木工程学会轨道交通分会理事长王汉军以及全国轨道交通行业的专家学者近300人参会。

2020年9月11~13日，"第一届全国基础设施智慧建造与运维学术论坛"在南京举行。本次论坛由中国土木工程学会、中国铁道学会等10个学会及东南大学主办。东南大学校长张广军院士、中国铁道学会理事长卢春房院士和中国科学技术协会学会学术部林润华副部长参与了本次会议。自全国各地、土木、交通、建筑、城市规划、测绘、人工智能、电子信息等领域的400余名专家、学者和代表现场参加了本届论坛。此次论坛包括12场大会报告，以及76场特邀报告。

2020年9月22日，由中国土木工程学会主办、中国建筑科学研究院有限公司和北京詹天佑土木工程科学技术发展基金会承办的"中国土木工程学会2020年学术年会暨第十七届中国土木工程詹天佑奖颁奖大会"在北京举办。会议主题为"新基建与土木工程科学发展"。中国建筑科学研究院党委书记王俊、中国工程院副院长何华武和中国工程院院士周绪红、陈湘生、缪昌文、陈军、王复明、卢春房、岳清瑞、徐建参与了本次大会。

2020年9月25日，由高层建筑与高密度核心区开发更新国际峰会组委会、长三角建筑学会联盟和华东建筑集团股份有限公司主办的第四届高层建筑与高密度核心区开发更新国际峰会于苏州工业园区香格里拉大酒店举办。本届峰会以"立体创新·绿色宜居·健康活力——高层建筑与高密度核心区的品质营造"为主题，聚焦"高层建筑与高密度核心区综合开发与城市活力，垂直创新，绿色可持续，智慧赋能，技术创新"五大热点，对照国际卓越城市，引导城市高层建筑与高密度核心区朝着立体创新、绿色宜居、健康活力以及强化产业、资源、人才、资金吸引力的方向前进。中国建筑学会理事长修龙、华建集团董事长顾伟华、长三角建筑学会联盟2020年轮值主席左玉琅、原建设部副部长宋春华和中国工程院院士王建国等参加了本次会议。

2020年10月28～30日，由中国建筑学会和深圳市住房和建设局主办的2020中国建筑学会学术年会在深圳召开，年会主题为"好设计·好营造——推动城乡建设高质量发展"。会议内容主要包括：大会开幕式；主旨报告会；专题论坛；同期展览；技术考察等。同期召开中国建筑学会理事会议以及各省、自治区、直辖市建筑（土木）学会工作会议等。

2020年11月22～24日，由同济大学主办，中国土木工程学会混凝土及预应力混凝土分会（国际结构混凝土协会中国组）合办的国际结构混凝土协会（fib）2020年（线上）国际学术大会成功举办。大会以"现代混凝土结构引领韧性城乡建设"为主题，学术交流内容涵盖混凝土从材料到结构的所有创新技术成果，致力于聚集相关领域的科学家、工程师、学者和科研人员，分享混凝土材料和结构方面的最新研究成果与技术进步，探讨混凝土材料和结构的未来发展和应用前景。

2020年11月28～29日，由华中师范大学主办的CRIOCM 2020建设管理与房地产发展国际学术研讨会线上会议召开，线上会议累计参与人数达6000多人。本次学术研讨会主题为"迎接新挑战：建设管理与房地产的创新、合作与可持续发展"。来自美国、英国、澳大利亚、荷兰、土耳其、南非、泰国、马来西亚等国的建设管理与房地产领域的专家，以及全国多所知名院校的学者代表通过线上会议的方式，共同探讨当代建设管理和房地产创新与可持续发展问题。

2020年12月17日，由中国土木工程学会、同济大学、中国建筑集团有限公司联合主办的"首届全国智能建造学术大会"在上海举办。大会以"数字孪生与智能建造"为主题。来自全国各高校、企业智能建造领域的学者专家400余人与会，分享最新科研成果和工程应用，探索智能建造未来发展趋势和发展道路。来自两院的王景全、何积丰、肖绪文、丁烈云、吴志强、岳清瑞、张喜刚、吕西林等院士以及中国土木工程学会秘书长李明安，同济大学副校长顾祥林，中国建筑股份有限公司科技与设计管理部副总经理宋中南等出席。

6.3 2020年中国土木工程学会大事记

（1）2月1日，学会积极响应中国科协号召，联合发出《战"疫"有我，为决胜攻坚提供科技志愿服务——向全国科技工作者的倡议》。

（2）2月5日，学会向全体理事、会员及各分支机构发出《万众一心、众志成城、抗击疫情——中国土木工程学会倡议书》。

（3）5月14日，学会以通讯会议方式（受疫情影响）召开十届三次理事会暨一届三次监事会。会议审议通过了《中国土木工程学会2019年度工作总结及2020年工作安排的报告》和《关于修订〈中国土木工程学会章程〉的说明》。

（4）5月14日、6月8日、11月10日，分别以通讯会议方式（邮件）召开十届五次、六次、七次常务理事会议，就"中国土木工程学会2019年度发展单位会员名单""2019年度年检工作报告书由中国土木工程学会秘书长李明安同志代为签字""变更马泽平同志为学会第十届理事会副理事长人选、调整我会常务理事和理事""变更分支机构'中国土木工程学会防震减灾工程技术推广委员会'名称为'中国土木工程学会防震减灾工程分会'"征求各常务理事意见并审议通过。

（5）8月3日，学会通过"现场+视频"方式召开了分支机构2019年度工作总结会。

（6）8月11日，学会秘书处召开了2019年度分支机构考评会，对分支机构2019年工作开展情况进行考核评议。

（7）8月17日，通过学会官网对2019年度分支机构考核结果予以公示，公示期间未收到任何异议。随后，公布了对优秀分支机构进行表彰的决定。

（8）8月21日，学会燃气分会等主办的2020年中国燃气具行业年会在西宁召开。会议针对燃气具生产许可转强制性认证（3C）的问题、燃气应用端本质安全的提高、城市燃气具舒适性提高和应用领域拓展、后疫情时代厨卫产业发展、燃气具生产许可转强制认证实施过程中需要注意的事项、区域用户状态及如何掌握壁挂炉市场未来等行业高度关注的热点问题邀请相关的专家进行主题报告，从政策层面和实际应用层面为同行业者提供了建设性意见和指导方向，获得与会代表认可。

（9）8月25～27日，学会桥梁及结构工程分会在济南主办第二十四届全国桥梁学术会议，会议的主题是"城市桥梁、美学景观、结构创新"。

（10）9月4日，学会轨道交通分会主办的"2020中国城市轨道交通关键技术论坛暨第29届地铁学术交流会"在济南隆重举行。论坛以"轨道交通与城市发展"为主题，重点围绕国土空间规划体系下的多层次轨道交通规划、特殊地质条件下轨道交通高质量建造技术、装备技术与服务水平提升、城轨产业化发展等行业热点议题展开研讨。

（11）9月4日，学会总工程师工作委员会在山西太原召开了2020年度学术年会，根据疫情防控要求，会议采用"视频+现场"方式召开，线上线下共400余人参加了会议。年会内容涉及国内外节能技术发展、装配式建筑智能建造、新基建与建筑行业转型升级、5G与建筑工程技术进步、绿色建造与高质量发展、绿色施工科技示范应用等建筑业难点、热点问题。报告内容丰富，观点鲜明，开拓了大家的视野，提高了大家对当前建筑业创新发展的认识。

（12）9月10日，学会建筑市场与招标投标研究分会在甘肃省兰州市召开了"建筑市场与招标投标政策法规及相关学术交流研讨会"。会议期间，还分别召开了"全国建设工程招标投标行业一体化服务平台座谈会"及"中华人民共和国建筑法部分条款修订论证座谈会"。

（13）9月22日，在北京召开了以"新基建与土木工程科学发展"为主题的2020年学术年会，近20位院士出席会议，9位院士和专家做了学术报告。本次学术年会与"中国土木工程詹天佑奖颁奖大会"一并举行，会议采用了线上+线下交流形式，现场参会人数限定为300余人，视频直播浏览量为517.48万，30多家媒体高度关注，社会反响热烈。

（14）9月22日，学会在北京组织召开第十七届中国土木工程詹天佑奖颁奖大会，来自住房城乡建设部、交通运输部、水利部、中国工程院、中国科协、国家铁路集团（原铁道部）、中建、中交、中铁工、中铁建、清华大学、同济大学、业内有关学会协会以及第十七届中国土木工程詹天佑奖获奖单位代表和来自全国的土木工程科技工作者代表参加了会议，行业领军人物齐聚一堂，与会领导向第十七届中国土木工程詹天佑奖获奖单位代表颁发了詹天佑大奖荣誉奖杯。

（15）9月，学会党委结合学会学术年会等重大活动，学习传达了习近平总书记在科学家座谈会重要讲话精神，号召学会会员和广大土木工程科技工作者贯彻落实习近平总书记的重要讲话精神，胸怀祖国、服务人民，不计名利、敢于创造，肩负起历史赋予的科技创新重任。

（16）10月27～29日，学会隧道及地下工程分会举办了"2020中国隧道与地下工程大会暨第二十一届隧道年会"及其他学术交流活动。

（17）10月28日，学会起草了《中国土木工程学会党委工作规则（试行）》，通过召开学会党委通讯会议审议通过了"中国土木工程学会党委工作规则"并实施。

（18）学会对2019年推荐的"第十六届中国青年科技奖"2名候选人，2020年组织开展了征求意见、事迹征集工作，二人于2020年10月成功入选。

（19）11月10日，学会市政工程分会等联合举办了桥梁新材料新工艺讲座——"钢与组合结构系杆拱桥"技术交流会。钢与组合结构系杆拱桥技术为今后国内外桥梁设计与施工提供了不少可以借鉴的新材料、新技术和新工艺，活动收到了较好的效果。

（20）11月20～21日，学会土力学及岩土工程分会在武汉承办第三届全国岩土工程施工技术与装备创新论坛，论坛针对深大地下工程施工装备和智能化施工装备、城市更新改造的小型施工装备以及高效节能环境低影响施工技术开展交流。

（21）11月22～24日，学会混凝土及预应力混凝土分会与同济大学采用线上会议的方式共同主办"国际结构混凝土协会（fib）2020年学术大会"。

（22）11月25～26日，学会住宅工程指导工作委员会在北京举行了"2020中国土木工程詹天佑奖优秀住宅小区金奖技术交流会"，并对荣获"2020中国土木工程詹天佑奖优秀住宅小区金奖"的33个项目进行了颁奖。

（23）11月26日，学会城市公共交通分会举办了"2020中国城市公共交通学术年会"，主题为"探索后疫情时代城市公交的发展之路"。市政府有关部门、全国各地公交企业、科研单位、高等院校、客车及零部件企业300余位代表齐聚南昌参加了本次年会。

（24）11月28日，学会港口工程分会在南京举办"第11届全国工程排水与加固技术研讨会暨港口工程技术交流大会"，会议采用线下现场会议和线上视频同步直播相结合的方式召开。

（25）12月2～4日，学会防震减灾工程分会组织召开"第九届结构工程新进展论坛"，会议主题为"韧性结构与结构减隔震技术"。

（26）12月4～6日，学会工程防火技术分会召开2020学术年会，会议以"对标国际，创新驱动"为主题，通过会议宣传的方式让国内更多人认识到消防给水和自动喷水的重要性，促进我国消防事业的发展。

（27）12月7～10日，学会水工业分会在江苏张家港市举办了"2020年给水深度处理研讨会"，重点交流了臭氧-生物炭、高级氧化、膜技术等在给水深度处理中的作用以及在交流开发、工程设计、运行管理等方面的最新成果和应用经验。

（28）12月11～13日，学会教育工作委员会和教育部学位管理与研究生教育司主办2020年全国土木工程研究生学术论坛，以"智慧土木工程的发展与挑战"为主题进行深入的学术交流与研讨。

（29）12月19～20日，学会工程质量分会在北京召开了"2020年第八届全国工程质量学术交流会"，以"工程质量保险助力高质量发展"为主题，相关专家做了精彩的大会报告、专题报告。

（30）组织隧道及地下工程分会承担并完成中国科协学科发展项目《2018～2019隧道及地下工程学科发展报告》（项目编号：2018XKFZ24），出版《2018～2019隧道及地下工程学科发展报告》。

（31）学会申请到中国科协的"团体标准示范学会建设专项"项目，成功由"试点项目"转变为"示范专项"，在学会标准工作机构建设、标准编制程序管理、标准信息公开与实施监督、标准市场应用情况调查、标准国际化建议及对策等方面开展了全面的研究，为推进我国标准化改革进程、促进我国标准化工作与国际接轨提供经验。

（32）组织桥梁及结构工程分会申报并承担中国科协学科发展项目《2020～2021桥梁工程学科发展研究》（项目编号：2020XKFZ002），并完成2020年度研究任务。

（33）继续组织开展了2020年度中国土木工程学会高校优秀毕业生评选工作，参加遴选推荐的院校共计98所，参评学生人数总计136名（土木工程专业申报81名，工程管理专业申报55名）；经学会教育工作委员会评审委员会评审，学会秘书处审核，授予46名同学2020年中国土木工程学会高校优秀毕业生称号（其中土木工程专业31名，工程管理专业15名），综合淘汰率为66.2%。

（34）组织开展了中国土木工程学会第十四届优秀论文奖评选工作，共收到78篇候选论文，经核查有62篇论文符合参评资格，由学会学术工作委员会组织专家评选，共评出获奖论文27篇，其中一等奖2篇，二等奖8篇，三等奖17篇，并由中国土木工程学会颁发证书。

（35）继续保持了6个科普专家团队，专家人数共95人，科普传播内容涉及公共交通出行、消防安全与应急救援、工艺建筑防火、石油化工防火等方面，以专题讲座、学术报告等形式对大众开展科普教育活动。

（36）学会计算机应用分会与中国建筑学会建筑结构分会合作举办6期大师直播讲坛，每期一个主题，合计邀请20多位结构专家在线分享工程经验和行业趋势，共计超过25万人次参与此次直播活动。

入选土木工程建设企业竞争力分析的企业名单

编号	企业名称	地区	编号	企业名称	地区
1	中铁六局集团有限公司	北京	24	江河创建集团股份有限公司	北京
2	中铁建工集团有限公司	北京	25	帝海投资控股集团有限公司	北京
3	中铁建设集团有限公司	北京	26	中国建设基础设施有限公司	北京
4	中国建筑一局（集团）有限公司	北京	27	中车建设工程有限公司	北京
5	中国建筑第二工程局有限公司	北京	28	中国建筑第六工程局有限公司	天津
6	中电建建筑集团有限公司	北京	29	中冶天工集团有限公司	天津
7	中电建路桥集团有限公司	北京	30	中国电建市政建设集团有限公司	天津
8	中国机械工业建设集团有限公司	北京	31	天津市建工工程总承包有限公司	天津
9	北京建工集团有限责任公司	北京	32	中国水电基础局有限公司	天津
10	北京住总集团有限责任公司	北京	33	天津市建工集团（控股）有限公司	天津
11	中建交通建设集团有限公司	北京	34	中交第一航务工程局有限公司	天津
12	北京城建集团有限责任公司	北京	35	中交天津航道局有限公司	天津
13	北京首钢建集团有限公司	北京	36	中国二十二冶集团有限公司	河北
14	中国电建集团铁路建设投资集团有限公司	北京	37	河北建工集团有限责任公司	河北
15	中国电建集团海外投资有限公司	北京	38	河北建设集团股份有限公司	河北
16	中国电建集团国际工程有限公司	北京	39	大元建业集团股份有限公司	河北
17	中铁十六局集团有限公司	北京	40	山西四建集团有限公司	山西
18	中铁北京工程局集团有限公司	北京	41	山西五建集团有限公司	山西
19	中交第四公路工程局有限公司	北京	42	山西省工业设备安装集团有限公司	山西
20	中交一公局集团有限公司	北京	43	山西建筑工程集团有限公司	山西
21	中交路桥建设有限公司	北京	44	山西建设投资集团有限公司	山西
22	中国化学工程股份有限公司	北京	45	山西路桥建设集团有限公司	山西
23	中铝国际工程股份有限公司	北京	46	中国二冶集团有限公司	内蒙古

编号	企业名称	地区	编号	企业名称	地区
47	中国三冶集团有限公司	辽宁	72	龙信建设集团有限公司	江苏
48	中国水利水电第六工程局有限公司	辽宁	73	江苏扬建集团有限公司	江苏
49	中国水利水电第一工程局有限公司	吉林	74	苏华建设集团有限公司	江苏
50	吉林建工集团有限公司	吉林	75	南通三建控股有限公司	江苏
51	黑龙江省建设投资集团有限公司	黑龙江	76	江苏邗建集团有限公司	江苏
52	龙建路桥股份有限公司	黑龙江	77	江苏省建工集团有限公司	江苏
53	中国建筑第八工程局有限公司	上海	78	南通五建控股集团有限公司	江苏
54	中国二十冶集团有限公司	上海	79	江苏南通六建建设集团有限公司	江苏
55	上海宝冶集团有限公司	上海	80	苏州金螳螂企业（集团）有限公司	江苏
56	上海建工集团股份有限公司	上海	81	中如建工集团有限公司	江苏
57	上海市建筑装饰工程集团有限公司	上海	82	通州建总集团有限公司	江苏
58	上海市基础工程集团有限公司	上海	83	南京大地建设集团股份有限公司	江苏
59	中国核工业建设股份有限公司	上海	84	江苏省金陵建工集团有限公司	江苏
60	中铁上海工程局集团有限公司	上海	85	中亿丰建设集团股份有限公司	江苏
61	中交第三航务工程局有限公司	上海	86	中建安装集团有限公司	江苏
62	上海隧道工程股份有限公司	上海	87	江苏金土木建设集团有限公司	江苏
63	旭辉控股（集团）有限公司	上海	88	浙江中南建设集团有限公司	浙江
64	上海城建（集团）公司	上海	89	浙江勤业建工集团有限公司	浙江
65	上海电力设计院有限公司	上海	90	浙江省一建建设集团有限公司	浙江
66	南通四建集团有限公司	江苏	91	浙江省二建建设集团有限公司	浙江
67	江苏省苏中建设集团股份有限公司	江苏	92	浙江大东吴集团建设有限公司	浙江
68	江苏中南建筑产业集团有限责任公司	江苏	93	浙江建工集团有限责任公司	浙江
69	江苏南通二建集团有限公司	江苏	94	宏润建设集团股份有限公司	浙江
70	江苏省华建建设股份有限公司	江苏	95	中天控股集团有限公司	浙江
71	华新建工集团有限公司	江苏	96	浙江交工集团股份有限公司	浙江

编号	企业名称	地区	编号	企业名称	地区
97	龙元建设集团股份有限公司	浙江	122	中铁十局集团建筑工程有限公司	山东
98	宝业集团股份有限公司	浙江	123	威海建设集团股份有限公司	山东
99	宁波建工股份有限公司	浙江	124	山东省建设建工（集团）有限责任公司	山东
100	浙江省建设投资集团有限公司	浙江	125	山东省路桥集团有限公司	山东
101	广厦控股集团有限公司	浙江	126	山东高速路桥集团股份有限公司	山东
102	浙江中成控股集团有限公司	浙江	127	天元建设集团有限公司	山东
103	浙江宝业建设集团有限公司	浙江	128	山东科达集团有限公司	山东
104	浙江东南网架股份有限公司	浙江	129	荣华建设集团有限公司	山东
105	腾达建设集团股份有限公司	浙江	130	路通建设集团股份有限公司	山东
106	歌山建设集团有限公司	浙江	131	山东金城建设有限公司	山东
107	浙江舜江建设集团有限公司	浙江	132	新蒲建设集团有限公司	河南
108	中铁四局集团有限公司	安徽	133	郑州一建集团有限公司	河南
109	中国十七冶集团有限公司	安徽	134	河南五建建设集团有限公司	河南
110	安徽建工集团股份有限公司	安徽	135	河南六建建筑集团有限公司	河南
111	安徽富煌钢构股份有限公司	安徽	136	河南瑞华建设集团有限公司	河南
112	福建建工集团有限责任公司	福建	137	河南三建建设集团有限公司	河南
113	中建海峡建设发展有限公司	福建	138	平煤神马建工集团有限公司	河南
114	中国水利水电第十六工程局有限公司	福建	139	泰宏建设发展有限公司	河南
115	融信（福建）投资集团有限公司	福建	140	河南省第二建设集团有限公司	河南
116	中国电建集团江西省电力建设有限公司	江西	141	中国水利水电第十一工程局有限公司	河南
117	江西省交通工程集团建设有限公司	江西	142	河南省路桥建设集团有限公司	河南
118	江西省建工集团有限责任公司	江西	143	中国建筑第七工程局有限公司	河南
119	中恒建设集团有限公司	江西	144	中国一冶集团有限公司	湖北
120	青建集团股份有限公司	山东	145	武汉建工集团股份有限公司	湖北
121	烟建集团有限公司	山东	146	中交第二航务工程局有限公司	湖北

编号	企业名称	地区	编号	企业名称	地区
147	武汉市市政建设集团有限公司	湖北	174	重庆建工投资控股有限责任公司	重庆
148	中国建筑第三工程局有限公司	湖北	175	中国五冶集团有限公司	四川
149	山河控股集团有限公司	湖北	176	中国水利水电第七工程局有限公司	四川
150	湖北省交通投资集团有限公司	湖北	177	成都建工集团有限公司	四川
151	中国建筑第五工程局有限公司	湖南	178	新疆维泰开发建设（集团）股份有限公司	新疆
152	湖南建工集团有限公司	湖南	179	中铁二局集团有限公司	四川
153	湖南省第三工程有限公司	湖南	180	四川公路桥梁建设集团有限公司	四川
154	湖南省第五工程有限公司	湖南	181	成都兴城投资交通有限公司	四川
155	湖南省第六工程有限公司	湖南	182	四川华西集团有限公司	四川
156	湖南路桥建设集团股份有限公司	湖南	183	中国水利水电第十四工程局有限公司	云南
157	湖南省第二工程有限公司	湖南	184	中国电建集团昆明勘测设计研究院有限公司	云南
158	中国电建集团中南勘测设计研究院有限公司	湖南	185	云南建设投资控股集团有限公司	云南
159	中国华西企业有限公司	广东	186	中国水利水电第九工程局有限公司	贵州
160	广州市市政集团有限公司	广东	187	中铁五局集团有限公司	贵州
161	中建科工集团有限公司	广东	188	中国电建集团西北勘测设计研究院有限公司	陕西
162	中电建生态环境集团有限公司	广东	189	中建丝路建设投资有限公司	陕西
163	中国建筑第四工程局有限公司	广东	190	陕西建工控股集团有限公司	陕西
164	中铁隧道局集团有限公司	广东	191	中交第二公路工程有限公司	陕西
165	中交第四航务工程局有限公司	广东	192	甘肃省建设投资（控股）有限公司	甘肃
166	广东省建筑工程集团有限公司	广东	193	中国水利水电第四工程局有限公司	青海
167	广东水电二局股份有限公司	广东	194	中建新疆建工（集团）有限公司	新疆
168	广州市建筑集团有限公司	广东	195	云南省交通投资建设集团有限公司	云南
169	龙光交通集团有限公司	广东	196	中建西部建设股份有限公司	新疆
170	广东正升建筑有限公司	广东	197	新疆北新路桥集团股份有限公司	新疆
171	广西北部湾投资集团有限公司	广西	198	新疆交通建设集团股份有限公司	新疆
172	中冶建工集团有限公司	重庆	199	太平洋建设集团	新疆
173	重庆建工住宅建设有限公司	重庆	200	新疆生产建设兵团建筑工程（集团）有限责任公司	新疆

2020年土木工程建设企业综合实力排序（101~200）

名次	企业名称	营业收入加权得分	利润总额加权得分	资产总额加权得分	综合实力得分
101	中如建工集团有限公司	25.25	24.20	1.50	50.95
102	中铁上海工程局集团有限公司	32.75	12.40	5.10	50.25
103	黑龙江省建设投资集团有限公司	30.50	11.80	7.75	50.05
104	中亿丰建设集团股份有限公司	26.25	21.40	2.30	49.95
105	福建建工集团有限责任公司	26.00	16.00	6.70	48.70
106	中国电建集团铁路建设投资集团有限公司	20.75	22.00	5.85	48.60
107	中建科工集团有限公司	24.50	18.80	4.75	48.05
108	中电建生态环境集团有限公司	22.50	20.60	3.90	47.00
109	中建安装集团有限公司	21.75	22.20	3.00	46.95
110	中国电建集团海外投资有限公司	11.75	28.40	6.50	46.65
111	中国水利水电第四工程局有限公司	23.50	16.60	4.85	44.95
112	河北建工集团有限责任公司	35.50	5.00	4.30	44.80
113	武汉市市政建设集团有限公司	17.75	20.20	6.25	44.20
114	中交天津航道局有限公司	17.50	20.40	6.15	44.05
115	浙江建工集团有限责任公司	26.75	10.20	5.55	42.50
116	中国电建市政建设集团有限公司	21.00	17.00	4.50	42.50
117	广州市市政集团有限公司	25.00	13.40	3.35	41.75
118	荣华建设集团有限公司	19.00	20.80	1.60	41.40
119	江苏省金陵建工集团有限公司	13.75	24.00	3.50	41.25
120	中国二冶集团有限公司	19.25	18.20	3.75	41.20
121	宁波建工股份有限公司	21.50	15.20	4.00	40.70
122	中铁六局集团有限公司	28.00	8.20	4.45	40.65
123	中建交通建设集团有限公司	24.75	9.80	5.65	40.20
124	中冶天工集团有限公司	22.25	12.60	5.30	40.15
125	浙江舜江建设集团有限公司	16.75	21.00	1.90	39.65
126	湖南路桥建设集团股份有限公司	18.50	16.80	4.20	39.50
127	湖南省第六工程有限公司	19.75	17.40	2.10	39.25

名次	企业名称	营业收入加权得分	利润总额加权得分	资产总额加权得分	综合实力得分
128	江苏省建工集团有限公司	19.50	15.00	4.55	39.05
129	中建丝路建设投资有限公司	9.75	23.80	4.05	37.60
130	中恒建设集团有限公司	18.25	18.40	0.90	37.55
131	宏润建设集团股份有限公司	14.50	19.20	3.80	37.50
132	烟建集团有限公司	18.00	14.00	5.00	37.00
133	歌山建设集团有限公司	18.75	16.20	1.75	36.70
134	天津市建工集团（控股）有限公司	17.25	14.60	4.40	36.25
135	广东水电二局股份有限公司	16.50	14.20	5.50	36.20
136	中国二十二冶集团有限公司	21.25	9.60	5.25	36.10
137	中国二十冶集团有限公司	28.50	2.20	5.35	36.05
138	浙江中南建设集团有限公司	17.00	13.20	3.45	33.65
139	中铁北京工程局集团有限公司	27.00	1.60	4.95	33.55
140	中国电建集团西北勘测设计研究院有限公司	12.75	17.80	2.90	33.45
141	龙建路桥股份有限公司	15.50	11.40	4.70	31.60
142	中国电建集团中南勘测设计研究院有限公司	13.25	15.40	2.60	31.25
143	山西省工业设备安装集团有限公司	13.00	15.80	2.35	31.15
144	山西建筑工程集团有限公司	14.75	13.80	2.25	30.80
145	苏华建设集团有限公司	14.25	15.60	0.50	30.35
146	中国华西企业有限公司	16.00	11.00	3.05	30.05
147	中铝国际工程股份有限公司	23.00	0.20	6.80	30.00
148	中国建设基础设施有限公司	2.50	21.20	4.90	28.60
149	河南省路桥建设集团有限公司	4.50	19.60	4.35	28.45
150	南京大地建设集团股份有限公司	14.00	12.20	2.00	28.20
151	山西四建集团有限公司	10.50	14.80	2.65	27.95
152	中国水利水电第六工程局有限公司	12.50	12.00	2.55	27.05
153	中国电建集团昆明勘测设计研究院有限公司	6.00	17.60	2.75	26.35
154	武汉建工集团股份有限公司	11.00	10.80	4.15	25.95
155	中电建建筑集团有限公司	12.25	10.60	2.70	25.55
156	新疆北新路桥集团股份有限公司	15.75	2.00	6.05	23.80

名次	企业名称	营业收入加权得分	利润总额加权得分	资产总额加权得分	综合实力得分
157	湖南省第三工程有限公司	16.25	5.60	1.55	23.40
158	浙江省二建设集团有限公司	11.25	9.00	2.45	22.70
159	威海建设集团股份有限公司	11.50	8.80	1.05	21.35
160	浙江勤业建工集团有限公司	12.00	8.40	0.80	21.20
161	江苏扬建集团有限公司	10.25	10.00	0.85	21.10
162	南通五建控股集团有限公司	15.25	4.60	1.00	20.85
163	中国水利水电第十六工程局有限公司	7.75	10.40	2.15	20.30
164	上海市建筑装饰工程集团有限公司	9.00	9.20	1.95	20.15
165	中国水电基础局有限公司	5.25	13.00	1.70	19.95
166	湖南省第二工程有限公司	4.00	7.00	8.05	19.05
167	湖南省第五工程有限公司	10.75	6.60	1.20	18.55
168	上海市基础工程集团有限公司	8.50	8.00	1.65	18.15
169	浙江省一建设集团有限公司	8.75	7.40	1.85	18.00
170	中国机械工业建设集团有限公司	13.50	4.40	0.05	17.95
171	新疆交通建设集团股份有限公司	7.00	6.00	3.65	16.65
172	中国电建集团江西省电力建设有限公司	9.25	3.60	3.70	16.55
173	上海电力设计院有限公司	2.25	13.60	0.70	16.55
174	浙江大东吴集团建设有限公司	9.50	6.20	0.40	16.10
175	中国水利水电第一工程局有限公司	5.75	8.60	1.45	15.80
176	泰宏建设发展有限公司	3.75	11.20	0.55	15.50
177	河南五建建设集团有限公司	7.50	7.20	0.75	15.45
178	大元建业集团股份有限公司	7.25	5.40	2.40	15.05
179	中车建设工程有限公司	0.25	12.80	1.25	14.30
180	重庆建工住宅建设有限公司	6.75	5.80	1.15	13.70
181	中国三冶集团有限公司	10.00	0.40	2.80	13.20
182	北京首钢建设集团有限公司	8.00	3.40	1.80	13.20
183	中国水利水电第九工程局有限公司	8.25	1.00	3.40	12.65
184	山西五建集团有限公司	5.00	5.20	1.10	11.30
185	河南省第二建设集团有限公司	6.25	3.80	0.20	10.25

名次	企业名称	营业收入加权得分	利润总额加权得分	资产总额加权得分	综合实力得分
186	安徽富煌钢构股份有限公司	1.00	6.80	2.20	10.00
187	新疆维泰开发建设（集团）股份有限公司	1.25	4.80	3.55	9.60
188	河南瑞华建筑集团有限公司	0.50	7.80	0.15	8.45
189	天津市建工工程总承包有限公司	6.50	1.80	0.10	8.40
190	新蒲建设集团有限公司	5.50	2.40	0.35	8.25
191	河南六建建筑集团有限公司	4.75	3.00	0.30	8.05
192	郑州一建集团有限公司	4.25	3.20	0.45	7.90
193	山东省建设建工（集团）有限责任公司	3.50	2.80	1.40	7.70
194	中铁十局集团建筑工程有限公司	3.00	4.00	0.25	7.25
195	平煤神马建工集团有限公司	1.50	2.60	2.95	7.05
196	山东金城建设有限公司	1.75	4.20	0.65	6.60
197	吉林建工集团有限公司	3.25	0.60	2.05	5.90
198	河南三建建设集团有限公司	2.75	0.80	1.35	4.90
199	广东正升建筑有限公司	2.00	1.40	0.95	4.35
200	江苏金土木建设集团有限公司	0.75	1.20	0.60	2.55

进入2021年国际承包商250强的中国内地土木工程建设企业

附表3-1

序号	公司	国际承包商250强名次					2020年海外市场营业收入（百万美元）
		2017	2018	2019	2020	2021	
1	中国交通建设集团有限公司	3	3	3	4	4	21348.4
2	中国电力建设集团有限公司	10	10	7	7	7	13007.9
3	中国建筑集团有限公司	11	8	9	8	9	10746.2
4	中国铁道建筑有限公司	23	14	14	12	11	8375
5	中国铁路工程集团有限公司	21	17	18	13	13	7419.9
6	中国化学工程集团有限公司	50	46	29	22	19	4221.8
7	中国能源建设集团有限公司	27	21	23	15	21	4177.4

序号	公司	国际承包商250强名次					2020年海外市场营业收入（百万美元）
		2017	2018	2019	2020	2021	
8	中国石油工程建设（集团）公司	73	33	43	34	33	3340.5
9	中国机械工业集团公司	31	25	19	25	35	3113
10	上海电气集团股份有限公司	141	100	—	160	51	1731.9
11	中国冶金科工集团有限公司	48	44	44	41	53	1659.8
12	中国中原对外工程有限公司	96	89	75	63	55	1635.4
13	中国中材国际工程股份有限公司	—	—	51	54	60	1297.8
14	中信建设有限责任公司	56	56	54	62	63	1242.1
15	中国通用技术（集团）控股有限责任公司	104	102	74	73	67	1151.7
16	中国江西国际经济技术合作公司	90	92	93	81	72	1023.6
17	中国电力技术装备有限公司	93	80	101	111	73	1019.4
18	江西中煤建设集团有限公司	95	97	99	85	75	989.9
19	哈尔滨电气国际工程有限公司	67	65	81	95	78	942.6
20	北方国际合作股份有限公司	103	94	97	90	81	894.9
21	浙江省建设投资集团有限公司	94	87	89	82	84	871.6
22	中石化炼化工程（集团）股份有限公司	53	55	65	70	86	807.2
23	中国水利电力对外公司	83	90	78	97	89	772.8
24	山东高速集团有限公司	—	—	—	139	90	736.1
25	上海建工集团	117	109	111	101	93	692.5
26	青建集团股份公司	64	62	56	58	94	685.3
27	中国地质工程集团公司	126	120	108	96	100	588.3
28	中原石油工程有限公司	124	125	117	110	105	524.6
29	云南建工集团有限公司	159	132	121	106	106	516.8
30	江苏省建筑工程集团有限公司	—	126	122	99	107	515.1
31	江苏南通三建集团股份有限公司	143	133	133	122	108	507.3
32	北京城建集团	180	148	154	105	109	502
33	特变电工股份有限公司	84	83	80	93	111	489.3
34	新疆兵团建设工程（集团）有限责任公司	108	110	109	168	113	476.3

序号	公司	国际承包商250强名次					2020年海外市场营业收入（百万美元）
		2017	2018	2019	2020	2021	
35	北京建工集团有限责任公司	142	123	120	117	117	457.4
36	烟建集团有限公司	146	140	138	146	119	450
37	中国河南国际合作集团有限公司	150	145	116	107	121	444.8
38	东方电气股份有限公司	132	155	83	123	123	427.9
39	中国江苏国际经济技术合作公司	115	129	130	120	124	427
40	安徽省外经建设（集团）有限公司	116	143	166	126	127	410.2
41	中国武夷实业股份有限公司	131	130	132	138	129	408.1
42	江西水利水电建设有限公司	—	174	158	143	132	388.7
43	中鼎国际工程有限责任公司	127	146	144	144	135	365.3
44	中地海外集团有限公司	102	111	115	136	143	331.7
45	上海城建（集团）公司	153	162	155	185	147	321.3
46	中钢设备有限公司	129	157	107	145	148	314
47	中国有色金属建设股份有限公司	106	85	86	133	155	244.3
48	中国航空技术国际工程有限公司	—	118	100	127	159	231.5
49	西安西电国际工程有限责任公司	—	—	—	—	167	211.7
50	沈阳远大铝业工程有限公司	149	152	153	154	171	197.3
51	中国成套设备进出口（集团）总公司	163	144	145	148	172	197
52	山西建设投资集团有限公司	—	246	214	186	173	194.1
53	安徽建工集团有限公司	147	192	180	178	174	191.7
54	山东德建集团有限公司	177	175	185	188	175	191.3
55	龙信建设集团有限公司	—	—	202	194	176	191
56	山东淄建集团有限公司	229	—	200	187	177	189.6
57	湖南建工集团有限公司	—	211	—	191	180	185.2
58	浙江省东阳第三建筑工程有限公司	—	—	194	198	184	167.9
59	河北建工集团有限责任公司	—	—	—	241	186	162.7
60	南通建工集团股份有限公司	179	182	199	205	189	161.6
61	浙江省交通工程建设集团有限公司	210	215	204	201	190	160.4

序号	公司	国际承包商250强名次					2020年海外市场营业收入（百万美元）
		2017	2018	2019	2020	2021	
62	湖南路桥建设集团有限责任公司	—	242	232	221	192	156.3
63	江苏中南建筑产业集团有限责任公司	228	222	212	240	193	155.7
64	江西省建工集团有限责任公司	—	—	—	208	194	153
65	中国建材国际工程集团有限公司	230	—	143	140	197	143
66	天元建设集团有限公司	—	—	—	167	199	134.9
67	重庆对外建设（集团）有限公司	203	207	196	207	200	133.6
68	中国甘肃国际经济技术合作总公司	193	216	213	204	202	125.9
69	绿地大基建集团有限公司	—	—	—	—	207	112.3
70	正太集团有限公司	—	—	—	—	210	100.5
71	南通四建集团有限公司	—	—	—	232	211	100.5
72	四川公路桥梁建设集团有限公司	—	—	246	210	213	92
73	中国大连国际经济技术合作集团有限公司	—	—	—	—	217	84.7
74	山东科瑞石油装备有限公司	—	—	207	202	219	79.7
75	中铝国际工程股份有限公司	245	186	209	233	221	75.8
76	蚌埠市国际经济技术合作有限公司	—	—	—	—	228	70.1
77	江苏南通二建集团有限公司	—	—	—	—	232	61.7
78	江联重工集团股份有限公司	—	—	198	177	242	37

注："—"表示相应年度未入选。

进入2020年全球承包商250强的中国内地土木工程建设企业排名情况

附表3-2

序号	上榜公司	全球承包商250强排名					2020年营业收入（百万美元）	2020年国际收入（百万美元）	2020年新签合同额（百万美元）
		2016	2017	2018	2019	2020			
1	中国建筑工程总公司	1	1	1	1	1	195658.7	10746.2	389167.8
2	中国中铁股份有限公司	2	2	2	2	2	141852.7	7419.9	377774.2
3	中国铁建股份有限公司	3	3	3	3	3	134745	8375	370680

序号	上榜公司	全球承包商250强排名					2020年营业收入（百万美元）	2020年国际收入（百万美元）	2020年新签合同额（百万美元）
		2016	2017	2018	2019	2020			
4	中国交通建设集团有限公司	4	4	4	4	4	100811.6	21348.4	226906.8
5	中国电力建设集团有限公司	5	6	5	5	5	65717.6	13007.9	124133.8
6	中国冶金科工集团公司	8	10	8	8	6	54100.2	1659.8	140590.8
7	上海建工集团股份有限公司	9	9	9	9	8	45863.4	692.5	56076.7
8	绿地大基建集团有限公司	—	—	—	—	9	43653.5	112.3	88397.5
9	中国能源建设集团有限公司	11	12	12	12	13	28469.7	4177.4	83774.8
10	北京城建集团有限责任公司	29	31	30	13	14	25624.7	502	32765.9
11	江苏中南建设集团股份有限公司	47	44	38	33	15	19493.4	155.7	27754.2
12	中国化学工程集团公司	38	39	27	18	17	18325.7	4221.8	44654.5
13	山西建设投资集团有限公司	—	47	36	32	19	16933.9	194.1	29077.5
14	北京建工集团有限责任公司	43	46	45	27	20	16234.2	457.4	30353.5
15	江苏南通三建集团有限公司	35	25	22	26	21	15684.7	507.3	6120.4
16	浙江省建设投资集团有限公司	28	30	28	30	26	14377.9	871.6	20300.8
17	湖南建工集团有限责任公司	—	—	—	28	27	13936.4	185.2	22343.4
18	江苏南通二建集团有限公司	—	—	—	—	31	13232.3	61.7	9473.2
19	安徽建工集团有限公司	40	38	37	36	34	12066.1	191.7	15150.6
20	江苏建筑集团有限公司	—	85	64	53	38	11012.9	515.1	17543.1
21	中国石油工程建设公司	101	42	46	42	39	10593.5	3340.5	13496.9
22	青建集团股份有限公司	41	40	39	40	42	9660.5	685.3	11772.6
23	上海城建（集团）公司	59	61	48	47	43	9444	321.3	14858.4
24	中石化炼化工程（集团）股份有限公司	53	68	50	51	44	8853.5	807.2	9199.8
25	南通四建集团有限公司	70	69	—	44	46	8577.1	100.5	7115.4
26	河北建工集团有限责任公司	—	—	—	59	49	7893	162.7	9129.9
27	江西建筑工程（集团）有限公司	—	—	—	46	53	7493.9	153	11770
28	四川路桥建设集团股份有限公司	—	—	101	65	55	7147.7	92	5721.6
29	中国机械工业集团有限公司	56	57	49	52	56	6927.6	3113	9562.5
30	特变电工股份有限公司	71	71	73	76	64	6255.9	489.3	6279.9
31	中国东方电气集团有限公司	61	65	77	83	72	5534.3	427.9	7369.3

序号	上榜公司	全球承包商250强排名					2020年营业收入（百万美元）	2020年国际收入（百万美元）	2020年新签合同额（百万美元）
		2016	2017	2018	2019	2020			
32	浙江交通工程建设集团有限公司	123	117	100	102	78	5017.3	160.4	9968.0
33	龙信建设集团有限公司	—	—	97	98	89	4253.9	191	2593.5
34	新疆兵团建设工程（集团）有限责任公司	74	84	83	97	90	4177.9	476.3	5837.4
35	中国通用技术（集团）控股有限责任公司	107	103	86	94	95	3906.1	1151.7	5514.7
36	中国武夷实业股份有限公司	132	123	110	109	97	3870.6	408.1	6423.1
37	中铝国际工程股份有限公司	121	87	74	88	108	3303.5	75.8	5739
38	中国铁路设计集团有限公司	—	—	172	129	111	3147.6	—	9621.2
39	中信建设有限责任公司	127	127	123	130	122	2518.9	1242.1	5238.1
40	上海电气集团股份有限公司	185	154	—	209	124	2501.8	1731.9	2714.7
41	中国中材国际工程股份有限公司	—	—	109	118	125	2449.4	1297.8	4956.9
42	湖南路桥建设集团有限责任公司	—	135	127	125	134	2209.4	156.3	3469.1
43	南通建工集团股份有限公司	116	136	135	140	137	2079.7	161.6	2919.7
44	烟建集团有限公司	135	130	126	131	138	2063.2	450	2578.2
45	中钢设备有限公司	206	247	170	165	146	1906.1	314	3897.3
46	中国江苏国际技术经济合作集团有限公司	131	140	140	153	147	1904.7	427	1810.6
47	山东淄建集团有限公司	—	—	155	169	148	1902.3	189.6	1470.3
48	山东德建集团有限公司	—	205	203	178	153	1784.9	191.3	1506.8
49	中石化中原石油工程有限公司	210	188	161	160	154	1762.7	524.6	1896.6
50	凯盛集团	—	—	163	163	158	1704.1	143	1875.2
51	中国中原对外工程有限公司	241	228	191	174	162	1635.4	1635.4	
52	北方国际合作有限公司	—	158	152	173	201	1165.8	894.9	1571.3
53	中国地质工程集团有限公司	—	—	227	217	203	1157	588.3	1890.4
54	正太集团有限公司	—	—	—	—	206	1103.5	100.5	1828.5
55	中国江西国际经济技术合作公司	211	209	234	218	208	1086.8	1023.6	1712.5
56	中国电力技术装备有限公司	202	203	—	—	219	1019.4	1019.4	190.2
57	中煤建设集团有限公司	240	—	—	241	226	989.9	989.9	779.4

序号	上榜公司	全球承包商250强排名					2020年营业收入（百万美元）	2020年国际收入（百万美元）	2020年新签合同额（百万美元）
		2016	2017	2018	2019	2020			
58	哈尔滨电气国际工程有限责任公司	149	148	218	—	228	980	942.6	3742
59	浙江省东阳第三建筑工程有限公司	—	—	219	205	235	893.6	167.9	727.3

注："—"表示相应年度未入选。后3列空格表示没有提供此项数据。

进入2020年对外承包业务完成营业额前100家榜单的土木工程建设企业

附表3-3

序号	上榜公司	对外承包业务完成营业额前100家位次					2020年完成营业额（万美元）
		2016	2017	2018	2019	2020	
1	中国建筑集团有限公司	2	2	2	1	2	1076185
2	中国中铁股份有限公司*	48	—	—	15	3	710807
3	中国铁建股份有限公司*	7	6	6	5	4	630216
4	中国水电建设集团国际工程有限公司	4	3	4	4	5	557166
5	中国港湾工程有限责任公司	6	5	3	3	6	538317
6	中国交通建设股份有限公司	3	4	5	6	7	494599
7	中国化学工程股份有限公司*	—	—	—	—	8	422402
8	中国路桥工程有限责任公司	5	7	7	7	9	382241
9	中国石油工程建设有限公司	19	12	15	12	10	223462
10	中国葛洲坝集团股份有限公司	9	8	9	8	11	210334
11	中国土木工程集团有限公司	14	11	11	10	12	205723
12	上海电气集团股份有限公司	70	41	—	—	13	174441
13	中国冶金科工集团有限公司*	40	9	10	48	14	169410
14	中国中原对外工程有限公司	34	32	19	17	15	163540
15	中国机械设备工程股份有限公司	17	14	8	9	16	156117
16	中国电建集团核电工程有限公司	35	—	92	52	17	141999
17	山东电力建设第三工程有限公司	20	19	17	13	18	140548

序号	上榜公司	对外承包业务完成营业额前100家位次					2020年完成营业额（万美元）
		2016	2017	2018	2019	2020	
18	上海振华重工（集团）股份有限公司	11	10	16	11	19	139046
19	中信建设有限责任公司	12	13	13	16	20	124205
20	中国建筑第八工程局有限公司	—	—	—	91	21	121977
21	中国建筑第三工程局有限公司	—	—	—	—	22	114879
22	中国石化集团国际石油工程有限公司	—	—	—	45	23	106931
23	中国石油管道局工程有限公司	—	20	37	20	24	103190
24	中国江西国际经济技术合作有限公司	29	36	33	23	25	102364
25	中国电力技术装备有限公司	36	22	55	61	26	101503
26	江西中煤建设集团有限公司	39	40	34	24	27	98985
27	中交一公局集团有限公司	—	—	—	41	29	94126
28	哈尔滨电气国际工程有限责任公司	16	17	24	37	30	92110
29	中国水利水电第八工程局有限公司	24	26	23	21	31	88672
30	中交第四航务工程局有限公司	—	25	18	19	32	87115
31	浙江省建设投资集团有限公司	33	30	29	25	33	85216
32	北方国际合作股份有限公司	38	42	47	49	34	80385
33	中海油田服务股份有限公司	96	—	—	29	35	78274
34	中国水利电力对外有限公司	25	33	22	39	36	77283
35	中国石油集团东方地球物理勘探有限责任公司	42	39	39	30	38	74278
36	青建集团股份公司	15	16	14	14	39	68532
37	上海电力建设有限责任公司	—	68	45	28	40	68454
38	上海建工集团股份有限公司	52	52	48	44	41	67367
39	中交疏浚（集团）股份有限公司	—	—	—	—	42	67000
40	中交第二公路工程局有限公司	—	66	42	35	43	67000
41	中国水利水电第十一工程局有限公司	—	—	—	77	44	62462
42	中国石油集团长城钻探工程有限公司	21	29	26	22	45	60854
43	中国地质工程集团有限公司	51	58	40	40	46	58148
44	中国电建集团华东勘测设计研究院有限公司	—	57	70	36	47	57915

序号	上榜公司	对外承包业务完成营业额前100家位次					2020年完成营业额（万美元）
		2016	2017	2018	2019	2020	
45	中石化炼化工程（集团）股份有限公司	8	38	41	82	48	57281
46	山东省路桥集团有限公司	—	—	—	—	49	56900
47	中国技术进出口集团有限公司	—	—	—	88	50	54546
48	中石化中原石油工程有限公司	—	—	—	60	51	52456
49	中国山东对外经济技术合作集团有限公司	64	—	—	—	52	52376
50	云南省建设投资控股集团有限公司	82	70	63	54	53	51676
51	中交第三航务工程局有限公司	—	37	49	34	54	51553
52	中国电建市政建设集团有限公司	—	35	43	42	55	50746
53	江苏南通三建集团股份有限公司	66	73	75	67	56	50725
54	中国机械进出口（集团）有限公司	76	53	20	38	57	50654
55	威海国际经济技术合作有限公司	31	31	31	27	58	50086
56	北京城建集团有限责任公司*	—	92	—	56	59	50080
57	中国能源建设集团天津电力建设有限公司	94	98	82	89	60	48894
58	中国中材国际工程股份有限公司	41	44	—	—	61	48021
59	中国华电科工集团有限公司	—	—	—	—	62	47909
60	中国水利水电第三工程局有限公司	—	—	74	75	63	47381
61	江苏省建筑工程集团有限公司	55	77	64	46	64	45890
62	中工国际工程股份有限公司	23	18	21	43	65	45535
63	烟建集团有限公司	68	76	78	—	66	45000
64	中国河南国际合作集团有限公司	71	85	56	55	67	44479
65	特变电工股份有限公司*	26	82	73	—	68	44264
66	海洋石油工程股份有限公司	73	—	—	—	69	43627
67	中国能源建设集团广东火电工程有限公司	—	50	72	96	70	43393
68	中交第四公路工程局有限公司	—	—	—	—	71	42985
69	东方电气集团国际合作有限公司	99	—	25	69	72	42787
70	中交第一航务工程局有限公司	—	72	52	68	73	42472

序号	上榜公司	对外承包业务完成营业额前100家位次					2020年完成营业额（万美元）
		2016	2017	2018	2019	2020	
71	中材建设有限公司	84	81	67	64	74	42393
72	新疆生产建设兵团建设工程（集团）有限责任公司	49	63	65	—	75	41422
73	安徽省华安外经建设（集团）有限公司	—	80	—	—	76	41418
74	中国江苏国际经济技术合作集团有限公司	85	—	—	83	78	40577
75	中国水利水电第五工程局有限公司	83	91	—	—	79	39712
76	中交第二航务工程局有限公司	—	24	30	33	80	39397
77	江西省水利水电建设有限公司	—	—	97	100	81	38440
78	中鼎国际工程有限责任公司	44	86	86	95	82	36531
79	中国武夷实业股份有限公司	90	—	—	—	83	35458
80	上海鼎信投资（集团）有限公司	—	—	—	72	84	35252
81	中国水利水电第七工程局有限公司	59	67	61	65	85	34639
82	中国电建集团山东电力建设有限公司	—	—	60	63	87	33630
83	中国水利水电第十工程局有限公司	56	64	58	58	88	33246
84	中地海外集团有限公司	37	47	54	78	89	33168
85	中国石油集团渤海钻探工程有限公司	57	54	94	66	90	33069
86	上海隧道工程股份有限公司	87	—	—	—	91	32132
87	中国重型机械有限公司	—	83	—	84	92	31714
88	中交路桥建设有限公司	—	—	—	—	93	30990
89	中国寰球工程有限公司	60	—	91	—	94	30975
90	中钢设备有限公司	58	—	53	—	96	29668
91	中国电力工程有限公司	47	74	—	—	97	29231
92	北京建工国际建设工程有限责任公司	—	—	99	—	98	28889
93	中国建筑第五工程局有限公司	46	49	50	53	99	28376
94	中国电建集团中南勘测设计研究院有限公司	86	—	88	85	100	27780

注：加*标注的企业2020年数据为该公司及下属企业的合并数据，位次中"—"表示相应年份未进入前100家榜单。

进入2020年对外承包业务新签合同额前100家的土木工程建设企业

序号	上榜公司	对外承包业务新签合同额前100家名次				2020年本年新签合同额（万美元）
		2016	2017	2018	2020	
1	中国水电建设集团国际工程有限公司	3	2	2	1	2857638
2	中国建筑集团有限公司	1	1	1	2	2550641
3	中国铁建股份有限公司*	13	11	8	3	2510514
4	中国港湾工程有限责任公司	6	5	6	4	1544384
5	中国土木工程集团有限公司	9	8	7	5	1503957
6	中国中铁股份有限公司*	33	—	—	7	1184299
7	中国葛洲坝集团股份有限公司	5	6	4	8	1180267
8	中国化学工程股份有限公司*	—	—	—	9	496012
9	中国冶金科工集团有限公司*	4	9	5	10	477277
10	中国交通建设股份有限公司	7	4	9	11	450396
11	中国路桥工程有限责任公司	8	7	12	12	389775
12	北京城建集团有限责任公司*	78	—	—	13	261235
13	中铁国际集团有限公司*	19	12	10	14	243546
14	中交一公局集团有限公司	—	24	23	15	234755
15	中国建筑第三工程局有限公司	—	—	30	16	196176
16	山东电力建设第三工程有限公司	12	33	24	17	193354
17	上海振华重工（集团）股份有限公司	36	22	15	18	173996
18	中国机械进出口（集团）有限公司	29	20	—	19	170420
19	中工国际工程股份有限公司	25	16	22	20	166469
20	上海电气集团股份有限公司	15	21	13	21	165351
21	中国江西国际经济技术合作有限公司	32	28	28	22	160379
22	东方电气集团国际合作有限公司	—	77	39	23	160071
23	中国石油集团长城钻探工程有限公司	20	18	32	25	154426
24	北方国际合作股份有限公司	31	58	43	26	143909
25	中国石化集团国际石油工程有限公司	23	46	27	27	139466

序号	上榜公司	对外承包业务新签合同额前100家名次				2020年本年新签合同额（万美元）
		2016	2017	2018	2020	
26	中国能源建设集团广东省电力设计研究院有限公司	64	54	44	28	139272
27	中国石油工程建设有限公司	22	10	37	29	137277
28	海洋石油工程股份有限公司	—	—	42	30	135183
29	中国电力技术装备有限公司	27	15	72	31	122967
30	中国石油集团东方地球物理勘探有限责任公司	75	—	67	33	122340
31	特变电工股份有限公司*	—	—	14	35	114895
32	浙江省建设投资集团有限公司	53	68	46	36	109302
33	中国石油管道局工程有限公司	—	14	20	37	107119
34	中国电建集团山东电力建设有限公司	—	—	41	38	100000
35	中国能源建设集团广东火电工程有限公司	37	25	—	39	94653
36	中国能源建设集团天津电力建设有限公司	72	—	65	40	93699
37	中国机械设备工程股份有限公司	11	13	26	41	93208
38	中信建设有限责任公司	28	35	16	43	89232
39	中国电力工程顾问集团东北电力设计院有限公司	—	—	—	44	85676
40	中国地质工程集团有限公司	63	63	54	45	85390
41	中电投电力工程有限公司	—	—	—	46	85269
42	中海油田服务股份有限公司	—	—	—	47	83000
43	中国技术进出口集团有限公司	—	—	—	48	82118
44	中交第三航务工程局有限公司	—	—	—	49	79112
45	江西中煤建设集团有限公司	65	44	68	50	77935
46	上海电力建设有限责任公司	85	83	49	51	73873
47	中国电建集团湖北工程有限公司	—	—	—	53	69693
48	中地海外集团有限公司	39	36	51	54	67343
49	中石化中原石油工程有限公司	100	98	—	55	66080
50	中国水利电力对外有限公司	24	49	—	56	65401
51	青建集团股份公司	87	27	19	57	64087
52	武汉烽火国际技术有限责任公司	—	70	—	58	62693

序号	上榜公司	对外承包业务新签合同额前100家名次				2020年本年新签合同额（万美元）
		2016	2017	2018	2020	
53	中国电建集团中南勘测设计研究院有限公司	70	90	—	59	62629
54	华山国际工程有限公司	46	50	—	60	61874
55	陕西建工集团股份有限公司	—	—	—	61	61305
56	中国河南国际合作集团有限公司	45	53	64	62	57683
57	中国电建集团华东勘测设计研究院有限公司	59	65	45	63	54799
58	江西省建工集团有限责任公司	—	—	—	64	53999
59	中国建筑第五工程局有限公司	—	—	—	65	53076
60	中国能源建设集团山西省电力勘测设计院有限公司	—	—	—	66	50571
61	威海国际经济技术合作有限公司	49	43	38	67	50021
62	中国武夷实业股份有限公司	95	87	83	68	49349
63	中国能源建设集团湖南省电力设计院有限公司	—	—	—	69	47271
64	中石化南京工程有限公司	—	—	—	70	46872
65	中国寰球工程有限公司	10	39	—	71	45764
66	云南省建设投资控股集团有限公司	—	81	52	72	45431
67	中国电建集团山东电力建设第一工程有限公司	—	—	—	73	44225
68	中国能源建设集团江苏省电力设计院有限公司	—	—	—	75	42902
69	中国石油集团川庆钻探工程有限公司	—	—	70	76	42361
70	江苏省建筑工程集团有限公司	—	92	34	77	42272
71	烟建集团有限公司	89	—	85	78	42013
72	中国华西企业有限公司	—	—	—	80	40046
73	龙信建设集团有限公司	—	—	61	81	37046
74	上海建工集团股份有限公司	94	95	75	82	34236
75	江苏恒远国际工程有限公司	—	—	—	84	33000
76	中国电建市政建设集团有限公司	—	99	—	86	32629
77	中国石油集团渤海钻探工程有限公司	55	30	25	87	31735
78	中国甘肃国际经济技术合作有限公司	96	—	—	88	31688
79	中材建设有限公司	—	51	48	89	31648
80	威海建设集团股份有限公司	—	—	—	90	31150

序号	上榜公司	对外承包业务新签合同额前100家名次				2020年本年新签合同额（万美元）
		2016	2017	2018	2020	
81	中国核工业第五建设有限公司	—	—	—	91	30591
82	山西建设投资集团有限公司	—	—	—	93	28737
83	中建八局第一建设有限公司	—	—	—	94	27994
84	中国石油集团西部钻探工程有限公司	—	—	97	95	27377
85	中启胶建集团有限公司	—	—	—	96	26332
86	中交第四航务工程局有限公司	—	—	—	97	25035
87	中国江苏国际经济技术合作集团有限公司	81	97	59	98	24013
88	重庆对外建设（集团）有限公司	—	—	—	99	23944
89	中鼎国际工程有限责任公司	—	—	—	100	23921

注：加*标注的企业数据为该公司及下属企业的合并数据；"—"表示相应年度未入选。

中国土木工程学会2020年发布的团体标准

附表4-1

标准名称	标准编号	发文日期	实施日期
《中空内模金属网水泥隔墙应用技术规程》	T/CCES 6—2020	2020年6月4日	2020年7月1日
《中空夹层钢管混凝土结构技术规程》	T/CCES 7—2020	2020年6月5日	2020年7月1日
《钢筋桁架混凝土复合保温系统应用技术规程》	T/CCES 8—2020	2020年6月29日	2020年8月1日
《有轨电车工程技术导则》	T/CCES 9—2020	2020年7月7日	2020年10月1日
《建筑外墙空调器室外机平台技术规程》	T/CCES 10—2020	2020年7月29日	2020年12月1日
《建筑工程信息交换实施标准》	T/CCES 11—2020	2020年8月14日	2020年12月1日
《混凝土结构用有机硅渗透型防护剂应用技术规程》	T/CCES 12—2020	2020年8月19日	2020年12月1日
《碳纤维电热供暖系统应用技术规程》	T/CCES 13—2020	2020年11月16日	2021年2月1日
《装配式建筑部品部件分类和编码标准》	T/CCES 14—2020	2020年11月16日	2021年2月1日
《桥梁健康监测传感器选型与布设技术规程》	T/CCES 15—2020	2020年11月16日	2021年2月1日
《结构健康监测海量数据处理标准》	T/CCES 16—2020	2020年12月4日	2021年3月1日
《基础设施无线传感网络监测技术规程》	T/CCES 17—2020	2020年12月10日	2021年3月1日
《预应力混凝土双T板》	T/CCES 6001—2020	2020年12月23日	2021年3月1日

中国建筑业协会2020年发布的团体标准

附表4-2

标准名称	标准编号	发文日期	实施日期
《建筑劳务管理标准》	T/CCIAT 0015—2020	2020年1月10日	2020年3月10日
《600MPa热轧带肋高强钢筋应用技术规程》	T/CCIAT 0016—2020	2020年3月5日	2020年5月5日
《智能家居工程技术规程》	T/CCIAT 0017—2020	2020年3月5日	2020年5月5日
《工程项目工序质量控制标准》	T/CCIAT 0018—2020	2020年3月20日	2020年5月20日
《工业化建筑构件编码标准》	T/CCIAT 0019—2020	2020年3月25日	2020年5月25日
《冶金工程C型封闭料场设备安装与验收规程》	T/CCIAT 0020—2020	2020年4月30日	2020年6月30日
《智慧工地全景成像测量标准》	T/CCIAT 0021—2020	2020年5月10日	2020年7月10日
《建筑信息模型（BIM）智能化产品分类和编码标准》	T/CCIAT 0022—2020	2020年5月25日	2020年7月25日
《装配式混凝土建筑建造过程资源消耗效益评价标准》	T/CCIAT 0023—2020	2020年10月15日	2020年12月15日
《全过程工程咨询服务管理标准》	T/CCIAT 0024—2020	2020年10月15日	2020年12月15日
《基于BIM的绿色施工监控信息化管理规程》	T/CCIAT 0025—2020	2020年10月30日	2020年12月30日
《建筑起重机械安全评估规程》	T/CCIAT 0026—2020	2020年11月30日	2021年1月30日
《轨道交通地下防水工程细部构造技术规程》	T/CCIAT 0027—2020	2020年12月10日	2021年2月10日
《海绵城市种植屋面技术规程》	T/CCIAT 0029—2020	2020年12月30日	2021年3月1日
《水工隧洞TBM施工技术规程》	T/CCIAT 0030—2020	2020年12月30日	2021年3月1日
《预制混凝土构件生产与安装尺寸控制标准》	T/CCIAT 0031—2020	2020年12月30日	2021年3月1日

中国工程建设标准化协会2020年发布的团体标准

附表4-3

标准名称	标准编号	发文日期	实施日期
《餐厨废弃物智能处理设备》	T/CECS 10081—2020	2020年1月8日	2020年6月1日
《餐厨废弃物智能处理设备应用技术规程》	T/CECS 656—2020	2020年1月8日	2020年6月1日
《公路桥梁锚下有效预应力检测技术规程》	T/CECS G: J51—01—2020	2020年1月8日	2020年6月1日

标准名称	标准编号	发文日期	实施日期
《自动驾驶汽车试验道路技术标准》	T/CECS G: V21—01—2020	2020年1月8日	2020年6月1日
《预制节段拼装用环氧胶粘剂》	T/CECS 10080—2020	2020年1月8日	2020年3月1日
《喷扩锥台压灌桩技术标准》	T/CECS 657—2020	2020年1月14日	2020年6月1日
《工业化木结构构件质量控制标准》	T/CECS 658—2020	2020年1月14日	2020年6月1日
《标准化木结构节点技术规程》	T/CECS 659—2020	2020年1月14日	2020年6月1日
《插接式连接管道工程技术规程》	T/CECS 660—2020	2020年1月14日	2020年6月1日
《混凝土用钙镁复合膨胀剂》	T/CECS 10082—2020	2020年1月14日	2020年6月1日
《新型冠状病毒肺炎传染病应急医疗设施设计标准》	T/CECS 661—2020	2020年2月6日	2020年2月6日
《医学生物安全二级实验室建筑技术标准》	T/CECS 662—2020	2020年2月19日	2020年2月19日
《钢管混凝土加劲混合结构技术规程》	T/CECS 663—2020	2020年2月26日	2020年8月1日
《膜结构工程施工质量验收规程》	T/CECS 664—2020	2020年3月11日	2020年9月1日
《增强竖丝岩棉复合板应用技术规程》	T/CECS 665—2020	2020年3月11日	2020年9月1日
《区域供冷供热系统技术规程》	T/CECS 666—2020	2020年3月11日	2020年9月1日
《钢结构水性防腐蚀涂料应用技术规程》	T/CECS 667—2020	2020年3月11日	2020年9月1日
《聚氯乙烯防护排（蓄）水板应用技术规程》	T/CECS 668—2020	2020年3月11日	2020年9月1日
《增强竖丝岩棉复合板》	T/CECS 10083—2020	2020年3月12日	2020年9月1日
《水性喷涂持粘高分子防水涂料》	T/CECS 10084—2020	2020年3月12日	2020年9月1日
《水泥基透水混凝土用胶接剂》	T/CECS 10085—2020	2020年3月12日	2020年9月1日
《混凝土及砂浆用石墨尾矿砂》	T/CECS 10086—2020	2020年3月12日	2020年9月1日
《医院建筑噪声与振动控制设计标准》	T/CECS 669—2020	2020年3月18日	2020年9月1日
《铁路隧道内紧急救援站压缩空气泡沫灭火系统配置标准》	T/CECS 670—2020	2020年3月18日	2020年9月1日
《超高层建筑施工安全风险评估与控制标准》	T/CECS 671—2020	2020年3月18日	2020年9月1日
《浮筑楼板隔声保温系统应用技术规程》	T/CECS 672—2020	2020年3月19日	2020年9月1日
《成型格网箍筋应用技术规程》	T/CECS 673—2020	2020年3月19日	2020年9月1日
《节约型公共机构评价标准》	T/CECS 674—2020	2020年3月19日	2020年9月1日
《喷筑石膏复合墙体应用技术规程》	T/CECS 675—2020	2020年3月28日	2020年9月1日
《健康社区评价标准》	T/CS 650—2020	2020年3月21日	2020年9月1日

标准名称	标准编号	发文日期	实施日期
《后置结构保温一体化建筑外墙系统应用技术规程》	T/CECS 676—2020	2020年3月28日	2020年9月1日
《近零能耗居住建筑质量控制标准》	T/CECS 677—2020	2020年3月28日	2020年9月1日
《聚乙烯丙纶卷材复合防水工程技术规程》	T/CECS 199—2020	2020年3月28日	2020年9月1日
《公路无伸缩缝桥梁技术规程》	T/CECS G: D60—01—2020	2020年3月31日	2020年8月1日
《摆锤敲入法检测蒸压加气混凝土砌块与砂浆抗压强度技术规程》	T/CECS 678—2020	2020年4月7日	2020年10月1日
《聚脲涂料应用技术规程》	T/CECS 679—2020	2020年4月7日	2020年10月1日
《间接空冷塔测试规程》	T/CECS 680—2020	2020年4月12日	2020年10月1日
《间接空冷塔空冷散热器传热元件试验规程》	T/CECS 681—2020	2020年4月12日	2020年10月1日
《玻璃防火分隔系统技术规程》	T/CECS 682—2020	2020年4月12日	2020年10月1日
《公路大空隙沥青碎石基层技术规程》	T/CECS G: D31—02—2020	2020年4月16日	2020年9月1日
《装配式混凝土结构套筒灌浆质量检测技术规程》	T/CECS 683—2020	2020年4月16日	2020年10月1日
《民用建筑太阳能冷热电联供工程技术规程》	T/CECS 684—2020	2020年4月16日	2020年10月1日
《房屋结构安全动态监测技术规程》	T/CECS 685—2020	2020年4月16日	2020年10月1日
《给水排水工程构筑物结构维护规程》	T/CECS 686—2020	2020年4月16日	2020年10月1日
《道路路面抗滑低噪超表处技术规程》	T/CECS G: M52—01—2020	2020年4月16日	2020年9月1日
《公路波形钢腹板组合桥梁技术规程》	T/CECS G: D60—30—2020	2020年4月16日	2020年9月1日
《高速公路桥梁伸缩装置维修与更换技术规程》	T/CECS G: N69—01—2020	2020年4月16日	2020年9月1日
《混合硅酸盐水泥》	T/CECS 10087—2020	2020年4月25日	2020年9月1日
《波形梁合金钢护栏》	T/CECS 10088—2020	2020年4月25日	2020年9月1日
《太阳能长余辉发光诱导标识》	T/CECS 10089—2020	2020年4月25日	2020年9月1日
《钢管滚压成型灌浆套筒钢筋连接技术规程》	T/CECS 687—2020	2020年4月25日	2020年10月1日
《雷电预警系统技术规程》	T/CECS 688—2020	2020年4月25日	2020年10月1日
《固废基胶凝材料应用技术规程》	T/CECS 689—2020	2020年4月25日	2020年10月1日
《公路可变情报板信息发布联网技术标准》	T/CECS G: Q75—01—2020	2020年5月6日	2020年10月1日
《公路视频云联网技术与管理规程》	T/CECS G: Q75—02—2020	2020年5月6日	2020年10月1日
《高层住宅特殊单立管排水系统卫生安全技术规程》	T/CECS 690—2020	2020年5月8日	2020年11月1日

标准名称	标准编号	发文日期	实施日期
《建筑外窗工程现场节能性能测评标准》	T/CECS 691—2020	2020年5月8日	2020年11月1日
《复合材料拉挤型材结构技术规程》	T/CECS 692—2020	2020年5月8日	2020年11月1日
《居住区智能化改造技术规程》	T/CECS 693—2020	2020年5月11日	2020年11月1日
《珊瑚骨料混凝土应用技术规程》	T/CECS 694—2020	2020年5月11日	2020年11月1日
《玻璃纤维缠绕钢塑复合管管道技术规程》	T/CECS 695—2020	2020年5月11日	2020年11月1日
《混凝土空心砌块装配式砌体墙应用技术规程》	T/CECS 696—2020	2020年5月11日	2020年11月1日
《清洁供暖评价标准》	T/CECS 697—2020	2020年5月15日	2020年11月1日
《室内PM2.5检测设备性能检验标准》	T/CECS 698—2020	2020年5月15日	2020年11月1日
《建筑施工扣件式钢管脚手架安全技术标准》	T/CECS 699—2020	2020年5月15日	2020年11月1日
《城镇排水管渠污泥处理技术规程》	T/CECS 700—2020	2020年5月18日	2020年11月1日
《城市道路工程设计建筑信息模型应用规程》	T/CECS 701—2020	2020年5月21日	2020年11月1日
《混凝土用珊瑚骨料》	T/CECS 10090—2020	2020年5月21日	2020年11月1日
《尾矿充填固化剂》	T/CECS 10091—2020	2020年5月21日	2020年11月1日
《公路桥梁管理系统技术规程》	T/CECS G: Q71—2020	2020年5月21日	2020年10月1日
《道路用布敦沥青岩应用技术规程》	T/CECS G: D54—02—2020	2020年5月21日	2020年10月1日
《公路路面水泥混凝土配合比设计技术规程》	T/CECS G: D41—01—2020	2020年5月21日	2020年10月1日
《混凝土用珊瑚骨料》	T/CECS 10090—2020	2020年5月21日	2020年11月1日
《城市轨道交通附属广告设施结构技术规程》	T/CECS 702—2020	2020年5月29日	2020年11月1日
《单管塔钢桩基础技术规程》	T/CECS 703—2020	2020年5月29日	2020年11月1日
《建筑整体气密性检测及性能评价标准》	T/CECS 704—2020	2020年5月29日	2020年11月1日
《直流照明系统技术规程》	T/CECS 705—2020	2020年5月29日	2020年11月1日
《再生集料楼板隔声保温系统应用技术规程》	T/CECS 706—2020	2020年6月6日	2020年12月1日
《建设工程档案信息数据采集标准》	T/CECS 707—2020	2020年6月6日	2020年12月1日
《角部连接装配式轻体板房屋技术标准》	T/CECS 708—2020	2020年6月6日	2020年12月1日
《角部连接装配式轻体板房屋用墙板和楼板》	T/CECS 10092—2020	2020年6月6日	2020年11月1日
《建筑光伏组件》	T/CECS 10093—2020	2020年6月9日	2020年12月1日
《户用光伏发电系统》	T/CECS 10094—2020	2020年6月9日	2020年12月1日
《波纹钢板组合框架结构技术规程》	T/CECS 709—2020	2020年6月9日	2020年12月1日
《健康小镇评价标准》	T/CECS 710—2020	2020年6月16日	2020年12月1日
《智慧医院评价标准》	T/CECS 711—2020	2020年6月16日	2020年12月1日

标准名称	标准编号	发文日期	实施日期
《仿古建筑消防安全工程技术规程》	T/CECS 712—2020	2020年6月16日	2020年12月1日
《公共机构超低能耗建筑技术标准》	T/CECS 713—2020	2020年6月22日	2020年12月1日
《古建筑木结构检测技术标准》	T/CECS 714—2020	2020年6月22日	2020年12月1日
《超声回弹综合法检测混凝土抗压强度技术规程》	T/CECS 02—2020	2020年6月22日	2020年12月1日
《公路温拌橡胶沥青混合料施工技术规程》	T/CECS G: K44—01—2020	2020年6月22日	2020年11月1日
《公路桥面聚醚型聚氨酯混凝土铺装技术规程》	T/CECS G: K58—01—2020	2020年6月22日	2020年11月1日
《公路SBS与废胎胶粉复合改性沥青面层施工规程》	T/CECS G: K44—02—2020	2020年6月22日	2020年11月1日
《钢筋桁架混凝土叠合板应用技术规程》	T/CECS 715—2020	2020年6月28日	2020年12月1日
《矩形顶管工程技术规程》	T/CECS 716—2020	2020年6月28日	2020年12月1日
《城镇排水管道非开挖修复工程施工及验收规程》	T/CECS 717—2020	2020年6月28日	2020年12月1日
《柴油机消防泵组技术规程》	T/CECS 718—2020	2020年6月28日	2020年12月1日
《建筑给水钢塑复合管管道工程技术规程》	T/CECS 125—2020	2020年6月28日	2020年12月1日
《部分包覆钢-混凝土组合结构技术规程》	T/CECS 719—2020	2020年7月2日	2021年1月1日
《钢板桩支护技术规程》	T/CECS 720—2020	2020年7月2日	2021年1月1日
《排水管道检查井悬挂式防坠落格板应用技术规程》	T/CECS 721—2020	2020年7月2日	2021年1月1日
《钢管桁架预应力混凝土叠合板技术规程》	T/CECS 722—2020	2020年7月2日	2020年9月1日
《户式辐射系统用新风除湿机》	T/CECS 10095—2020	2020年7月6日	2021年1月1日
《装配式预涂无机饰面板》	T/CECS 10096—2020	2020年7月6日	2021年1月1日
《大直径缓粘结预应力钢绞线》	T/CECS1 0097—2020	2020年7月6日	2021年1月1日
《绿色公路建设技术标准》	T/CECS G: C10—01—2020	2020年7月20日	2020年12月1日
《公路工程水土保持技术标准》	T/CECS G: C31—2020	2020年7月20日	2020年12月1日
《绿色城市轨道交通建筑评价标准》	T/CECS 724—2020	2020年7月20日	2021年1月1日
《绿色建筑检测技术标准》	T/CECS 725—2020	2020年7月20日	2021年1月1日
《取样法检测钢筋连接用套筒灌浆料抗压强度技术规程》	T/CECS 726—2020	2020年7月20日	2021年1月1日
《绿色超高层建筑评价标准》	T/CECS 727—2020	2020年7月20日	2021年1月1日
《装配式城市桥梁工程技术规程》	T/CECS 728—2020	2020年7月20日	2021年1月1日

标准名称	标准编号	发文日期	实施日期
《钢筋锚固用灌浆波纹钢管》	T/CECS 10098—2020	2020年7月20日	2021年1月1日
《太阳墙吸热板》	T/CECS 10099—2020	2020年7月20日	2021年1月1日
《用于水泥和混凝土中的铜尾矿粉》	T/CECS 10100—2020	2020年7月20日	2021年1月1日
《城镇地下式污水处理厂技术规程》	T/CECS 729—2020	2020年7月28日	2021年1月1日
《地埋管地源热泵岩土热响应试验技术规程》	T/CECS 730—2020	2020年7月28日	2021年1月1日
《装配式支吊架系统应用技术规程》	T/CECS 731—2020	2020年7月28日	2021年1月1日
《民用建筑多参数室内环境监测仪器》	T/CECS 10101—2020	2020年7月28日	2021年1月1日
《建设工程监理工作评价标准》	T/CECS 723—2020	2020年7月10日	2021年1月1日
《机电一体化装配式空调冷冻站》	T/CECS 10102—2020	2020年7月31日	2021年1月1日
《用于水泥和混凝土中的铅锌、铁尾矿微粉》	T/CECS 10103—2020	2020年7月31日	2021年1月1日
《铅锌、铁尾矿微粉在混凝土中应用技术规程》	T/CECS 732—2020	2020年7月31日	2021年1月1日
《阻燃座椅应用技术规程》	T/CECS 733—2020	2020年7月31日	2021年1月1日
《建筑设备试运营管理标准》	T/CECS 734—2020	2020年7月31日	2021年1月1日
《城市供水系统效能评估技术指南》	T/CECS 20001—2020	2020年8月3日	2021年1月1日
《城市供水信息系统基础信息加工处理技术指南》	T/CECS 20002—2020	2020年8月3日	2021年1月1日
《城市供水系统监管平台结构设计及运行维护技术指南》	T/CECS 20003—2020	2020年8月3日	2021年1月1日
《城市供水监管中大数据应用技术指南》	T/CECS 20004—2020	2020年8月3日	2021年1月1日
《稀土高铁铝合金电力电缆工程技术规程》	T/CECS 735—2020	2020年8月8日	2021年1月1日
《民用建筑防爆设计标准》	T/CECS 736—2020	2020年8月8日	2021年1月1日
《道路固化土应用技术规程》	T/CECS 737—2020	2020年8月8日	2021年1月1日
《静钻根植桩技术规程》	T/CECS 738—2020	2020年8月8日	2021年1月1日
《超低能耗农宅技术规程》	T/CECS 739—2020	2020年8月8日	2021年1月1日
《近零能耗建筑检测评价标准》	T/CECS 740—2020	2020年8月10日	2021年1月1日
《严寒和寒冷地区农村居住建筑节能改造技术规程》	T/CECS 741—2020	2020年8月10日	2021年1月1日
《装配式混凝土结构超低能耗居住建筑技术规程》	T/CECS 742—2020	2020年8月10日	2021年1月1日
《建筑材料及制品液态水吸水性能部分浸入法试验方法标准》	T/CECS 743—2020	2020年8月10日	2021年1月1日

标准名称	标准编号	发文日期	实施日期
《道路工程高性能水泥及混凝土技术规程》	T/CECS G: D41—02—2020	2020年8月10日	2021年1月1日
《超高层建筑施工装备集成平台技术规程》	T/CECS 744—2020	2020年8月10日	2021年1月1日
《装配式幕墙工程技术规程》	T/CECS 745—2020	2020年8月19日	2021年1月1日
《混凝土耐久性修复与防护用隔离型涂层技术规程》	T/CECS 746—2020	2020年8月19日	2021年1月1日
《载客汽车灭火系统应用技术规程》	T/CECS 747—2020	2020年8月19日	2021年1月1日
《压缩空气泡沫灭火系统技术规程》	T/CECS 748—2020	2020年8月19日	2021年1月1日
《混凝土生态砌块挡墙施工与质量验收标准》	T/CECS 749—2020	2020年8月25日	2021年1月1日
《建筑反射隔热涂料应用技术规程》	T/CECS 750—2020	2020年8月25日	2021年1月1日
《建筑外墙外保温装饰一体板》	T/CECS 10104—2020	2020年8月25日	2021年1月1日
《商用燃气全预混冷凝热水炉》	T/CECS 10105—2020	2020年8月25日	2021年1月1日
《建筑反射隔热材料自然老化试验方法反射隔热性能》	T/CECS 10106—2020	2020年8月31日	2021年1月1日
《二次供水水质安全技术规程》	T/CECS 751—2020	2020年8月31日	2021年1月1日
《健康医院建筑评价标准》	T/CECS 752—2020	2020年8月31日	2021年1月1日
《高寒高海拔地区公路工程建设项目造价补充标准》	T/CECS G: T35—2020	2020年9月8日	2021年2月1日
《公路跨海桥梁工程预算定额》	T/CECS G: G22—61—2020	2020年9月8日	2021年2月1日
《防裂抗渗复合材料在混凝土中应用技术规程》	T/CECS 474—2020	2020年9月28日	2021年2月1日
《既有工业建筑民用化绿色改造技术规程》	T/CECS 753—2020	2020年9月28日	2021年2月1日
《机动车火灾原因鉴定技术规程》	T/CECS 754—2020	2020年9月28日	2021年2月1日
《烟草生产建筑设计防火规程》	T/CECS 755—2020	2020年9月28日	2021年2月1日
《建筑铝合金结构防火技术规程》	T/CECS 756—2020	2020年9月28日	2021年2月1日
《智能电脉冲抗渗防霉系统技术规程》	T/CECS 757—2020	2020年9月28日	2021年2月1日
《弹性瓷砖胶应用技术规程》	T/CECS 759—2020	2020年9月28日	2021年2月1日
《L型构件装配式排气道系统应用技术规程》	T/CECS 760—2020	2020年9月28日	2021年2月1日
《超高性能混凝土（UHPC）技术要求》	T/CECS 10107—2020	2020年9月28日	2021年2月1日
《聚合物水泥防水装饰涂料》	T/CECS 10108—2020	2020年9月28日	2021年2月1日
《耐腐蚀预制混凝土桩》	T/CECS 10109—2020	2020年9月28日	2021年2月1日
《数据中心运行维护与管理标准》	T/CECS 761—2020	2020年9月30日	2021年2月1日

标准名称	标准编号	发文日期	实施日期
《钢结构防火涂料应用技术规程》	T/CECS 24—2020	2020年9月30日	2021年2月1日
《住宅建筑工程品质量化评估标准》	T/CECS 763—2020	2020年9月30日	2021年2月1日
《城镇排水管道混接调查及治理技术规程》	T/CECS 758—2020	2020年10月9日	2021年3月1日
《公共建筑机电系统调适技术导则》	T/CECS 764—2020	2020年10月9日	2021年3月1日
《结构健康监测系统施工及验收标准》	T/CECS 765—2020	2020年10月9日	2021年3月1日
《排污、排水用高性能硬聚氯乙烯管材》	T/CECS 10110—2020	2020年10月9日	2021年3月1日
《L型构件装配式排气道》	T/CECS 10111—2020	2020年10月9日	2021年3月1日
《混凝土结构耐久性室内模拟环境试验方法标准》	T/CECS 762—2020	2020年10月19日	2021年3月1日
《移动终端建筑设备管理系统技术规程》	T/CECS 766—2020	2020年10月19日	2021年3月1日
《建筑火灾应急避难系统技术规程》	T/CECS 767—2020	2020年10月19日	2021年3月1日
《地下水原位测试规程》	T/CECS 55—2020	2020年10月19日	2021年3月1日
《公寓建筑设计标准》	T/CECS 768—2020	2020年11月9日	2021年4月1日
《沥青路面装配式基层技术规程》	T/CECS 769—2020	2020年11月9日	2021年4月1日
《住宅厨卫排气道系统通风性能检测标准》	T/CECS 771—2020	2020年11月9日	2021年4月1日
《城市地下空间工程技术标准》	T/CECS 772—2020	2020年11月9日	2021年4月1日
《理化实验室工程技术规程》	T/CECS 770—2020	2020年11月9日	2021年4月1日
《公路工程混凝土抑制碱-集料反应技术规程》	T/CECS G: D69—01—2020	2020年11月11日	2021年4月1日
《城际道路设计标准》	T/CECS G: C10—02—2020	2020年11月11日	2021年4月1日
《公路耐候钢混凝土组合桥梁技术规程》	T/CECS G: D60—31—2020	2020年11月11日	2021年4月1日
《公路桥梁支座检测技术规程》	T/CECS G: J57—2020	2020年11月11日	2021年4月1日
《公路预应力混凝土空腹式连续刚构桥设计标准》	T/CECS G: D61—01—2020	2020年11月11日	2021年4月1日
《预应力纤维增强复合材料用锚具和夹具》	T/CECS10112—2020	2020年11月11日	2021年4月1日
《高强轻骨料》	T/CECS10113—2020	2020年11月11日	2021年4月1日
《建筑反射隔热饰面层隔热性能现场检测规程》	T/CECS 773—2020	2020年11月25日	2021年4月1日
《绿色智慧产业园区评价标准》	T/CECS 774—2020	2020年11月25日	2021年4月1日

标准名称	标准编号	发文日期	实施日期
《双旋灌注桩技术规程》	T/CECS 775—2020	2020年11月25日	2021年4月1日
《水泥土筒桩技术规程》	T/CECS 776—2020	2020年11月25日	2021年4月1日
《预制混凝土外墙防水工程技术规程》	T/CECS 777—2020	2020年11月25日	2021年4月1日
《公路养护决策技术规程》	T/CECS G: M10—01—2020	2020年12月10日	2021年5月1日
《公路隧道检测规程》	T/CECS G: J60—2020	2020年12月10日	2021年5月1日
《公路工程激光扫描测量技术规程》	T/CECS G: H11—01—2020	2020年12月10日	2021年5月1日
《公路海绵设施技术规程》	T/CECS G: C10—03—2020	2020年12月10日	2021年5月1日
《微表处技术规程》	T/CECS G: M53—02—2020	2020年12月10日	2021年5月1日
《长租公寓综合性能评价标准》	T/CECS 778—2020	2020年12月10日	2021年5月1日
《螺杆灌注桩技术规程》	T/CECS 780—2020	2020年12月10日	2021年5月1日
《短螺旋挤土灌注桩技术规程》	T/CECS 781—2020	2020年12月10日	2021年5月1日
《业主项目管理P—BIM软件功能与信息交换标准》	T/CECS 782—2020	2020年12月10日	2021年5月1日
《建筑物移位纠倾增层与改造技术标准》	T/CECS 225—2020	2020年12月10日	2021年5月1日
《建筑工程质量保险标准编写导则》	T/CECS 783—2020	2020年12月25日	2021年5月1日
《装配式建筑用门窗技术规程》	T/CECS 784—2020	2020年12月25日	2021年5月1日
《钢管混凝土桁式混合结构技术规程》	T/CECS 785—2020	2020年12月25日	2021年5月1日
《混凝土3D打印技术规程》	T/CECS 786—2020	2020年12月25日	2021年5月1日
《防火门漏烟测试技术规程》	T/CECS 787—2020	2020年12月25日	2021年5月1日
《城市轨道交通盾构隧道结构病害检测技术规程》	T/CECS 788—2020	2020年12月25日	2021年5月1日
《无缝保温芯材装饰一体化系统技术规程》	T/CECS 789—2020	2020年12月25日	2021年5月1日
《地面三维激光扫描工程应用技术规程》	T/CECS 790—2020	2020年12月25日	2021年5月1日
《埋地硬聚氯乙烯排水管道工程技术规程》	T/CECS 122—2020	2020年12月25日	2021年5月1日
《城镇给水气浮处理工程技术规程》	T/CECS 791—2020	2020年12月27日	2021年5月1日
《火场爆炸残留物提取及典型无机离子色谱法检验技术标准》	T/CECS 792—2020	2020年12月27日	2021年5月1日
《纵肋叠合混凝土剪力墙结构技术规程》	T/CECS 793—2020	2020年12月27日	2021年5月1日

中国建筑学会2020年发布的团体标准

附表4-4

标准名称	标准编号	发文日期	实施日期
《健康小镇评价标准》	T/ASC 12—2020	2020年7月1日	2020年10月1日
《超高层建筑用垂吊敷设电缆及吊具》	T/ASC 10—2020	2020年7月1日	2020年10月1日
《额定电压0.6/1kV及以下陶瓷化硅橡胶（矿物）绝缘耐火电缆》	T/ASC 11—2020	2020年7月1日	2020年10月1日
《建筑通风系统净化改造技术规程》	T/ASC 13—2020	2020年10月10日	2020年12月10日
《主动式建筑评价标准》	T/ASC 14—2020	2020年10月10日	2020年12月20日
《工业化建筑评价标准》	T/ASC 15—2020	2020年10月10日	2020年12月20日
《混凝土抗氯离子渗透性能的交流电测量方法》	T/ASC 16—2020	2020年10月11日	2020年12月20日

第十六届中国土木工程詹天佑奖获奖项目清单

附表4-5

序号	工程名称	获奖单位
1	深圳平安金融中心	中建一局集团建设发展有限公司、深圳平安金融中心建设发展有限公司、悉地国际设计顾问（深圳）有限公司、上海市建设工程监理咨询有限公司、中建钢构有限公司、中建三局第二建设工程有限责任公司、中建安装工程有限公司、深圳市勘察测绘院有限公司
2	上海自然博物馆（上海科技馆分馆）	上海建工集团股份有限公司、上海科技馆、同济大学建筑设计研究院（集团）有限公司、上海建工二建集团有限公司、上海市机械施工集团有限公司、上海市安装工程集团有限公司
3	杭州国际博览中心	中国建筑第八工程局有限公司、北京市建筑设计研究院有限公司、杭州市建筑设计研究院有限公司、浙江亚厦装饰股份有限公司、苏州金螳螂建筑装饰股份有限公司、中建安装工程有限公司、杭州市设备安装有限公司、浙江省工业设备安装集团有限公司、中建八局装饰工程有限公司
4	上海北外滩白玉兰广场	上海建工一建集团有限公司、华东建筑设计研究院有限公司、上海金港北外滩置业有限公司、上海市建设工程监理咨询有限公司、上海建工机械施工集团有限公司、上海一建筑装饰有限公司、豪尔赛科技集团股份有限公司
5	苏州现代传媒广场	中亿丰建设集团股份有限公司、中衡设计集团股份有限公司、苏州市广播电视总台、浙江东南网架股份有限公司
6	北京奥林匹克公园瞭望塔工程	北京建工集团有限责任公司、中国建筑设计研究院有限公司、北京世奥森林公园开发经营有限公司、北京市设备安装工程集团有限公司、江苏沪宁钢机股份有限公司

序号	工程名称	获奖单位
7	四川合江长江一桥（波司登大桥）	广西路桥工程集团有限公司、四川省交通运输厅公路规划勘察设计研究院、泸州东南高速公路发展有限公司、中铁二院（成都）咨询监理有限责任公司、广西大学
8	重庆东水门长江大桥、千厮门嘉陵江大桥	招商局重庆交通科研设计院有限公司、重庆市城市建设投资（集团）有限公司、林同棪国际工程咨询（中国）有限公司、中国船务社实业公司、中铁大桥局集团有限公司、中交第二航务工程局有限公司、重庆万桥交通科技发展有限公司
9	长沙西北上行联络线特大桥	中铁三局集团有限公司、中铁三局集团桥隧工程有限公司、沪昆铁路客运专线湖南有限责任公司、中铁第四勘察设计院集团有限公司、柳州欧维姆机械股份有限公司
10	合肥至福州铁路	中铁第四勘察设计院集团有限公司、京福闽赣铁路客运专线有限公司、京福客运专线安徽有限责任公司、中铁十一局集团有限公司、中铁隧道集团有限公司、中铁四局集团有限公司、中国铁建大桥工程局集团有限公司、中铁十九局集团有限公司、中铁二局集团有限公司、中铁大桥局集团有限公司
11	新建铁路大同至西安客运专线工程（太原南—西安北）	中铁十二局集团有限公司、大西铁路客运专线有限责任公司、中国铁路设计集团有限公司、中铁第一勘察设计院集团有限公司、中铁上海工程局集团有限公司、中铁三局集团有限公司、中铁十一局集团有限公司、中国铁建电气化局集团有限公司、中铁二十一局集团有限公司、中铁二局集团有限公司
12	海南环岛高铁	海南铁路有限公司、中铁二院工程集团有限责任公司、中铁三局集团有限公司、中铁四局集团有限公司、中铁七局集团有限公司、中铁十七局集团有限公司、中铁二十一局集团有限公司、中铁电气化局集团有限公司、中铁建设集团有限公司、中国铁路通信信号股份有限公司
13	长沙市营盘路湘江隧道工程	中铁隧道局集团有限公司、长沙市轨道交通集团有限公司、中铁第六勘察设计院集团有限公司、重庆中宇工程咨询监理有限责任公司、长沙华南土木工程监理有限公司
14	香港中环湾仔绕道铜锣湾避风塘隧道工程	中国建筑国际集团有限公司、香港特别行政区政府路政署、艾奕康有限公司
15	乌兹别克斯坦安革连至琶布铁路卡姆奇克隧道工程	中铁隧道局集团有限公司、中铁第六勘察设计院集团有限公司
16	伊春至绥化高速公路	黑龙江省公路勘察设计院、中交一公局第七工程有限公司、龙建路桥股份有限公司、黑龙江省公路工程监理咨询公司、黑龙江省远升公路工程咨询监理有限责任公司、中铁十一局集团第五工程有限公司、中铁十九局集团第三工程有限公司、黑龙江农垦建工路桥有限公司、浙江交工集团股份有限公司、中交一公局集团有限公司
17	云南澜沧江小湾水电站	华能澜沧江水电股份有限公司、中国电建集团昆明勘测设计研究院有限公司、中国水利水电第四工程局有限公司、中国葛洲坝集团股份有限公司、北京中水科海利工程技术有限公司、中国水利水电建设工程咨询西北有限公司、浙江华东工程咨询有限公司、中国水利水电第八工程局有限公司、中国水利水电第十四工程局有限公司、中国水利水电第一工程局有限公司
18	四川雅砻江锦屏二级水电站	雅砻江流域水电开发有限公司、中国电建集团华东勘测设计研究院有限公司、中铁十八局集团有限公司、中国铁建大桥工程局集团有限公司、北京振冲工程股份有限公司、中国水利水电第七工程局有限公司、四川二滩国际工程咨询有限责任公司、中国葛洲坝集团股份有限公司、中国水利水电第五工程局有限公司、中铁二局工程有限公司

序号	工程名称	获奖单位
19	连云港港30万吨级航道一期工程	连云港港30万吨级航道建设指挥部、中交上海航道局有限公司、中交上海航道勘察设计研究院有限公司、中交第三航务工程局有限公司、连云港港务工程公司、连云港科谊工程建设咨询有限公司
20	沙特达曼SGP集装箱码头一期工程	中国港湾工程有限责任公司、中交水运规划设计院有限公司、中交第二航务工程局有限公司
21	上海市轨道交通11号线工程	上海轨道交通申嘉线发展有限公司、上海市城市建设设计研究总院（集团）有限公司、中国铁路设计集团有限公司、上海公路桥梁（集团）有限公司、上海隧道工程有限公司、上海市机械施工集团有限公司、上海建工五建集团有限公司、中铁四局集团电气化工程有限公司、中铁上海工程局集团有限公司、上海建工一建集团有限公司
22	深圳市轨道交通7号线工程	中国电建集团铁路建设有限公司、深圳市地铁集团有限公司、中国铁路设计集团有限公司、北京城建设计发展集团股份有限公司、中国水利水电第四工程局有限公司、中国水利水电第七工程局有限公司、中国水利水电第八工程局有限公司、中国水利水电第十一工程局有限公司、中国电建市政建设集团有限公司、中国水利水电第十四工程局有限公司
23	长沙磁浮快线工程	湖南磁浮交通发展股份有限公司、中铁第四勘察设计院集团有限公司、长沙市轨道交通集团有限公司、中国铁建股份有限公司、中车株洲电力机车有限公司、中铁二院工程集团有限责任公司、株洲中车时代电气股份有限公司、中铁宝桥集团有限公司、中国铁道科学研究院集团有限公司
24	深圳福田站综合交通枢纽	中铁第四勘察设计院集团有限公司、广深港客运专线有限责任公司、深圳市地铁集团有限公司、深圳大学建筑设计研究院有限公司、中铁十五局集团有限公司、中铁十六局集团有限公司、深圳市城市交通规划研究中心有限公司、深圳市城市规划设计研究院有限公司、湖南建工集团装饰工程有限公司
25	中国—中亚天然气管道工程	中国石油管道局工程有限公司、中油国际管道有限公司
26	上海市白龙港城市污水处理厂污泥处理工程	上海市政工程设计研究总院（集团）有限公司、上海市城市排水有限公司、中铁上海局集团市政工程有限公司、上海城投污水处理有限公司
27	广州市中山大道快速公交（BRT）试验线工程	广州市政工程设计研究总院有限公司、广州地铁设计研究院有限公司、广州市中心区交通项目领导小组办公室、广州市第一市政工程有限公司、江苏惠民交通设备有限公司、广州市市政工程监理有限公司
28	上海市大型居住社区周康航拓展基地C-04-01地块动迁安置房项目	上海建工房产有限公司、上海建工二建集团有限公司、上海市建工设计研究总院有限公司、上海市工程建设咨询监理有限公司、上海建工材料工程有限公司
29	"彰泰·第六园"商住小区	广西建工集团第四建筑工程有限责任公司、桂林合创建设投资有限公司、桂林市建筑设计研究院、桂林华泰工程监理有限公司
30	中国文昌航天发射场工程	总装备部078工程指挥部、中铁十二局集团有限公司、航天工程研究所、中国人民解放军63926部队、中国建筑第八工程局有限公司、正太集团有限公司、成都建工工业设备安装有限公司、北京北特圣迪科技发展有限公司、广州建筑股份有限公司、上海沪能防腐隔热工程技术有限公司

第十七届中国土木工程詹天佑奖获奖项目清单

序号	工程名称	获奖单位
1	重庆西站	中铁十二局集团有限公司、同济大学建筑设计研究院（集团）有限公司、中铁十二局集团建筑安装工程有限公司、山西四建集团有限公司、中国铁路成都局集团有限公司客站建设指挥部、中铁二院工程集团有限责任公司
2	中国散裂中子源一期工程	广东省建筑工程集团有限公司、广东省建筑工程机械施工有限公司、广东省建筑设计研究院、中国科学院高能物理研究所、华南理工大学
3	国贸三期B工程	中建一局集团建设发展有限公司、中国国际贸易中心股份有限公司、奥雅纳工程咨询（上海）有限公司北京分公司、中冶京诚工程技术有限公司、北京江河幕墙系统工程有限公司、中国二十二冶集团有限公司、上海宝立建筑装饰工程有限公司
4	京津城际天津滨海站（原于家堡站）	中铁建工集团有限公司、津滨城际铁路有限责任公司、中国铁路设计集团有限公司、江苏沪宁钢机股份有限公司
5	新疆大剧院	中建三局集团有限公司、深圳市建筑设计研究总院有限公司、江苏南通二建集团有限公司、南通四建集团有限公司
6	成都博物馆新馆建设工程	中国建筑第二工程局有限公司、中国航空规划设计研究总院有限公司、成都博物馆、中国建筑西南勘察设计研究院有限公司、重庆大学
7	珠海歌剧院	中国建筑第八工程局有限公司、珠海城建投资开发有限公司、北京市建筑设计研究院有限公司、浙江江南工程管理股份有限公司、浙江精工钢结构集团有限公司
8	南京紫峰大厦	上海建工集团股份有限公司、上海建工四建集团有限公司、华东建筑设计研究院有限公司、上海市机械施工集团有限公司、上海建科工程咨询有限公司
9	科威特中央银行新总部大楼项目	中国建筑股份有限公司、中建中东有限责任公司、中建三局第二建设工程有限责任公司
10	泰州长江公路大桥	中交第二公路工程局有限公司、江苏省交通工程建设局、中设设计集团股份有限公司、中铁大桥勘测设计院集团有限公司、中铁武汉大桥工程咨询监理有限公司、中交第二航务工程局有限公司、中铁大桥局集团有限公司、江苏省交通工程集团有限公司、中铁宝桥集团有限公司、江苏法尔胜缆索有限公司
11	南京长江第四大桥	南京市公共工程建设中心、中交公路规划设计院有限公司、中交第二航务工程局有限公司、中交第二公路工程局有限公司、中交第三航务工程局有限公司、中铁大桥局集团有限公司、中铁宝桥集团有限公司、山东省路桥集团有限公司、江苏省交通工程集团有限公司、镇江蓝舶科技股份有限公司
12	云桂铁路南盘江特大桥	中铁十八局集团有限公司、云桂铁路云南有限责任公司、中铁二院工程集团有限责任公司、广西大学、中铁十八局集团第二工程有限公司
13	新建拉萨至日喀则铁路	中铁十二局集团有限公司、中国铁路青藏集团有限公司、中铁第一勘察设计院集团有限公司、中铁二十一局集团有限公司、中铁五局集团有限公司、中交第四公路工程局有限公司、中铁十九局集团有限公司、中铁七局集团有限公司、中国葛洲坝集团股份有限公司、中铁八局集团有限公司

序号	工程名称	获奖单位
14	郑州至徐州铁路客运专线	中铁第四勘察设计院集团有限公司、郑西铁路客运专线有限责任公司、中铁十二局集团有限公司、中铁七局集团有限公司、中铁十七局集团有限公司、中铁三局集团有限公司、中铁二十局集团有限公司、中铁四局集团有限公司、中铁电气化局集团有限公司、中国铁路通信信号股份有限公司
15	云桂铁路	中铁二院工程集团有限责任公司、云桂铁路云南有限责任公司、云桂铁路广西有限责任公司、中铁一局集团有限公司、中铁隧道局集团有限公司、中铁十局集团有限公司、中铁十八局集团有限公司、中铁十九局集团有限公司、中铁十四局集团有限公司、中铁二十五局集团有限公司
16	南昌市红谷隧道工程	中铁隧道局集团有限公司、南昌市政公用投资控股有限责任公司、中铁第六勘察设计院集团有限公司、南昌市城市规划设计研究总院、江西省水利规划设计研究院、江西中昌工程咨询监理有限公司
17	扬州市瘦西湖隧道工程	中铁十四局集团有限公司、扬州市市政建设处、中铁第四勘察设计院集团有限公司、上海建通工程建设有限公司
18	杭州市紫之隧道（紫金港路—之江路）工程	杭州市城市建设投资集团有限公司、中铁一局集团有限公司、中国电建集团华东勘测设计研究院有限公司、中铁隧道局集团有限公司、中铁三局集团有限公司、中铁十四局集团有限公司、中铁十六局集团有限公司
19	雅安至泸沽高速公路	中铁二十三局集团有限公司、中铁十二局集团有限公司、湖南省交通规划勘察设计院有限公司、中铁西南科学研究院有限公司、路港集团有限公司、西南交通大学、四川公路桥梁建设集团有限公司、四川高速公路建设开发集团有限公司、四川雅西高速公路有限责任公司、四川省公路规划勘察设计研究院有限公司
20	徐州至明光高速公路安徽段	安徽省交通控股集团有限公司、安徽省交通规划设计研究总院股份有限公司、安徽省路港工程有限责任公司、安徽省公路桥梁工程有限公司、安徽省路桥工程集团有限责任公司、安徽巢湖路桥建设集团有限公司、武汉广益交通科技股份有限公司、建华建材（中国）有限公司、安徽省公路工程建设监理有限责任公司、安徽省通皖建设工程有限公司
21	四川大渡河大岗山水电站	国电大渡河大岗山水电开发有限公司、中国电建集团成都勘测设计研究院有限公司、武汉理工大学、中国水利水电科学研究院、长江勘测规划设计研究有限责任公司、中国水利水电建设工程咨询北京有限公司、中国葛洲坝集团股份有限公司、中国水利水电第七工程局有限公司、中国葛洲坝集团市政工程有限公司、北京振冲工程股份有限公司
22	黄骅港三期工程	中交第一航务工程局有限公司、中交第一航务工程勘察设计院有限公司、中交水运规划设计院有限公司、中交一航局第一工程有限公司、中交一航局第三工程有限公司、中交一航局第四工程有限公司、中交一航局安装工程有限公司
23	青岛港前湾港区迪拜环球码头工程	中交第一航务工程勘察设计院有限公司、青岛新前湾集装箱码头有限责任公司、青岛港国际股份有限公司港建分公司、青岛港（集团）港务工程有限公司、中交一航局第二工程有限公司、长江南京航道工程局、山东省交通工程监理咨询有限公司
24	深圳市城市轨道交通十一号线	中铁南方投资集团有限公司、深圳市地铁集团有限公司、中国中铁股份有限公司、中铁一局集团有限公司、中铁三局集团有限公司、中铁四局集团有限公司、中铁五局集团有限公司、中铁隧道局集团有限公司、中铁二院工程集团有限责任公司、广州轨道交通建设监理有限公司

序号	工程名称	获奖单位
25	广州市轨道交通二、八号线延长线工程	广州地铁集团有限公司、广州地铁设计研究院股份有限公司、广东华隧建设集团股份有限公司、广州轨道交通建设监理有限公司、广东水电二局股份有限公司、中国铁建大桥工程局集团有限公司、中铁一局集团有限公司、中铁隧道局集团有限公司、中铁二局集团有限公司、中铁电气化局集团有限公司
26	成都地铁二号线工程	成都轨道交通集团有限公司、中国铁建大桥工程局集团有限公司、西南交通大学、中铁二院工程集团有限责任公司、广州地铁设计研究院股份有限公司、中铁第六勘察设计院集团有限公司、中铁二局集团有限公司、中铁二十局集团有限公司、中铁二十三局集团有限公司、中铁十四局集团有限公司
27	上海长江路越江通道工程	上海城投公路投资（集团）有限公司、上海黄浦江越江设施投资建设发展有限公司、上海隧道工程有限公司、上海市隧道工程轨道交通设计研究院、中铁二十四局集团有限公司、上海公路桥梁（集团）有限公司、上海市市政工程管理咨询有限公司
28	珠海横琴新区市政基础设施项目	中国二十冶集团有限公司、珠海大横琴投资有限公司、珠海市规划设计研究院、中国市政工程西南设计研究总院有限公司、珠海大横琴城市综合管廊运营管理有限公司、上海城建市政工程（集团）有限公司、国基建设集团有限公司、广州市第三市政工程有限公司、广东省基础工程集团有限公司
29	上海白龙港污水处理厂提标改造除臭工程	上海市政工程设计研究总院（集团）有限公司、上海白龙港污水处理有限公司、上海建工二建集团有限公司、江苏新纪元环保科技有限公司
30	武汉环东湖绿道工程	中建三局集团有限公司、武汉地产开发投资集团有限公司、武汉市园林建筑规划设计研究院有限公司、武汉农尚环境股份有限公司、中国一冶集团有限公司
31	太仓裕沁庭住宅小区工程	中亿丰建设集团股份有限公司、积水置业（太仓）有限公司、上海中森建筑与工程设计顾问有限公司、太仓兴城建设监理有限公司

第十八届中国土木工程詹天佑奖获奖项目清单

附表4-7

序号	工程名称	获奖单位
1	500m口径球面射电望远镜（FAST）工程	中国科学院国家天文台、北京市建筑设计研究院有限公司、江苏沪宁钢机股份有限公司、浙江东南网架股份有限公司、柳州欧维姆工程有限公司、中国中元国际工程有限公司、中铁十一局集团有限公司
2	辰花路二号地块深坑酒店	中国建筑第八工程局有限公司、华东建筑设计研究院有限公司、上海申元岩土工程有限公司、杭萧钢构股份有限公司、苏州金螳螂幕墙有限公司、上海建工一建集团有限公司、中建八局装饰工程有限公司
3	东方之门	上海建工集团股份有限公司、上海建工一建集团有限公司、苏州乾宁置业有限公司、华东建筑设计研究院有限公司、上海市机械施工集团有限公司、上海市安装工程集团有限公司、苏州金螳螂幕墙有限公司

序号	工程名称	获奖单位
4	新建云桂铁路引入昆明枢纽昆明南站站房工程	中铁建设集团有限公司、中铁第四勘察设计院集团有限公司、广东省建筑设计研究院有限公司、中国铁路昆明局集团有限公司、中铁十一局集团有限公司、中铁建设集团基础设施建设有限公司、浙江东南网架股份有限公司
5	珠海十字门中央商务区会展商务组团一期工程	上海宝冶集团有限公司、珠海十字门中央商务区建设控股有限公司、广州容柏生建筑结构设计事务所（普通合伙）、广州市设计院、广东建星建造集团有限公司、湖南建工集团有限公司、深圳市三鑫科技发展有限公司、广东景龙建设集团有限公司、广州江河幕墙系统工程有限公司、深圳市建筑装饰（集团）有限公司
6	苏州工业园区体育中心（体育场、游泳馆）	中建三局集团有限公司、上海建筑设计研究院有限公司、中建科工集团有限公司
7	曲江·万众国际	陕西建工第一建设集团有限公司、陕西建工机械施工集团有限公司、陕西万众控股集团有限公司、西北综合勘察设计研究院
8	上海世博会博物馆	上海建工四建集团有限公司、华东建筑设计研究院有限公司、上海市机械施工集团有限公司
9	中国人寿研发中心一期	北京建工集团有限责任公司、中铁建设集团有限公司、中国人寿保险股份有限公司、悉地国际设计顾问（深圳）有限公司、北京双圆工程咨询监理有限公司、北京国际建设集团有限公司
10	重庆至贵阳铁路扩能改造工程新白沙沱长江大桥及相关工程站前工程	中铁大桥局集团有限公司、中铁二院工程集团有限责任公司、中铁大桥勘测设计院集团有限公司、渝黔铁路有限责任公司、中铁大桥局集团第八工程有限公司、中铁大桥局集团第一工程有限公司、北京铁城建设监理有限责任公司
11	昆山市江浦路吴淞江大桥整体顶升改造工程	上海先为土木工程有限公司、江苏省交通运输厅港航事业发展中心、中交公路规划设计院有限公司、江苏省苏州市航道管理处、中铁一局集团有限公司
12	矮寨大桥	湖南省交通规划勘察设计院有限公司、湖南路桥建设集团有限责任公司、湖南省高速公路集团有限公司、湖南尚上市政建设开发有限公司、重庆万桥交通科技发展有限公司、湖南百舸水利建设股份有限公司、武汉船用机械有限责任公司
13	新建西安至成都铁路西安至江油段	西成铁路客运专线陕西有限责任公司、西成铁路客运专线四川有限公司、中铁第一勘察设计院集团有限公司、中铁二院工程集团有限责任公司、中铁十二局集团有限公司、中铁十一局集团有限公司、中铁十七局集团有限公司、中铁五局集团有限公司、中铁二局集团有限公司、中国铁建电气化局集团有限公司
14	新建宝鸡至兰州铁路客运专线	中铁十二局集团有限公司、兰新铁路甘青有限公司、中铁第一勘察设计院集团有限公司、中铁二十一局集团有限公司、中铁四局集团有限公司、中铁二局集团有限公司、中国铁建大桥工程局集团有限公司、中铁隧道局集团有限公司、中铁二十局集团有限公司、中铁三局集团有限公司
15	新建肯尼亚蒙巴萨至内罗毕标轨铁路	中国路桥工程有限责任公司、中交铁道设计研究总院有限公司、中交水运规划设计院有限公司、中国建筑科学研究院有限公司、中交第二公路工程局有限公司、中交第四航务工程局有限公司、中交第一航务工程局有限公司、中交第二航务工程局有限公司、中交一公局集团有限公司、中交机电工程局有限公司、中交第三公路工程局有限公司

序号	工程名称	获奖单位
16	国道317线雀儿山隧道工程	中国建筑第五工程局有限公司、四川高速公路建设开发集团有限公司、中铁一局集团有限公司、四川省公路规划勘察设计研究院有限公司、山东格瑞特监理咨询有限公司
17	岳西至武汉高速公路安徽段	安徽省交通控股集团有限公司、交通运输部公路科学研究院、安徽省交通规划设计研究总院股份有限公司、安徽省路桥工程集团有限责任公司、中交一公局第一工程有限公司、同济大学、中铁十二局集团第二工程有限公司、中交一公局桥隧工程有限公司、中铁隧道集团二处有限公司、安徽省高等级公路工程监理有限公司
18	右江百色水利枢纽工程	广西右江水利开发有限责任公司、广西壮族自治区水利电力勘测设计研究院有限责任公司、中水珠江规划勘测设计有限公司、中国水利水电第十六工程局有限公司、中国水利水电第四工程局有限公司、中国水利水电第十四工程局有限公司、中国能源建设集团广西水电工程局有限公司、中国葛洲坝集团市政工程有限公司
19	连云港港徐圩港区防波堤工程	中交第三航务工程局有限公司、中交第三航务工程勘察设计院有限公司、连云港港30万吨级航道建设指挥部、中设设计集团股份有限公司、中建筑港集团有限公司、江苏科兴项目管理有限公司、连云港科谊工程建设咨询有限公司
20	上海国际航运中心洋山深水港区四期工程	上海国际港务（集团）股份有限公司、中交第三航务工程勘察设计院有限公司、上海海勃物流软件有限公司、中交第三航务工程局有限公司、中交上海航道局有限公司、中交上海航道勘察设计研究院有限公司、中港疏浚有限公司、上海振华重工（集团）股份有限公司
21	郑州市南四环至郑州南站城郊铁路一期工程	郑州地铁集团有限公司、北京城建设计发展集团股份有限公司、郑州一建集团有限公司、中铁七局集团有限公司、中铁一局集团有限公司、中铁四局集团有限公司、中铁十一局集团有限公司、上海隧道工程有限公司、中建七局建筑装饰工程有限公司、中国铁路通信信号上海工程局集团有限公司
22	重庆轨道交通十号线一期（建新东路—王家庄段）工程	中国中铁股份有限公司、重庆市轨道交通（集团）有限公司、北京城建设计发展集团股份有限公司、重庆市勘测院、中铁四局集团有限公司、中铁电气化局集团有限公司、中铁三局集团有限公司、中铁八局集团有限公司、中铁六局集团有限公司、中铁武汉电气化局集团有限公司
23	天津地铁3号线工程	天津市地下铁道集团有限公司、中国铁路设计集团有限公司、天津市政工程设计研究院、中铁四局集团有限公司、中铁三局集团有限公司、中铁十八局集团有限公司、中铁十六局集团北京轨道交通工程建设有限公司、中铁隧道局集团有限公司、天津城建集团有限公司、天津大学建筑工程学院
24	济南轨道交通1号线工程	济南轨道交通集团有限公司、北京城建设计发展集团股份有限公司、中国建筑第八工程局有限公司、中铁十四局集团有限公司、中铁十局集团有限公司、济南长兴建设集团有限公司、中铁一局集团有限公司、中铁四局集团有限公司、山东省地矿工程勘察院、上海同岩土木工程科技股份有限公司
25	杭州文一路地下通道（保俶北路—紫金港路）工程	中国电建集团华东勘测设计研究院有限公司、上海市隧道工程轨道交通设计研究院、上海隧道工程有限公司、上海城建信息科技有限公司、浙大网新系统工程有限公司、杭州水电建筑集团有限公司、宏润建设集团股份有限公司、上海基础设施建设发展（集团）有限公司、腾达建设集团股份有限公司

序号	工程名称	获奖单位
26	上海嘉闵高架路北段工程	上海市城市建设设计研究总院（集团）有限公司、上海公路投资建设发展有限公司、同济大学、上海建工四建集团有限公司、上海公路桥梁（集团）有限公司、中交第三航务工程局有限公司、中铁上海工程局集团有限公司、中铁二十四局集团有限公司、中铁上海设计院集团有限公司
27	北京槐房再生水厂	北京城建集团有限责任公司、北京市市政工程设计研究总院有限公司、北京城市排水集团有限责任公司、北京市园林绿化集团有限公司
28	武汉东湖国家自主创新示范区有轨电车试验线工程	武汉光谷交通建设有限公司、上海市城市建设设计研究总院（集团）有限公司、武汉市市政建设集团有限公司、中铁电气化局集团有限公司、北京城建设计发展集团股份有限公司、中铁宝桥集团有限公司、中铁重工有限公司、上海奥威科技开发有限公司
29	佛山市天然气高压输配系统工程	佛燃能源集团股份有限公司、中国市政工程华北设计研究总院有限公司、中石化江汉油建工程有限公司
30	瑞源·名嘉汇住宅小区工程	青岛鲁泽置业集团有限公司、青岛瑞源工程集团有限公司、青岛德泰建设工程有限公司、青岛文达通科技股份有限公司、青岛瑞源物业有限公司、青岛时代建筑设计有限公司、青岛泰鼎工程管理有限公司

2020年土木工程建设企业科技创新能力排序各指标评分情况（1~100）

附表4-8

名次	指标评分											综合评价得分
	指标1	指标2	指标3	指标4	指标5	指标6	指标7	指标8	指标9	指标10	指标11	
1	100.000	6.594	34.783	26.923	75.472	6.706	11.329	100.000	100.000	15.152	88.889	60.013
2	74.918	3.680	8.696	7.692	100.000	0.394	4.139	96.109	0.000	3.030	55.556	36.170
3	38.899	7.274	100.000	0.000	100.000	0.197	1.743	10.311	0.000	12.121	11.111	25.215
4	29.894	4.303	34.783	34.615	56.604	0.197	2.832	29.183	18.987	0.000	22.222	21.050
5	20.142	2.359	4.348	7.692	35.849	3.353	5.011	12.257	56.962	28.788	22.222	19.471
6	23.971	1.177	0.000	26.923	16.981	2.959	13.943	27.821	0.000	0.000	44.444	16.291
7	2.367	0.562	0.000	0.000	5.660	0.000	3.268	3.307	0.000	0.000	100.000	16.160
8	35.766	4.337	0.000	26.923	13.208	2.367	2.614	15.370	0.000	0.000	44.444	16.159
9	60.178	6.191	0.000	7.692	56.604	0.000	8.715	14.397	0.000	0.000	11.111	16.093
10	58.574	5.557	0.000	7.692	41.509	4.142	3.486	17.121	0.000	0.000	11.111	15.491
11	20.777	6.190	0.000	11.538	3.774	1.183	19.608	30.739	45.570	0.000	11.111	14.588
12	2.575	10.789	52.174	46.154	0.000	5.128	5.882	38.327	0.000	0.000	0.000	13.090

名次	指标评分											综合评价得分
	指标1	指标2	指标3	指标4	指标5	指标6	指标7	指标8	指标9	指标10	指标11	
13	28.428	6.099	0.000	7.692	58.491	0.197	7.190	1.167	1.266	16.667	11.111	11.834
14	25.073	3.641	26.087	3.846	9.434	0.197	2.832	19.844	0.000	1.515	11.111	11.180
15	27.891	2.966	4.348	0.000	66.038	0.197	2.179	10.895	0.000	0.000	11.111	10.953
16	12.236	6.154	0.000	0.000	15.094	0.000	1.525	57.782	20.253	0.000	0.000	10.778
17	41.031	6.938	4.348	30.769	16.981	0.394	2.832	10.506	0.000	0.000	0.000	10.555
18	10.419	5.759	0.000	0.000	3.774	0.000	0.218	66.342	0.000	0.000	11.111	10.351
19	22.836	6.414	4.348	0.000	5.660	0.197	0.436	57.393	0.000	0.000	0.000	10.245
20	9.826	6.220	21.739	23.077	26.415	1.775	28.976	14.008	1.266	0.000	0.000	9.587
21	1.672	1.152	13.043	0.000	22.642	0.000	0.000	0.389	0.000	0.000	44.444	9.450
22	12.802	6.387	0.000	0.000	9.434	0.592	5.882	41.634	0.000	0.000	11.111	8.895
23	2.478	3.769	0.000	26.923	56.604	0.394	1.525	4.669	0.000	0.000	22.222	8.652
24	13.340	100.000	0.000	0.000	22.642	0.000	2.179	1.167	0.000	0.000	0.000	8.359
25	6.721	1.417	0.000	11.538	5.660	0.197	0.654	2.724	0.000	9.091	33.333	8.173
26	3.038	7.081	8.696	19.231	11.321	2.564	6.754	3.307	0.000	0.000	22.222	7.465
27	5.090	4.095	0.000	15.385	11.321	0.986	2.614	1.946	5.063	7.576	22.222	7.325
28	1.164	0.440	0.000	0.000	92.453	0.197	20.697	2.918	0.000	4.545	0.000	6.620
29	4.400	2.456	8.696	0.000	18.868	0.000	2.179	1.556	0.000	1.515	22.222	6.345
30	8.009	5.918	0.000	0.000	22.642	0.000	0.654	34.436	0.000	0.000	0.000	6.106
31	21.633	3.252	0.000	0.000	0.000	1.972	2.832	21.790	0.000	0.000	0.000	5.925
32	8.644	7.754	0.000	0.000	1.887	0.000	4.793	2.140	0.000	3.030	22.222	5.869
33	7.986	4.909	4.348	0.000	1.887	0.000	0.000	4.864	0.000	0.000	22.222	5.792
34	0.424	5.522	17.391	15.385	9.434	0.394	0.436	3.891	0.000	0.000	11.111	5.437
35	0.287	0.392	0.000	0.000	0.000	0.000	0.000	1.167	0.000	1.515	33.333	5.331
36	17.339	6.202	0.000	11.538	13.208	0.000	4.357	6.226	1.266	1.515	0.000	5.267
37	5.708	8.236	8.696	23.077	0.000	4.931	13.290	8.171	0.000	0.000	0.000	5.266
38	5.718	0.881	4.348	11.538	7.547	0.394	0.000	1.946	0.000	27.273	0.000	5.252
39	10.458	3.753	0.000	0.000	11.321	0.197	2.614	1.946	0.000	7.576	11.111	5.092
40	0.150	0.236	21.739	26.923	18.868	0.197	2.179	1.167	0.000	0.000	0.000	4.743
41	7.598	4.991	0.000	15.385	24.528	2.959	7.407	5.642	0.000	0.000	0.000	4.615
42	10.565	7.107	0.000	23.077	18.868	0.000	2.397	4.475	0.000	0.000	0.000	4.605
43	9.106	5.781	0.000	0.000	0.000	0.000	6.972	9.339	0.000	0.000	11.111	4.604

名次	指标评分											综合评价得分
	指标1	指标2	指标3	指标4	指标5	指标6	指标7	指标8	指标9	指标10	指标11	
44	0.492	0.427	17.391	3.846	0.000	0.000	0.436	2.529	0.000	6.061	11.111	4.574
45	5.034	7.699	8.696	0.000	5.660	0.000	1.089	2.140	0.000	3.030	11.111	4.531
46	24.930	10.048	0.000	0.000	0.000	0.000	0.218	2.724	0.000	0.000	0.000	4.525
47	3.782	5.218	0.000	7.692	28.302	3.945	11.329	7.198	0.000	0.000	0.000	4.309
48	7.539	4.888	0.000	3.846	28.302	0.394	3.486	10.895	0.000	0.000	0.000	4.286
49	8.512	6.748	8.696	7.692	3.774	0.197	0.654	11.479	0.000	0.000	0.000	4.257
50	13.133	6.320	0.000	0.000	7.547	0.592	18.301	5.837	0.000	0.000	0.000	4.221
51	6.167	1.406	8.696	0.000	20.755	0.000	6.100	5.837	2.532	0.000	0.000	4.044
52	2.591	5.678	13.043	0.000	16.981	1.578	1.961	6.615	1.266	1.515	0.000	4.021
53	8.106	4.348	8.696	0.000	16.981	0.000	1.089	7.588	0.000	0.000	0.000	3.965
54	11.208	39.980	0.000	0.000	1.887	0.000	1.743	0.973	0.000	0.000	0.000	3.959
55	9.293	6.541	4.348	0.000	13.208	0.000	5.447	7.393	0.000	0.000	0.000	3.828
56	3.335	6.078	13.043	0.000	15.094	0.000	1.307	7.393	0.000	0.000	0.000	3.668
57	4.782	2.090	0.000	7.692	0.000	0.000	1.961	6.031	0.000	0.000	11.111	3.574
58	12.033	17.366	0.000	0.000	0.000	0.000	15.468	0.973	0.000	0.000	0.000	3.544
59	5.476	4.602	0.000	0.000	0.000	0.000	9.586	3.307	0.000	0.000	11.111	3.528
60	8.529	6.500	0.000	0.000	9.434	0.197	13.072	6.226	0.000	0.000	0.000	3.372
61	9.939	5.004	0.000	0.000	0.000	0.000	0.654	9.728	0.000	3.030	0.000	3.050
62	10.180	6.541	0.000	0.000	0.000	3.156	8.932	4.280	0.000	0.000	0.000	3.044
63	2.490	6.586	0.000	0.000	3.774	0.000	0.436	1.167	0.000	3.030	11.111	3.000
64	8.989	6.697	4.348	0.000	7.547	0.394	0.218	2.918	0.000	1.515	0.000	2.989
65	2.997	7.212	0.000	7.692	1.887	2.761	12.854	6.809	0.000	0.000	0.000	2.889
66	6.234	8.334	0.000	0.000	5.660	0.000	5.882	0.778	0.000	6.061	0.000	2.613
67	8.186	7.211	8.696	0.000	1.887	0.197	0.000	0.000	0.000	0.000	0.000	2.572
68	5.204	7.871	0.000	15.385	1.887	0.789	0.871	1.751	0.000	0.000	0.000	2.335
69	0.688	1.039	0.000	0.000	37.736	0.000	3.486	0.778	0.000	0.000	0.000	2.294
70	3.193	7.395	0.000	7.692	15.094	0.000	0.000	0.389	0.000	1.515	0.000	2.179
71	6.792	6.627	0.000	0.000	9.434	0.000	1.089	2.724	0.000	0.000	0.000	2.149
72	0.351	4.153	13.043	0.000	7.547	0.000	1.525	0.584	0.000	0.000	0.000	2.077
73	6.938	4.385	0.000	0.000	5.660	0.000	3.486	3.502	0.000	0.000	0.000	2.067
74	4.359	7.786	0.000	3.846	0.000	0.000	0.871	7.588	0.000	0.000	0.000	2.038

名次	指标评分											综合评价得分
	指标1	指标2	指标3	指标4	指标5	指标6	指标7	指标8	指标9	指标10	指标11	
75	3.699	4.031	0.000	0.000	5.660	0.000	7.843	0.973	0.000	4.545	0.000	1.983
76	0.214	0.038	0.000	0.000	0.000	0.000	0.218	0.973	0.000	1.515	11.111	1.960
77	6.859	5.710	0.000	0.000	3.774	0.000	3.704	2.529	0.000	0.000	0.000	1.941
78	1.147	6.261	0.000	7.692	3.774	0.000	5.011	6.031	0.000	0.000	0.000	1.912
79	3.928	6.517	0.000	0.000	0.000	0.000	3.704	7.782	0.000	0.000	0.000	1.878
80	0.650	0.973	0.000	15.385	0.000	0.789	9.586	2.724	0.000	0.000	0.000	1.746
81	3.246	5.774	0.000	0.000	16.981	0.000	1.525	0.389	0.000	0.000	0.000	1.740
82	0.456	7.496	0.000	0.000	13.208	0.197	0.000	5.837	0.000	0.000	0.000	1.707
83	0.843	0.562	4.348	3.846	1.887	0.000	0.218	1.946	0.000	6.061	0.000	1.687
84	3.050	5.834	0.000	11.538	0.000	0.197	2.397	1.556	0.000	0.000	0.000	1.621
85	2.707	6.012	0.000	0.000	13.208	0.000	0.000	0.389	0.000	1.515	0.000	1.557
86	2.025	5.986	0.000	0.000	11.321	0.000	4.139	1.751	0.000	0.000	0.000	1.551
87	2.316	3.715	0.000	11.538	7.547	0.000	0.654	0.195	0.000	0.000	0.000	1.540
88	1.150	1.335	4.348	3.846	5.660	0.000	0.218	2.335	0.000	0.000	0.000	1.394
89	4.246	1.865	0.000	7.692	1.887	0.000	0.218	1.556	0.000	0.000	0.000	1.376
90	4.120	5.982	0.000	0.000	0.000	0.000	0.218	3.113	0.000	0.000	0.000	1.239
91	2.870	7.745	0.000	0.000	5.660	0.000	1.089	0.389	0.000	0.000	0.000	1.194
92	3.419	6.392	0.000	0.000	0.000	0.000	3.050	1.751	0.000	0.000	0.000	1.160
93	1.271	3.862	0.000	3.846	0.000	0.000	1.307	5.058	0.000	0.000	0.000	1.147
94	2.589	7.496	0.000	0.000	5.660	0.000	0.654	0.584	0.000	0.000	0.000	1.137
95	0.550	0.986	0.000	0.000	7.547	0.000	0.000	0.195	0.000	6.061	0.000	1.135
96	2.796	3.842	0.000	0.000	0.000	0.986	4.139	1.556	0.000	0.000	0.000	1.073
97	2.367	8.699	0.000	0.000	0.000	0.000	1.525	1.946	0.000	0.000	0.000	1.061
98	1.218	4.864	0.000	0.000	3.774	0.000	0.654	3.696	0.000	0.000	0.000	1.017
99	2.430	2.860	0.000	0.000	5.660	0.000	0.218	1.167	0.000	0.000	0.000	0.918
100	0.800	12.119	0.000	0.000	1.887	0.000	0.000	0.389	0.000	0.000	0.000	0.859

图书在版编目（CIP）数据

中国土木工程建设发展报告. 2020／中国土木工程
学会组织编写. —北京：中国建筑工业出版社，
2021.12
ISBN 978-7-112-26835-1

Ⅰ.①中… Ⅱ.①中… Ⅲ.①土木工程—研究报告—
中国—2020 Ⅳ.①TU

中国版本图书馆CIP数据核字（2021）第240263号

责任编辑：王砾瑶　范业庶
书籍设计：付金红　李永晶
责任校对：党　蕾

中国土木工程建设发展报告2020
中国土木工程学会　组织编写
*
中国建筑工业出版社出版、发行（北京海淀三里河路9号）
各地新华书店、建筑书店经销
北京锋尚制版有限公司制版
天津图文方嘉印刷有限公司印刷
*
开本：787毫米×1092毫米　1/16　印张：19½　插页：7　字数：344千字
2021年12月第一版　　2021年12月第一次印刷
定价：**158.00元**
ISBN 978-7-112-26835-1
（38716）

版权所有　翻印必究
如有印装质量问题，可寄本社图书出版中心退换
（邮政编码100037）